单片机原理与应用技术

潘 明 黄继业 潘 松 编著

清华大学出版社

北 京

内 容 简 介

本书主要介绍单片机原理及应用技术，讲解深入浅出，内容新颖实用。主要章节保留了经典 51 系列单片机的基本教学内容，并沿袭了传统的教学流程，但其中的许多内容突破了传统的单片机应用理念，对此课程的教学目标有了全新的拓展和延伸，例如，删除了许多在传统情况下必讲而已无任何实用价值的内容，增加了实用的 ADC/DAC 内容以及单片机与 FPGA 扩展和基于单片机 IP 软核的片上系统构建及应用的知识，从而开拓了一个将普通单片机技术、FPGA 开发技术、EDA 技术、片上系统应用技术有机融合、综合运用和培养自主创新能力的平台。全书共 9 章，主要内容包括 51 系列单片机结构、汇编指令及程序设计、定时/计数器与中断应用、串行通信接口技术、单片机普通扩展技术、高速串行 ADC/DAC 扩展、单片机 C 语言编程设计、单片机与 FPGA 接口及软硬件联合设计技术、基于单片机 IP 软核的 FPGA 片上系统应用技术。

本书可作为高等院校电子信息、通信工程、工业自动化和仪器仪表等学科或专业的本科生或高职生的单片机技术或电子设计竞赛培训等课程的教材或参考书，同时也可作为相关专业技术人员的自学参考书。

图书在版编目（CIP）数据

单片机原理与应用技术/潘明，黄继业，潘松编著. —北京：清华大学出版社，2011.1

ISBN 978-7-302-24543-8

I. ①单⋯ II. ①潘⋯ ②黄⋯ ③潘⋯ III. ①单片微型计算机 IV. ①TP368.1

中国版本图书馆 CIP 数据核字（2010）第 238600 号

责任编辑：钟志芳
封面设计：张　岩
版式设计：文森时代
责任校对：王　云
责任印制：王秀菊

出版发行：清华大学出版社　　　　　　　　地　　址：北京清华大学学研大厦 A 座
　　　　　http://www.tup.com.cn　　　　　邮　　编：100084
　　　　　社　总　机：010-62770175　　邮　　购：010-62786544
　　　　　投稿与读者服务：010-62776969，c-service@tup.tsinghua.edu.cn
　　　　　质　量　反　馈：010-62772015，zhiliang@tup.tsinghua.edu.cn

印　刷　者：北京季蜂印刷有限公司
装　订　者：三河市兴旺装订有限公司
经　　销：全国新华书店
开　　本：185×260　印　张：16.25　字　数：375 千字
版　　次：2011 年 1 月第 1 版　　印　　次：2011 年 1 月第 1 次印刷
印　　数：1～4000
定　　价：29.80 元

产品编号：033960-01

前 言

单片微型计算机简称单片机，是微型计算机的一个重要分支，它的诞生是计算机发展史上的一个重要里程碑。单片机具有体积小、性价比高、功能强、性能稳定、控制灵活等诸多优点，因此在计算机外围设备、网络设备、通信、智能仪器仪表、工业自动化控制设备、家用电器、智能玩具等领域得到了日益广泛的应用。在嵌入式系统应用中，单片机占有重要的地位，并不断显示出强大的生命力和广阔的应用前景。

尽管单片机本身的发展、应用及其在高校中的教学实践已近 30 年，但随着单片机技术的进步和实用领域对单片机系统开发要求的不断提高，单片机技术的教学似乎比以往任何时候都有更多的问题有待探讨和亟需解决。

1. 开设单片机课程还有无必要

目前似乎有不少人认为单片机基本属于数字技术发展初期的产物，属于低端技术层次，且无任何理论内涵，面对当今不断涌现的新方法、新器件和新技术，如 ARM、DSP 等，已没有必要将其作为一门课程单独开设，特别是对于本科教育，应当有新内容取代它。

我们认为这种意见只有一部分是正确的。如果从目前一直沿袭下来的单片机教学内容和实验方法来看，确实已与单片机本身的历史一样久远了，即教学的内容过于陈旧而不能适应现代单片机技术的进步和应用现状。不难发现，现在高校中，单片机教学的绝大多数内容仍然停留在 51 单片机最初进入课堂的那个年代（1984 年前后），例如许多在现在看来早已没有实用价值的内容却逢课必讲，并且是详述，如 0809、0832、8255、8155、8279 以及一些过时的存储器等器件及接口技术；而目前与单片机技术相关的许多新知识、新器件的内容却极少加入，以致在目前的单片机课程中学到的知识几乎很难应对大学生电子设计竞赛中的大多数竞赛题，当然更加无法应对在未来工程实践中出现的诸多问题。此外，从单片机技术引入课堂至今，一直将其作为一门独立的、孤立的专业基础课来对待，从而使其与后来不断涌现的许多新技术和新知识绝缘，导致学习者无法将学到的单片机知识融入到更广阔的实用工程技术领域中去。

从另一方面看，正因为单片机（主要指 MCS-51 系列单片机）深厚的历史积淀，在近30 年的发展历史中，单片机技术进步之快、器件种类之多、应用领域之广、现实影响之深刻，在现代硬件数字技术领域中占据了无可匹敌的地位。因此，如果直接取消单片机课程，势必对高职或工科类本科生的就业和后续发展造成较大的风险。

综合以上两方面，我校对单片机课程的教学和实验内容作了调整，将单片机课程大致分为 5 个层次来完成：（1）传统 51 单片机的结构和指令系统；（2）单片机的传统应用和扩展技术；（3）单片机扩展 FPGA 技术（结合电子设计竞赛项目的实验）；（4）基于 51 单片机 IP 核的 FPGA 片上系统开发；（5）基于 Nios II 的 32 位嵌入式处理器核的 FPGA 片上系统设计（此单片机课程最近改名为"片上系统原理与应用技术"）。显然，这是将传统单片机技术与 EDA 技术、FPGA 开发技术、处理器软核应用、嵌入式系统和片上系统 SOC 应用技术有机结合的课程，内容与现代电子设计技术的发展具有很好的同步性。正因如此，其教学效果很好。除了在多届电子设计竞赛中不断有学生直接利用这些学到的知识获得可喜的成绩外，还不断地传来已就业多年的学生（本科生）创业成功的好消息。有不少同学在就业数年后创办了自己的 IC 设计公司或工作室，有的从事 SOC 设计，内容多集中于 MP4、网络通信、数字通信器件或手机语音处理相关的 SOC 专用集成电路的设计；有的则是主营特定企业的专用单片机或专用集成电路的设计与销售；还有的甚至自主开发通用单片机，其中包括单片机开发芯片和开发工具的研发与销售。作为本科毕业生，所有这些成就无疑都与他们在校期间对诸如单片机技术等相关知识的学习和实践分不开的。

2. 什么类型的单片机是进入课堂的最佳选择

随着单片机种类的不断增多，功能和性能的不断增强和提高，在单片机技术教学中究竟选择什么类型的单片机更好的争议也随之提高。有的认为应该选择功能更加强大的单片机，如 MSP430；也有的倾向于指令简洁、功耗极低的 PIC 单片机等；然而更多的意见是仍然选择经典的 51 系列单片机。我们认为如果明确了单片机技术课程的定位和要实现的基本目标也就容易回答这个问题了。多年的单片机教学经验以及毕业生的工作成就提醒我们，设置单片机课程的目的绝非是仅教会学生掌握某款单片机的使用方法，而是将这一课程以单片机技术教学为主导，以相关知识的综合运用能力、工程实践能力和自主创新能力的提高为目标。据此便不难发现，51 系列单片机技术作为教学内容仍然是最好的选择，更详细的理由如下：

（1）强大的生命力。目前尚没有任何一款单片机在其应用历史、兼容机型、支持厂商、适用领域、辅助设计工具等方面能与 51 单片机匹敌。这本身就说明了此类单片机的强大生命力和优秀的综合性能。在近 30 年的单片机发展历史中，51 单片机系列一直扮演着一个十分独特的角色：自从 Intel 公司于 20 世纪 80 年代初推出 MCS-51 单片机以来，在众多电器商、半导体商的积极参与下，将其发展成了众多型号系列的 8051 单片机家族。由于良好的兼容性，使其在其他公司的改造下，仍能以不变的指令系统、基本单元的兼容性保持了8051 内核的生命延续，并在此后的 SOC 发展中，担任了 8 位 CPU 内核的重任，并由此成就了 8051 单片机长盛不衰、众星捧月、不断更新的一个庞大的单片机家族。除了 Intel 公司的 51 系列外，最具代表的是 Philips 公司的 P89LPC9 系列、STC 公司的 STC89/12C 系列、Winbond 公司的 W7851 系列、SST 公司的 SST89C/Exx 系列、TI 公司的 MSC1200Y 系列、ATMEL 公司的 AT89Sxx 系列和 Cygnal 公司的 C8051F 系列等。显然，相对于其他系列单片机，51 系列单片机技术及相关知识更具一般性和代表性。

（2）经典的结构和指令系统。单片机家族中许多后起之秀都或多或少包含了 51 系列单片机的结构和指令系统的经典部分，这说明 51 系列单片机的结构与指令系统的知识具有较好的一般意义，能很容易地推广和应用到其他类型单片机的学习和开发上。

（3）良好的接口扩展软硬件环境。几乎所有新近推出的单片机都有一个明显特点，即尽可能地将需要扩展的功能集成于单片机内部，如 SPI、PWM、温度测量、电源检测、看门狗、ADC、DAC、晶振等，甚至放弃了存储器扩展的功能，从而使外部扩展功能不断萎缩。这对于一些孤立的应用可能是好事，但对于单片机一般技术的学习就未必是好事了。因为对于它们的学习，基本无须涉及接口与扩展技术，这对于尽可能使单片机知识更具一般意义的课程教学目标来说显然是不利的，因为处理器的扩展技术有很强的实用背景。以语音或信号波形的采集和处理为例，51 单片机具有十分完善的面向外部存储器的软硬件扩展功能，如对外部总线操作的指令 MOVC 和 MOVX、P0 和 P2 口构成的总线式数据通道的能力以及 ALE、PSEN 等外部辅助控制信号都是新近涌现的单片机所不具备的。51 单片机便捷而经典的端口扩展功能不仅为处理器的功能扩展技术学习者提供了良好的环境支持，更重要的是其本身又是许多高层次设计和技术发展之必需，如本书中提到的基于单片机 IP 核的片上系统的构建和应用。

当然可以直接利用现代单片机的 SPI 接口与 FPGA 通信，但仍有诸多不便。仅以大学生电子设计竞赛的赛题为例，如果单片机没有总线式接口功能并借此对 FPGA 的有效扩展，即使再高速的单片机（包括单时钟周期的精简指令单片机），面对诸如等精度频率计、移相信号发生器、幅度调制信号发生器、存储示波器等项目的设计也是十分困难的（相关设计示例将在第 8 章中作介绍）。

更重要的是，如果希望在单片机课程中引入片上系统内容，就更需要了解规范而实用的扩展技术了。因为任何一个 SOC 系统都不可能只是一个孤立的处理器系统，它至少是由一个包含了某个处理器，再加上扩展了不同功能模块的系统构建。显然，8051 的 CPU 核一定比其他类型单片机的核更容易也更适合构建 SOC 片上系统（至少是 SOC 的雏形结构）及其设计实践的简易平台。

3．面对成熟的单片机 C 语言，是否还有必要学习单片机的结构和汇编语言

随着单片机 C 语言编译器及单片机的 C 语言开发环境的日益成熟及其应用的普及，单片机系统开发中，单片机结构和汇编语言学习的重要性便大幅下降，以致有人认为，为了提高学习效率和单片机开发效率，可以放弃这部分内容的学习，直接学习 C 语言和对应的单片机系统开发技术即可。

如果仅从学会某款单片机的应用来说，这个意见显然是正确的。然而如果对于单片机学习者（特别是本科学生）的未来还有其他期许，结论就会不一样。单片机的结构，特别是 51 单片机的经典且极具普适性质的结构及其对应的功能各异又特色鲜明的汇编指令，无疑为深入了解单片机的结构原理乃至设计方法打开了一扇窗户。显然与之相关的知识是十分重要而不可或缺的，因为现代电子技术已进入了 EDA 时代，也就是已进入了个人也可容易地实现硬件系统自主设计的时代，包括相对简单的单片机和系统的设计，而非局限于被动地选择和使用单片机等专用器件的时代。

4．如何通过单片机的理论和实践课，强化学生自主创新能力的培养

相对于计算机技术，现代单片机系统开发更加注重软件和硬件设计技术的综合应用。严格地说，传统单片机开发基本不存在任何硬件设计的概念和操作，一切都是围绕着各种现成器件模块确定的功能、时序和接口规则而展开控制软件的设计与调试，也就时说传统的单片机系统设计在本质上就是单片机的软件设计与调试，而没有任何硬件自主设计的纯软件设计不可能涉及自主创新。所谓自主，必须包含与自主知识产权相关的、不依赖于他人硬件环境的、对硬件功能模块的自主设计。

显然，唯有包含软硬件设计综合技能培养的单片机课程和对应的实践训练，才能有效地培养学生针对本门课程的自主创新能力。而将传统的单片机技术、FPGA 开发与 EDA 技

术，乃至片上系统知识有机结合起来，则是实现这一培养目标的有效途径。

基于以上的讨论和对单片机教学基本任务的认识，我们对本书各章节做了相应的安排，使之可以适应不同专业和教学要求所确定的单片机技术教学任务。主要体现如下：

（1）沿袭传统教学流程的经典单片机原理和应用技术。主要包括单片机结构、汇编指令系统与编程技术、时钟/定时器与中断、串行通信、单片机传统扩展技术等。

这一层次教学任务所对应的内容主要安排于第 2 至第 6 章中。为了使单片机技术学习的任务和目标更好地锁定于实用工程素质的提高，尽可能地简化或删除了在现代电子设计中几近淘汰的接口技术和器件的相关内容，其中包括一些过时的存储器和扩展器件，如8255、8155、8279 和 8243 等。

（2）增加基于 C 语言的单片机开发技术。在以上内容的基础上增加单片机 C 语言相关知识的应用技术。这部分内容安排于第 9 章。

（3）结合单片机针对 FPGA 的扩展技术。在以上内容的基础上，融合了 EDA 技术，将单片机软件设计开发技术与基于 FPGA 的硬件开发技术有机结合，使单片机系统的功能和性能适应更高层次的技术要求（包括传统单片机无法实现的功能和技术指标）。这种基于软件系统与硬件系统综合开发的实用技术，对于具有高利润附加值的电子系统研发、高性价比实用电子产品的开发以及大学生电子设计竞赛项目的设计实践都有重大意义。更重要的是，这为培养和提高学生的自主创新能力开拓了一个崭新的空间。这部分内容主要包含在第 7 章和第 8 章的前半部分。当然，学习这部分内容的前提是假设读者已经完成或正在进行 EDA 技术及相关课程的学习。

（4）强化片上系统构建与应用技术。以以上 3 部分知识为基础，进一步强化软硬件系统综合设计技能，掌握基于 FPGA 的 8051 CPU 软核的片上系统构建和设计技术，使读者对单片机技术的学习和应用再上一个层次，为未来的发展奠定更坚实的基础。这部分的核心内容包含在第 8 章的后半部分，其中给出了许多示例，向读者展示了这一技术的显著优势和不可替代性。在最后还安排了大量具有实用意义的实验与设计项目。

（5）实现基于嵌入式系统软核处理器的片上系统设计技术。这部分内容需要将以上所列内容与参考文献 1 和 2 中的 SOPC 技术结合起来实现。在这里将 32 位 Nios II 嵌入式处理器核作为一个 32 位单片机来构建一个 FPGA 单片系统，其实现的目标和先进的理念（例如可编程嵌入式系统、硬件指令设计、自定义接口组件设计等），使得所涉及的内容与先进的现代电子设计技术有了更多的接轨。在这一部分中，单片机、FPGA、软硬件综合设计、EDA 技术、嵌入式系统、片上系统等在理论和实践上实现了有机的融合。

对于现代单片机技术有限的理解深度和可能的以偏概全的认识局限性，使书中难免出现诸多失误和错误，我们真诚地欢迎读者给予批评指正（eda82@hzcnc.com）。

与此书相关的资料，包括本书的配套课件、实验示例源程序资料、相关设计项目等参考资料的免费索取，可浏览网址 www.kx-soc.com，也可直接与出版社联系。

编　者

于杭州电子科技大学

目　　录

第1章 概　　述

本章介绍微型计算机、单片机、嵌入式系统和 SOC 的基本概念。通过本章的学习，读者可以了解单片机的基本概念和主要特点，以及单片机与微型计算机系统的区别，熟悉单片机的应用领域，了解目前常用单片机系列及单片机技术的发展概况。

1.1　基　本　概　念

单片机是单片微型计算机（Single Chip Microcomputer）的简称，是把组成微型计算机的各功能部件，包括中央处理器 CPU、随机存取存储器 RAM、只读存储器 ROM、I/O 接口电路、定时/计数器以及串行通信接口等制作在同一块集成芯片上，构成一个功能比较全面的微型计算机的系统级器件。

单片机主要应用于控制领域，其结构与指令功能是按照工业控制要求设计的，故又称为微控制器（Micro Controller Unit，MCU）；由于单片机通常是控制系统的核心器件，并被融入其中，即以嵌入的方式进行工作，为了强调其“嵌入”的特点，也常被称为嵌入式微控制器（Embedded Processor）。

与单片机的概念和功能直接相关的是微处理器（Microprocessor Unit，MPU），也简称为 MP，是集成在同一块芯片上的具有运算和控制功能的中央处理器。微处理器不仅是构成微型计算机、单片微型计算机系统、嵌入式系统的核心部件，而且也是构成多微处理器系统和现代并行结构计算机的基础。至于微型计算机（Microcomputer）则是指由微处理器加上采用大规模集成电路制成的程序存储器和数据存储器，以及与输入/输出设备相连接的I/O 接口电路等模块构成的系统，一般称为个人微型计算机，简称 PC（Personal Computer）。

嵌入式系统则是另一类应用广泛的微处理器系统。嵌入式系统泛指嵌入于宿主设备的系统中，主要用于提升宿主设备智能化功能的系统。嵌入式系统是以应用技术产品为核心，以计算机技术为基础，以通信技术为载体，以消费类产品为对象，并引入了各类传感器技术和网络技术的，适应于综合应用环境的智能产品。

可以认为嵌入式系统是单片机系统功能的扩展和延伸，而单片机只是嵌入式系统的一种特殊形式或特定形式。换言之，当嵌入式系统的结构和功能只限于或只适用于某些特定领域或特定对象时，它就是一种单片机；反之，当单片机的功能确已能完成一般嵌入式系统的部分甚至大部分任务时，也可将其称为嵌入式系统。

显然，单片机和嵌入式系统并没有明显的可以绝对区分的标准和界限。

1.2　单片机的发展概况

单片机的产生与发展和微处理器的产生与发展大体上同步。单片机的出现和进入应用领域经历了以下 4 个阶段：

第一阶段（1971—1974 年），即单片机雏形阶段。1971 年 11 月，美国 Intel 公司首先设计出集成度较低的 4 位微处理器 Intel 4004，并且配有随机存取存储器 RAM、只读存储器 ROM 和移位寄存器等芯片，构成了第一台 MCS-4 型微型处理器系统。1972 年 4 月，Intel 公司又推出了处理能力较强的 8 位微处理器——Intel 8008。这些微处理器虽说还不是单片机，但从此拉开了研制单片机的序幕。

第二阶段（1974—1978 年），即初级单片机阶段。以 Intel 公司的 MCS-48 为代表，这个系列的单片机内部集成了 8 位 CPU、并行 I/O 接口、8 位定时/计数器，寻址范围不大于 4KB，且无串行口。

第三阶段（1978—1983 年），即经典单片机阶段。在这一阶段推出的单片机普遍带有串行口，有多级中断处理系统、16 位定时/计数器。片内 RAM 和 ROM 的容量进一步增加，且寻址范围可达 64KB。有的片内还带有 A/D 和 D/A（PWM）转换器接口。这类单片机包括 Intel 公司的 MCS-51、Motorola 公司的 6801 和 Zilog 公司的 Z8 等，应用领域极其广泛，这个系列的各类产品目前仍然是国内外产品的主流。其中 MCS-51 系列产品出现的历史最为久远，然而其硬件结构、性能特点和指令统统堪称经典，更兼其优良的性能价格比，不少集成电路公司纷纷推出不同类型的 MCS-51 兼容单片机产品，从而进一步促进了此类单片机的更广泛的应用，因此也成为我国广大电子设计工程技术人员参与开发最早、应用领域最广的单片机品种。

第四阶段（1983 年—现在），即现代单片机阶段。这一阶段是 8 位单片机巩固发展及 16 位单片机推出阶段。主要特征是，一方面发展高端的 16 位和 32 位通用型单片机及各类专用单片机；另一方面不断完善高档 8 位单片机，改善其结构，提高其性价比，以满足不同用户的需要。

1.3　单片机的特性

在成熟的单片机出现以前，即使面对一些较小的设计项目，自动控制系统设计工程师的选择也是十分有限的。如果他们无法接受基于诸如 Z80 等 CPU 为代表的微处理器所构建的系统的过高的成本、过大的功耗和过低的可靠性等方面的缺点，只能选择纯硬件的逻辑器件来构建系统，然而这却是一项过于庞杂的工作，而且其设计效率和可行性也大打折扣。单片机的出现为现代电子工程，特别是控制领域的工程设计带来了极大的便利，同时拓展了更宽广的应用领域。单片机的许多优良特性可归纳为以下几点。

1. 集成度高

MCS-51 系列单片机的代表产品是 8051。8051 内部包含 4KB 的 ROM、128B 的 RAM、4 个 8 位并行口、一个全双工串行口、两个 16 位定时/计数器以及一个处理功能强大的 CPU。高集成度最直接的效果是使系统体积大幅缩小，应用领域大为拓宽。

2. 系统结构简单

MCS-51 系列单片机芯片内部采用模块化结构，增加或更换一个模块就能获得指令系统和引脚兼容的新产品。另一方面，MCS-51 系列单片机具有 64KB 的外部程序存储器寻址能力和 64KB 的外部 RAM 和 I/O 口寻址能力。Intel 公司标准的 I/O 接口电路和存储器电路都可以直接连到 MCS-51 系列单片机上以扩展系统功能，应用非常灵活，使得系统设计效率大为提高，即缩短了设计周期，降低了设计成本。

3．可靠性高

单片机产品和其他产品一样，出厂指标有军用品、工业品和商用品之分。其中军用品要求绝对可靠，在任何恶劣的环境下都能可靠工作，主要用于武器系统、航空器等方面；工业品对常温要求不苛刻，无须在温度恒定的机房内工作。此外由于单片机总线大多在芯片内部，故不易受干扰，而且单片机应用系统的体积通常很小，易于屏蔽，从而提高了单片机系统的可靠性。

4．处理功能强，速度快

MCS-51 系列单片机指令系统中具有加、减、乘、除指令，各种逻辑运算和转移指令，还具有位操作功能。CPU 时钟频率高达 24MHz，单字节乘法和除法仅需要 2μs，而且具有特殊的多机通信功能，可作为多机系统中的子系统。所有这一切使得单片机的综合功能、数据处理与系统控制速度都极大地超越了它的"前辈"——单板机。单板机是在单片机出现以前被广泛应用于控制领域的低端微型计算机系统，主流 CPU 是 Zilog 公司的 Z80。MCS-51 系列单片机的出现迅速取代了当时十分流行的 Z80 单板机。

1.4　常用单片机系列及其特性

目前市场上用户比较集中的主流单片机系列的主要厂商大致有：Intel 公司、Motorola（Freescale）公司、Microchip 公司、NEC 公司、Philips 公司、NS 公司、Zilog 公司、STC公司、ATMEL 公司和 TI 公司等。表 1-1 中列出了部分公司的单片机产品及其相应的结构配置。

表 1-1　常用单片机结构配置表

公　　司	单片机系列	片内 ROM	片内 RAM	寻址范围	并　行　口	串　行　口	定时/计数器	中　　断
Intel	MCS-48	1/4KB	64/256B	4KB	3×8 位	/	1×8	2
	MCS-51	4/8KB	128/256B	64KB	4×8 位	UART	2×16	5/6
	8XC51FX	8/32KB	256B	64KB	4×8 位	UART	3×16	7
	8XC51GB	8KB	256B	64KB	6×8 位	2 UART	3×16	15
Motorola	6801	2/8KB	128/256B	64KB	3×8/1×8 位	UART	3×16	2
	6805	1/4KB	64/112B	2/8KB	2×8/1×4 位	/	1×8	1/4
	68HC11A	8KB	256B	64KB	22～38 位	1SCI/SPI	3×16	2
Zilog	Z8	2/4KB	124B	64KB	8×1/4×4 位	UART	2×8	6
NEC	UPD78XX	4/6KB	128/256B	64KB	6×8 位	UART	1×12	3
TI	TMS7000	2/12KB	128B	64KB	4×8 位	UART	1/2×13	2/6
NS	8070	2/2.5KB	64/128B	64/128KB	5×8 位	UART	/	/
Philips	8XC552	8KB	256B	64KB	6×8 位	UART	3×16	15.

目前业界的主流单片机系列的性能特点简述如下。

1. Intel 公司的 MCS-51 系列单片机

20 世纪 80 年代初，Intel 公司推出了 MCS-51 系列单片机。这类单片机按照片内 ROM 的不同类型来分类，有 8031、8051、8751 和 AT89S51 等不同类型的。由于 MCS-51 系列单片机的诸多优秀特性，其市场份额、使用客户以及应用领域不断扩大，此后有越来越多的 IC 企业推出了以 MCS-51 单片机内核为核心单元的功能加强型兼容单片机，如 Philips 公司的 P89LPC936、ATMEL 公司的 AT89S51、Winbond 公司的 W78C51D、SST 公司的 SST89C58、Maxim 公司的 MAX7651、STC 公司的 STC89C51/58RC 等数十家公司的数百个品种的单片机芯片。这些单片机芯片在与 MCS-51 指令系统和基本结构兼容的基础上增加了各自的特点和强化功能，如增加了 A/D 和 D/A 模块、比较器模块、Flash ROM 及 ISP 编程模块、看门狗模块、PWM 发生模块等。

2. Zilog 公司的 Z8 系列单片机

Z8 系列单片机采用的是多累加器结构，有较强的中断处理能力。此系列单片机以低价位的优势面向低端应用，以 18 引脚封装为主，ROM 容量是 0.5KB～2KB。此后不久 Zilog 公司又推出了 Z86 系列单片机，该系列内部集成了廉价的 DSP 核单元。

3. Motorola 公司的 68H 系列单片机

Motorola 公司是世界上最大的单片机厂商，其品种全、选择余地大、新产品多。在 8 位机方面主要有 68HC05 和升级产品 68HC08 以及 8 位增强型单片机 68HC11，这些都是 Motorola 公司的单片机代表性产品。升级产品还包括 68HC12 和 16 位机 68HC16 等。

近年来，以 PowerPC8XX、Coldfire、M.CORE 等为核心的 CPU，将 DSP 核作为辅助模块集成的单片机也纷纷被推出。Motorola 公司单片机的特点之一是在同样速度下所用的时钟频率较 Intel 公司等同类单片机低许多，从而获得了高频噪声更低、抗干扰能力更强的优良指标，因此更适合用于恶劣环境下的工控领域。

4. Microchip 公司的 PIC 系列单片机

Microship 公司的单片机是市场份额增长最快的单片机。其主要产品是 PIC16C 系列的 8 位单片机，CPU 采用 RISC 结构，指令少、速度快、功耗低，且以低价位著称。

Microship 公司的单片机多数属于 OTP（一次可编程）器件，强调节约成本的最优化设计，适于用量大、档次低、功耗低、价格敏感的产品开发。

目前单片机应用领域的主流 PIC 系列大致有：初级档 8 位单片机，PIC12C5XXX/16C5X 系列，如 PIC12C508（8PIN）；中级档 8 位单片机，PIC12C6XX/PIC16CXXX 系列；高级档 8 位单片机，PIC17CXX 系列等。

5. ATMEL 公司的 AT89 系列单片机

ATMEL 公司目前的单片机产品的主要特色是 8051 兼容 CPU，兼含 Flash ROM 和 EEPROM。为了顺利介入单片机市场，ATMEL 公司以 EEPROM 技术和 Intel 公司的 8031 单片机核心技术进行交换，从而取得 8031 核的使用权。ATMEL 公司把自身的优势，即先进的 Flash 存储器技术和 8031 核相结合，先后推出了基于 EEPROM 和 Flash 程序存储器的单片机 AT89C51 系列和 AT89S51 系列。目前此类单片机有很高的市场占有率。

6．STC 公司的 STC89C 系列单片机

STC89C 系列单片机几乎包含了 AT89C/S 系列单片机的所有特点和优势。不但如此，此类单片机还增加了许多实用的硬件配置功能，如 6 时钟/机器周期设置（最高实际工作速度等效于 80MHz 主频的 AT89S 单片机）、内部集成复位电路 MAX810、增扩的内部 RAM（即增加 512 到 1280 字节的内部 RAM，但却可用外部数据访问指令进行访问）等，最具特色的是可以通过计算机的 RS-232C 串行口经由单片机的两线串口进行 ISP 编程（STC 单片机 isp 串行编程的详细方法可参考附录 C），此功能还适用于远程升级，因此此类单片机也有很高的市场占有率。

7．TI 公司的 MSP430 系列单片机

MSP430 系列单片机是美国 TI 公司于 1996 年开始推向市场的一款 16 位超低功耗混合信号处理器。由于其针对实际应用需求，把许多模拟信号和数字信号处理模块以及微处理器集成在一个芯片上，提供了更广阔意义上的"单片"系统解决方案。

作为 16 位单片机，MSP430 系列单片机采用了精简指令集（RISC）结构，具有丰富的寻址方式（7 种源操作数寻址、4 种目的操作数寻址）、简洁的 27 条内核指令以及大量的模拟信号控制指令，其中大量的寄存器以及片内数据存储器都可参加多种运算，还有高效的查表处理指令和较高的处理速度，在 8MHz 晶体驱动下，指令的周期为 125ns。所有这些特点保证了这是一款适用面宽的高性价比单片机。

此外，Winbond 公司的 W7851 系列单片机、SST 公司的 SST89C/Exx 系列单片机、Cygnal 公司的 C8051F 系列单片机也都具有相当可观的市场份额。

1.5　MCS-51 系列单片机

由于 8 位单片机在性能价格比上占有绝对优势，而且 8 位增强型单片机在速度和功能上向 16 位单片机挑战，因此在未来相当长的时期内，8 位单片机，特别是 MCS-51 系列单片机仍是被广泛应用的主流机型。正是基于这一事实，本书以应用最为广泛的 MCS-51 系列单片机 8051 作为研究对象，介绍 Intel 公司的 MCS-51 系列单片机的硬件结构、工作原理、指令系统及应用系统设计技术。

以下概述 MCS-51 系列单片机重要的结构特性和功能特性。

1．制造工艺

目前单片机的制造工艺主要分为两类，即 HMOS 工艺和 CHMOS 工艺。早期的 51 系列单片机采用的都属 HMOS 工艺，即高密度、短沟道 MOS 工艺。8051、8751、8031、8951 等产品均属于 HMOS 工艺制造的产品。

CHMOS 工艺是 CMOS 工艺和 HMOS 工艺的结合，除保持了 HMOS 工艺的高密度、高速度之外，还兼有 CMOS 工艺低功耗的特点。例如采用 HMOS 工艺的 8051 芯片的功耗为 630mW，而用 CHMOS 工艺制造的 80C51 芯片的功耗仅 120mW，如此低的功耗甚至只用一般电池就可以驱动工作。单片机型号中包含有"C"的产品就是指它的制造工艺是 CHMOS 工艺。例如 80C51，就是指用 CHMOS 工艺制造的 8051 单片机。

2．MCS-51 系列单片机产品

MCS-51 系列单片机产品具有多种芯片型号，对应不同的资源结构配置、性能指标和封装外形。按其内部资源配置的不同，主要可分为两个子系列及 4 种类型。

（1）8051 子系列。8051 子系列包含 4 个产品，它们具有不同的结构特性。

① 8051 单片机。内部包含了 4KB 的 ROM、128B 的 RAM、21 个特殊功能寄存器、4 个 8 位并行口、一个全双工串行口、两个 16 位定时/计数器以及一个 CPU，这些配置构成了一台结构完善的单片微型计算机。

② 8751 或 87C51 单片机。是以 4KB 的 EPROM 代替 4KB ROM 的 8051。

③ 8951/89C51/89S51 单片机。是以 4KB 的 EEPROM（或 Flash ROM）代替 4KB ROM 的 8051。

④ 8031/80C31 单片机。是内部无 ROM 的 8051。8031 单片机必须外接 EPROM 等外部存储器作为其程序存储器。

（2）8052 子系列。8052 子系列也包含 4 个产品，分别是 8051 子系列的增强型。由于资源数量的增加，芯片的功能有所增强。片内 ROM 容量增加到 8KB；RAM 容量从 128B 增加到 256B；定时器数目从两个增加到 3 个；中断源从 5 个增加到 6 个。

3．80C51 系列单片机

80C51 系列单片机是在 MCS-51 系列的基础上发展起来的。最早推出 80C51 系列芯片的是 Intel 公司，并且作为 MCS-51 系列的一部分，按原 MCS-51 系列芯片的规则命名，例如 80C51、80C31、87C51、89C51 等。后来许多公司都生产了 80C51 的兼容器件，而且型号的命名类型各异，功能和性能也有了不同程度的改进，如增加了 A/D 转换模块、高速 I/O 端口等。有些还在总线结构上做了重大改进，出现了廉价的非总线型单片机芯片。但基本内核与指令系统仍然未变，因此它们仍属于 MCS-51 的子系列。

4．AT89 系列单片机

AT89 系列单片机是 ATMEL 公司生产的 8 位 Flash 单片机系列。这个系列单片机的最大特点是在片内含有 Flash 存储器，而在其他方面和 80C51 系列单片机几乎没有区别。该系列单片机使用方便、应用广泛、性能优异、适用面宽，一直深受用户欢迎。

AT89 系列单片机的特点有：

（1）内含有 Flash 存储器。由于片内含有 Flash 存储器，因此在系统开发过程中可以十分容易地进行程序的修改（编程次数可达 10000 次）。同时在系统工作过程中，能有效地保存数据信息，即使外界电源损坏也不影响信息的保存。

（2）与 80C51 封装兼容。AT89 系列单片机的引脚和 51 系列单片机的引脚安排是相同的，只要用相同封装引脚的 AT89 系列单片机就可以取代原来的 51 单片机。

（3）静态时钟方式。AT89 系列单片机采用静态时钟方式，节省电能，这对于降低便携式产品的功耗十分有用。

AT89 系列单片机有多种型号，如 AT89C51/52、AT89S51/52、AT89LV51/52、AT89LV52、AT89C2051、AT89C1051、AT89S8252 等。

5．STC89 系列单片机

1.4 节已简要提到此系列单片机的特点与结构优势。相比于 AT89 系列单片机，STC89

系列单片机的优势还包括优秀的加密性能、高抗静电功能、宽工作电压、E2PROM 存储器等。

本书中给出的多数示例和实验都基于 STC89C 或 AT89S 系列单片机。

1.6　单片机系统应用

由于单片机具有可靠性高、体积小、价格低、易于产品化等特点，因而其应用范围相当广泛，包括在智能仪器仪表、实时工业控制、智能终端、计算机辅助设备、通信设备、家用电器、智能玩具等自动控制领域。例如：

（1）智能仪器仪表。用单片机优化的测量、控制仪表设计，能促进仪表向数字化、智能化、多功能化方向发展，如温度、压力、流量、浓度显示和控制仪表等。

（2）实时工业测控系统。用单片机可以构成各种工业控制系统、自适应系统、数据采集系统等，如温室人工气候控制、水闸自动控制、电镀生产线自动控制等。

（3）机电一体化产品。单片机与传统的机械产品结合，使传统机械产品结构简化、控制智能化，控制指标精密化等。

（4）家用电器。全自动洗衣机、智能冰箱、微波炉、各类小家电都无一例外地采用了单片机。

单片机技术的发展以微处理器技术及超大规模集成电路技术的发展为基础，以广泛的应用领域的拉动，表现出较普通微处理器更具个性的发展趋势。单片机有体积小、功耗低、功能强、性能价格比高、易于推广应用等显著特点，主要表现如下：

（1）控制系统在线应用。由于控制对象和单片机联系密切，所以对设计者提出了很高的要求，如不但要熟练掌握单片机开发技术，还要了解控制对象，懂得传感技术，具有一定的控制理论知识等。

（2）软硬件结合。单片机应用系统的设计需要软、硬件统筹考虑。设计者不但要熟练掌握单片机编程语言，包括汇编语言和 C 语言等编程技术，而且还必须精通单片机硬件系统开发技术（主要指硬件器件的选择、硬件系统布置和配置、PCB 设计等）。

（3）应用现场环境恶劣。与 PC 机相比，单片机的应用现场环境一般是较恶劣的。电磁干扰、电源波动、温度突变等因素都会影响系统的稳定性。设计者必须根据特定的环境特征采取正确的办法才能解决。

（4）微控制技术。由于单片机具有诸多优势与特点，在需要嵌入式的控制系统中得到了广泛的应用，而且在过去必须由模拟和数字电路来实现的大部分功能，现在可以通过软件（编程序）方法实现了。这种超小型的以软件取代硬件，并能提高系统性能的控制系统"软化"技术，称为微控制技术，是对传统技术的一次革命。随着单片机的推广普及，微控制技术的发展必将带动产品升级换代及产业升级。

1.7　SOC 与单片机

单片机技术是现代电子技术应用中的主流技术之一，特别是在工业和民用的独立电子系统中，单片机起到了系统核心的作用。现代单片机在功能和结构上的发展有 3 个明显的方向。

（1）以体积小、结构简单、功耗低、成本低，特别是功能更专门化为特点的单片机系列的大量推出，也就是微控制器技术的不断进步和更加广泛的应用。

（2）对自身功能的进一步扩展和延伸，也就是进入了嵌入式系统的领域。

（3）紧跟片上系统 SOC 的广泛应用和快速发展的潮流。这使得单片机的发展和应用有了全新的基点和驱动力。

SOC（System On a Chip）是片上系统的简称，SOC 设计技术始于 20 世纪 90 年代中期，是一种高度集成化、固件化的系统集成技术。使用 SOC 技术设计系统的核心思想，就是要把整个应用电子系统全部集成在一个芯片中。在使用 SOC 技术设计应用系统时，除了那些无法集成的外部电路（如功率驱动或隔离电路等）或机械部分以外，其他所有的系统电路全部集成在一起，实现真正意义上的单片式软硬件联合构建与设计。

一般而言，片上系统 SOC 定义为将微处理器（可能包括实现不同功能目标的多个微处理器）、模拟 IP 核、数字 IP 核、存储器（或片外存储控制接口）、I/O 接口、通信模块、显示驱动模块等集成在单一芯片上。通常是客户定制的，或是面向特定用途的标准产品。

SOC 最基本的特点是，它是一个软硬件联合体。其软件是指 SOC 中至少应该有一个由软件支持工作的 CPU 软核或硬核，此 CPU 核可以是一个被嵌入于 SOC 中的通用微处理器，或单片机，或 DSP 处理器（数字信号处理器）IP 核；其硬件是指所有其他非软件功能支持的硬件功能模块，如前文提到的通信模块、显示驱动模块或其他 IP（Intellectual Property，知识产权核）等。

随着电子技术的发展，单片机应用系统已经形成了常用的、独特的嵌入式结构。如不同系列的单片机，都是通过嵌入不同的 CPU 核和其他辅助电路而形成的。目前，单片机已经成为 IP 核库中的重要成员，而其嵌入式结构正是 SOC 的一种重要实现技术和方法。

用 SOC 设计单片机系统嵌入式结构，为设计者提供了现有技术所无法比拟的优越条件。设计者再也不必在选择单片机的型号上下工夫，只需要根据所设计系统的固件特性和功能要求，选择相应的单片机 CPU 内核，再根据需要选择其他的辅助功能的 IP 模块，就可以实现完整的系统设计。显然，SOC 为单片机提供了更广阔的应用领域，并赋予了单片机更强大的生命力，是单片机技术进步和发展的巨大动力。

严格来说，目前在单片机应用中，有相当一部分实际上并不能叫做单片机或单片微型计算机。因为许多应用中需要形成单片机的外部系统总线和其他不可或缺的接口设备。因此，单片机资源的充分利用和避免形成外部总线和其他功能模块的接口，往往是单片机应用设计的主要追求目标。换句话说，系统的优化问题是单片机应用中的一个重要问题。

例如，设计一个具有多个传感器的测试系统，往往需要根据单片机的特点设计相应的外部总线，选择各种外部器件，应用系统由此而变得庞大，从而导致其可靠性降低、成本增加、功耗提高，而且调试和检修的难度加大、设计效率降低和维护成本增加。如若采用 SOC 技术，可以根据系统功能的要求将所有可能的部件全部集成于一个单片系统中，不但解决了上述所有的问题，而且设计者还拥有了这个系统的全部知识产权。

采用 SOC 技术后，设计人员不必为如何最大限度地利用单片机资源而发愁，可以根据自己的需要选择或裁减所需的电路，并与所熟悉的单片机的 CPU 内核相结合，甚至可以把现有技术需要精密调整的前置电路（模拟信号处理部分）也全部安放在一块芯片中，从而避免了大量的 PCB 板调试工作。

　　从"单片机必须实现系统单片化"的角度看，这种系统正是用户自己设计的专用单片机系统，而且是一个能实现全部系统功能的优化系统。这种系统的调试、测试方法与传统的单片机系统完全不同，已经成为一个能处理模块-数字混合信号的全新系统。因此，SOC 技术使单片机应用系统实现了更高层次上的集成。

　　概括地说，SOC 使单片机应用技术发生了革命性的变化，这个变化就是应用电子系统的设计技术，从选择厂家提供的定制产品时代进入了用户自行开发设计器件的时代。这标志着单片机应用的历史性变化，标志着一个全新的单片机应用时代已经到来。

　　具体的技术问题将在第 8 章中讨论。

思考练习题

1. 什么是单片机？单片机与一般的微型计算机相比，具有哪些特点？
2. 微处理器、微型机、单片机三者之间有何异同？
3. 单片机的主要应用领域有哪些？
4. 与 8051 比较，80C51 的最大特点是什么？
5. 系列单片机与 52 系列有什么区别？
6. 8051、8751、8031 单片机的主要区别是什么？
7. AT89 系列单片机的最大优点是什么？
8. 单片机的发展方向是什么？
9. 常用的单片机应用系统开发方法有哪些？
10. 什么是 SOC 技术？在单片机应用系统中采用 SOC 技术有何优势？

第 2 章　单片机硬件结构

本章主要介绍含有 MCS-51 单片机内核，即拥有此类内核单片机共性的兼容型单片机（如 AT89S51、STC89C51）的主要特性及内部结构、引脚情况、存储器结构、特殊功能寄存器、并行 I/O 端口结构及工作原理，以及时钟电路、复位电路和 CPU 工作时序。

为了能重点讨论此系列单片机的共有特性及简化表述，此后章节若不作特殊说明，将一律把 MCS-51 单片机及其兼容型单片机简称为 51 单片机或 51 系列单片机。

2.1　单片机的基本结构

51 系列单片机中，目前最常用的属 AT89S 或 STC89C 系列，有 AT89S51、S52、S53 和 S8253，或 STC89C51、C52、C54、C58、C516 等多种机型，其芯片内部结构基本相同，仅部分的电路模块功能配置略有不同。AT89S51/STC89C51 是这个系列的基本型，它将通用 CPU 和在线可编程 Flash 存储器集成在一个芯片上，形成功能强大、使用灵活和高性能价格比的单片微机。本节研究此类基本型单片机具有一般性意义。

2.1.1　单片机基本功能模块配置

如图 2-1 所示为经典 MCS-51 单片机的基本结构示意图。AT89S51 单片机的基本结构与此类似，其主要功能模块由系统内部总线连接。

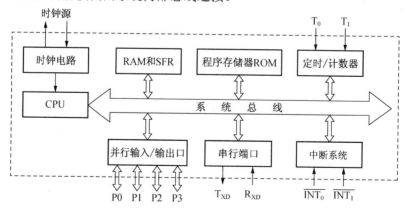

图 2-1　MCS-51 单片机的基本结构示意图

从图 2-1 可以看出，51 单片机具备一个完整的计算机所具有的基本组成部分，即 CPU、存储器（ROM 和 RAM）和 I/O 接口定时/计数器、串行通信口等。因此，从基本结构上看 51 单片机就是一个功能很强的 8 位微处理器，其具体功能模块及特性如下（标有*的功能或结构，经典 MCS-51 单片机不包含）：

- 一个 8 位 CPU，这是 51 系列单片机的控制核心。
- 4KB Flash 程序存储器*，可在线编程，擦写周期可达 10000 次。传统的 8031 单片机内部没有程序 ROM，而 8051 单片机的 4KB ROM 是掩膜的。
- 128B 的 RAM。89S52、8052、89C52 等的内部 RAM 为 256B。
- 4 个 8 位并行输入/输出 I/O 接口，其中有许多口具有双功能。
- 两个 16 位可编程定时/计数器；26 个特殊功能寄存器。
- 软件设计中可使用 6 个中断源（8051 是 5 个中断源），5 个中断矢量。
- 全双工串行通信接口，可用于与其他单片机或 PC 进行串行通信。
- 片内看门狗定时器*，可软件设置，此功能模块可提高系统的可靠性。
- 两个数据指针 DFTR0 和 DPTR1 寄存器*，传统 51 单片机只有一个 DPTR。
- 一个在线可编程功能 ISP 端口*；具有断电标志 POF 和低功耗节电运行模式*。
- 具有掉电状态下的中断恢复模式 *；电源电压范围为 DC 2.7V～6V。

2.1.2　单片机内部逻辑结构

如图 2-2 所示是 AT89S51 单片机的基本结构图，其中包含了 51 单片机核的所有经典模块。

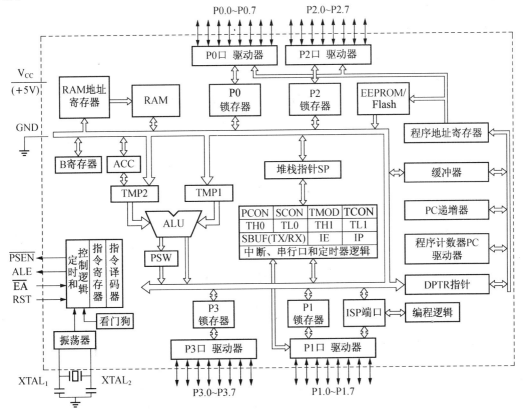

图 2-2　AT89S51 单片机片内总体结构框图

由图 2-2 可见，其中包括了算术/逻辑单元 ALU、累加器 A（或称 ACC）、只读存储器

ROM（对于 AT89C/S，则是 EEPROM 或 Flash 存储器）、随机存储器 RAM、指令寄存器 IR、程序计数器 PC、定时/计数器、I/O 接口电路、程序状态寄存器 PSW、寄存器组等。此外，还有堆栈寄存器 SP、数据指针寄存器 DPTR 等部件。这些部件集成在一块芯片上，通过内部总线连接，构成了完整的单片微型计算机。

2.1.3　CPU 的结构和特点

CPU 即中央处理器的简称，是单片机的核心部件，用以完成各种运算和控制操作。图 2-2 中，CPU 由运算器和控制器两大部分组成。

1．运算器结构

如图 2-2 所示，运算器主要包含以下 5 个模块。

（1）8 位算术逻辑运算单元 ALU（Arithmetic Logic Unit）。主要进行算术和逻辑运算，如 8 位数据的算术加、减、乘、除运算和逻辑与、或、异或、求补、取反以及循环移位等操作。

（2）累加器 ACC（Accumulator，简称累加器 A）。在算术运算和逻辑运算时，常在累加器 A 中存放一个参加操作的数，经暂存器 TEMP2 作为 ALU 的一个输入，与另—个进入暂存器 TEMP1 的数进行运算，运算结果又送回 ACC。ACC 是 CPU 中最繁忙的寄存器。

（3）寄存器 B。寄存器 B 是一个 8 位寄存器，主要用于辅助乘、除运算，存放操作数和运算后的一部分结果，也可用作通用寄存器。

（4）暂存寄存器 TMP1、TMP2。暂存寄存器暂时存储数据总线或其他寄存器送来的操作数，作为 ALU 的数据源，向 ALU 提供操作数。

（5）程序状态寄存器 PSW（Program Status Word）。程序状态寄存器 PSW 是一个 8 位的特殊寄存器，保存 ALU 运算结果的特征和处理状态，以供程序查询和判别。PSW 中各位状态信息通常是指令执行过程中自动形成的，但也可以由用户根据需要加以改变。

PSW 作为微处理器的标志寄存器，用于表示当前指令执行后的信息状态。PSW 中各位的定义如表 2-1 所示，其中各状态位的含义说明如下。

表 2-1　PSW 的各状态位定义

位序	PSW.7	PSW.6	PSW.5	PSW.4	PSW.3	PSW.2	PSW.1	PSW.0
位标志	CY	AC	F0	RS1	RS0	OV	/	P

- CY（PSW.7）：进位标志。无符号数运算中，当 8 位加法或减法运算的最高位有进位或借位时，（CY）=1，即 PSW 的最高位 CY 被置 1；当加法或减法运算的，最高位无进位或借位时，则（CY）=0，即 CY 被置 0。显然可利用 CY 的变化，实现多字节的加减运算。

- AC（PSW.6）：辅助进位标志。无符号数运算中，当作加法或减法运算时，低 4 位向高 4 位有进位或借位，则（AC）=1；当作加法或减法运算时，低 4 位向高 4 位无进位或借位，则（AC）=0。AC 位常作为计算机进行 BCD 码修正的判断依据。

- F0（PSW.5）：用户标志位。无特别意义，供用户自定义。通过软件置位或清 0，并根据（F0）=1 或 0 来反映系统某一种工作状态，决定程序的执行方式。

- RS1、RS0（PSW.4、PSW.3）：工作寄存器组选择位。可用软件程序置位或清0，用于选定当前使用的4个工作寄存器组中的某一组，将在存储器结构部分作详细介绍。
- OV（PSW.2）：溢出标志。当执行算术运算指令时，由硬件置位或清 0 来指示溢出状态。主要用在有符号数运算时，当运算结果超出了累加器 A 所能表示的符号数有效范围（-128～+127）时，（OV）=1；否则，（OV）=0。

无符号数乘法指令 MUL 的执行结果也会影响溢出标志。若置于累加器 A 和寄存器 B 的两个数的乘积超过了 255，则（OV）=1，反之（OV）=0。由于乘积的高 8 位存放于寄存器 B 中，低 8 位存放于 A 中，（OV）=0 则意味着只要从 A 中取得乘积即可，否则要从 BA 寄存器对中取得乘积结果。

在除法运算中，DIV 指令也会影响溢出标志，当除数为 0 时，（OV）=1，否则（OV）=0。

- P（PSW.0）：奇偶标志位。每个指令周期由硬件来置位或清0，用以表示累加器 A 中 1 的个数的奇偶性。若累加器中 1 的个数为奇数，则 P=1，否则 P= 0。

2. 控制器结构

如图 2-2 所示，控制器主要由程序计数器（Program Counter，PC）、PC 加 1 寄存器、指令寄存器 IR、指令译码器 ID、堆栈指针 SP、数据指针 DPTR、时钟发生器（由晶振和振荡器电路构成）及定时和控制逻辑等组成，控制逻辑电路完成指挥控制工作，协调单片机各部分正常工作。

控制器各部件的功能特性简述如下：

（1）程序计数器 PC。PC 是一个 16 位专用寄存器，用于存放一条将要执行的指令的首地址。改变 PC 中的内容就改变了程序执行的顺序。PC 没有对应的寄存器地址，故无法直接设置其中的数据，但可以通过执行某些指令（如 RET 等）间接设置所希望的内容。

（2）指令寄存器 IR 及指令译码器 ID。CPU 从 PC 指定的程序存储器地址中取出来的指令，经由指令寄存器 IR 送到指令译码器 ID 中，然后由 ID 对指令进行译码，并产生执行该指令所需的一系列控制时序信号，以执行相应的操作。

（3）时钟发生器及定时和控制逻辑。单片机内特定的逻辑电路以及外接的石英晶体振荡器可产生单片机所需的振荡脉冲信号，即时钟信号。时钟信号通过一个二分频触发器，向单片机提供一个 2 节拍的时钟信号，该时钟信号即为 CPU 的基本时序信号，是单片机工作的基本节拍。整个单片机系统就是在这个基本节拍的控制下协调工作的。

（4）堆栈指针 SP。51 单片机的堆栈区设在片内 RAM 中，因此堆栈空间不能设得太大。对堆栈的操作包括入栈和出栈两种，并且遵循先进后出或后进先出的原则。

（5）数据指针 DPTR。数据指针 DPTR 是一个 16 位的专用寄存器，其高位用 DPH 表示，低位用 DPL 表示，字节地址分别为 82H、83H。DPTR 既可以用作一个 16 位的寄存器，如存放 16 位地址值，以便对外部 RAM 进行读写操作，也可作为两个 8 位的寄存器 DPH 和 DPL 使用，可分开分别赋值。DPTR 在访问外部数据存储器时既可用来存放 16 位地址，也可用作地址指针。

2.1.4　单片机其他结构模块

图 2-2 中还有一些其他模块，都是 51 单片机系统有效工作的重要组成部件：

（1）定时/计数器。单片机片内有两个 16 位的定时/计数器，即定时器 0 和定时器 1，可以用于定时控制、延时以及对外部事件的计数和检测等。

（2）存储器。单片机的存储器包括数据存储器和程序存储器，其寻址空间是相互独立的，物理结构也不相同。

（3）并行 I/O 口。单片机共有 4 个 8 位的 I/O 口（P0、P1、P2 和 P3 口），每一个 8 位口的任一条 I/O 线都能独立地用作输入或输出。

（4）串行 I/O 口。单片机具有一个采用通用异步工作方式的全双工串行通信接口，可以同时发送和接收数据。

（5）中断控制系统。8051 等经典 51 单片机拥有 5 个中断源，即两个外部中断、两个定时/计数中断和一个串行通信中断。

（6）时钟电路。单片机芯片内部有时钟电路，但晶体振荡器必须外接。时钟电路为单片机产生时钟脉冲序列。

（7）总线。如图 2-2 所示，以上所有组成部分都是通过总线连接起来的，从而构成一个完整的单片计算机系统。单片机系统的地址信号、数据信号和控制信号都是通过总线传送的，总线结构减少了单片机的连线和引脚，提高了其集成度和可靠性。

2.2 单片机的封装与引脚功能

51 单片机的引脚信号定义与具体的封装有关，如图 2-3 所示为 MCS-51/AT89S51/STC89C51 单片机的引脚图及逻辑符号。图 2-3（a）是标准 40 脚 DIP 双列直插封装，图 2-3（b）是 44 脚的 PLCC 封装。

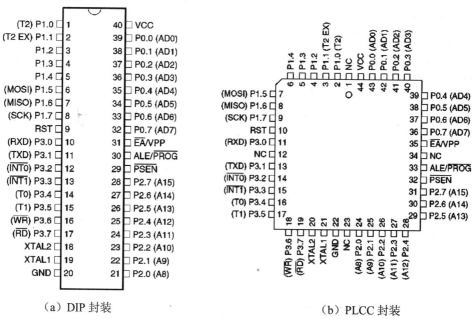

（a）DIP 封装　　　　　　　　　（b）PLCC 封装

图 2-3　MCS-51/AT89S51/STC89C51 单片机的引脚图

51 单片机的封装形式有多种，但同名引脚的功能定义基本相同。以下仅对比较常用的图 2-3（a）所示的 DIP 封装的单片机所对应的引脚功能进行说明。

1．电源及复位引脚

（1）工作电源端 V_{CC}（40 脚）。此端通常接+5V 电源。对于 AT89S51/STC89C51 系列单片机，工作电压的具体取值要根据电路系统需要以及器件类型和工作方式确定。例如，此系列单片机中有的类型工作电压较宽，可达 2.7V~6V，但编程电压却必须是 5V；而另一类单片机既可在宽电压条件下工作，也能在 3.3V 的低压下在系统编程，如 AT89S、8283 等。

（2）接地端 V_{SS}（20 脚）。此端直接接地。去耦电容要靠近此端接，另一端靠近 Vcc 接。

（3）复位与备用电源端 RST/P_{DV}（9 脚）。RST 即 RESET，P_{DV} 为备用电源。该引脚为单片机的上电复位或掉电保护端。当单片机振荡器工作时，该引脚上出现持续两个机器周期的高电平，就可实现复位操作，使单片机回复到初始状态。当 V_{CC} 电源降低到低电平时，RST/P_{DV} 线上的备用电源自动开启，以保证片内 RAM 中的信息不致丢失。

（4）片内外程序存储器选用端 $\overline{EA}$/V_{PP}（31 脚）。该引脚为低电平时，只选用片外程序存储器，而为高电平时，先选用片内程序存储器，容量不够后再选用片外程序存储器。对于 STC89 系列单片机，此脚默认上拉。V_{PP} 是片内 EPROM 编程电压输入端，当用作编程时，输入高编程电压。此功能主要针对 MCS-51 系列单片机的 8751 等器件，现在此类器件已被淘汰。对于新型 51 单片机 V_{PP} 已无作用。

2．晶体振荡器接入或外部振荡信号输入引脚

（1）晶体振荡器接入的引脚之一：XTAL1（19 脚）。如果采用外部无源晶体振荡器，此引脚作为此振荡信号的输入端之一；如果采用外部有源振荡器，此引脚可直接作为外部振荡信号的输入端。

（2）晶体振荡器接入的另一个引脚：XTAL2（18 脚）。如果采用外部无源晶体振荡器，此引脚作为此振荡信号的另一输入端；如果 19 脚接外部有源振荡器，此引脚悬空。

3．地址锁存及外部程序存储器编程脉冲信号输出引脚

ALE/$\overline{PROG}$（30 脚）是地址锁存允许信号输出/编程脉冲输入引脚。当 51 单片机上电正常工作时，作为地址锁存允许信号输出引脚，ALE 自动在该引脚上输出频率为 fosc/6 的脉冲序列（fosc 为晶振的输入频率）。当 CPU 访问外部存储器时，此信号可用作锁存低 8 位地址的控制信号；在对片内 ROM 编程写入时，$\overline{PROG}$ 作为编程脉冲输入端。对于 AT89S/STC89 系列单片机，由于使用 isp 方式编程，$\overline{PROG}$ 功能已没有意义。如果只使用内部存储器，ALE 输出的信号也将没有意义，此时可将 30 脚悬空。

4．外部程序存储器选通信号输出引脚

$\overline{PSEN}$（29 脚）是外部程序存储器选通信号，低电平有效。从外部程序存储器读取指令或数据期间，每个机器周期该信号两次有效，以通过数据总线 P0 口读取指令或数据。对于 AT89S 系列单片机，如果只用内部存储器，此脚将没有意义，可悬空。

5．I/O 引脚

（1）P0 口（P0.0~P0.7）。该端口为漏极开路的 8 位准双向口。在访问外部存储器时，它作为低 8 位地址线（A[0]~A[7]）和 8 位数据总线（D[0]~D[7]）的复用端口。

（2）P1 口（P1.0～P1.7）。是一个内部带上拉电阻的 8 位准双向 I/O 口。

（3）P2 口（P2.0～P2.7）。是一个内部带上拉电阻的 8 位准双向 I/O 口。在访问外部存储器时，作为高 8 位地址线（A[8]～A[15]）。

（4）P3 口（P3.0～P3.7）。P3 口同样是内部带上拉电阻的 8 位准双向 I/O 口，其各端口除了作为一般的 I/O 口使用之外，还具有特殊功能。

6．在系统编程引脚

由于 AT89S 系列单片机的内部程序存储器是 Flash，所以对其编程十分方便，可以不必加任何专门的编程电源，而仅在工作电源条件下，利用 PC 机通过单片机的 4 个引脚端口组成的 JTAG 口，直接对单片机进行 isp 在系统编程。

如图 2-3 所示，这 4 个引脚分别是 P1.7（SCK）对应 JTAG 口的 TCK、P1.6（MISO）对应 JTAG 口的 TDO、RST（9 脚）对应 JTAG 口的 TMS 以及 P1.5（MOSI）对应 JTAG 口的 TDI。

7．单片机的片外总线配置

DIP 封装型 51 单片机的 40 个引脚中，除电源、地、复位、晶振引脚和 P1 通用 I/O 口外，其他的引脚都是为系统扩展设置了第二功能。典型的结构就是三总线结构，即地址总线、数据总线和控制总线。片外三总线是指：（1）P0 经地址锁存后提供低 8 位地址，P2 口直接提供高 8 位地址；（2）P0 口提供 8 位数据；（3）控制总线：$\overline{EA}$，ALE，$\overline{PSEN}$，$\overline{RD}$（P3.7），$\overline{WR}$（P3.6），RST。

事实上除了图 2-3 给出的两种封装形式外，单片机还有其他类型的封装形式，相同系列的单片机的使用方法和功能是基本相同的。图 2-4 给出了一些常见的封装形式。

图 2-4　一些常见的单片机和存储器的封装形式

2.3　I/O 结构及功能

如前所述，51 单片机有 4 个双向 8 位 I/O 口，共 32 根 I/O 口线，每个 I/O 线均由锁存器、输出电路和输入缓冲器组成。每一条口线可独立用作输入或输出，作输出时可锁存数据，作输入时可缓冲数据。此外许多端口具有第二功能。以下讨论它们的电路结构。

（1）P0 口。图 2-5 给出了 P0 口的逻辑结构。P0 口由一个锁存器、两个三态输入缓冲器、一个多路选择器及控制电路和驱动电路等组成，可以作为输入/输出口用，在实际应用中通常作为地址/数据复用总线。在访问外部存储器时，P0 口为真正的双向口。

（2）P1 口。P1 口是一个准双向口，仅作通用的 I/O 口使用，其位结构图如图 2-6 所示。P1 口由一个输出锁存器、两个三态缓冲器和输出驱动电路等组成。由于在其输出端内部接有上拉电阻，所以不需外接上拉电阻就可以直接输出。作输入口使用时，必须先向锁存器写入 "1"，使场效应管 T 截止，然后才能读取端口数据。此外由图 2-6 还可以看出，P1 口对外的电流驱动能力，输入远强于输出。图 2-7 和图 2-8 中对应的 P2、P3 口也有同样情况。

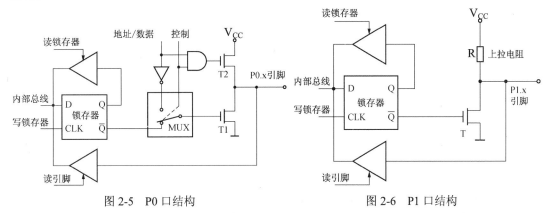

图 2-5　P0 口结构　　　　　　　　　　图 2-6　P1 口结构

（3）P2 口。P2 口也是一个准双向口，有 8 条 I/O 端口线，被命名为 P2.7～P2.0，每条线的结构如图 2-7 所示。P2 口由一个输出锁存器、转换开关 MUX、两个三态缓冲器、一个非门、输出驱动电路和输出控制电路等组成，输出驱动电路设有上拉电阻。

P2 口有两种使用功能，一种是在不需要进行外部 ROM、RAM 等扩展时，作通用的 I/O 口使用，其功能和原理与 P0 口第一功能相同，只是作为输出口时不需外接上拉电阻；另一种是当系统进行外部 ROM、RAM 等扩展时，作系统扩展的地址总线口使用，输出高 8 位的地址 A[15]～A[7]，与 P0 口输出的低 8 位地址相配合，组成 16 位地址，共同访问外部程序或数据存储器（64KB）。

（4）P3 口。P3 口是一个多功能的准双向口，其位结构如图 2-8 所示。P3 口由一个输出锁存器、两个三态缓冲器、一个与非门和输出驱动电路等组成，输出驱动电路设有上拉电阻。当 P3 口作为通用 I/O 口使用时，其功能和原理与 P1 相同。第二功能是作为控制和特殊功能口使用，这时 8 条端口线所定义的功能各不相同。P3 口的第二功能如表 2-2 所示。

对于第二功能为输出引脚，作为 I/O 口使用时，第二输出功能控制信号线应保持高电平，使与非门开通，以维持从锁存器到输出口数据输出通路畅通无阻。而当作第二功能口线使用时，该位的锁存器应置高电平，使与非门对第二功能信号的输出是畅通的，从而实现第二功能信号的输出。对于第二功能为输入的引脚，在口线的输入通路上增设了一个缓冲器，输入的第二功能信号从这个缓冲器的输出端取得。而作为 I/O 口线输入端时，输入信号取自三态缓冲器的输出端。因此，不管是作为输入口使用还是作为第二功能信号输入，输出电路中的锁存器和第二输出功能端信号均应置 1。

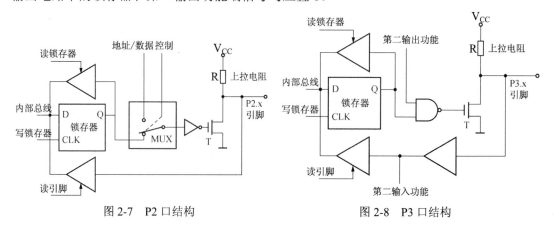

图 2-7　P2 口结构　　　　　　　　　　图 2-8　P3 口结构

表 2-2　P3 口第二功能

引　　脚	第　二　功　能
P3.0	RXD（串行口输入）
P3.1	TXD（串行口输出）
P3.2	INT0（外部中断 0 输入）
P3.3	INT1（外部中断 1 输入）
P3.4	T0（定时/计数器 0 的外部输入）
P3.5	T1（定时/计数器 1 的外部输入）
P3.6	$\overline{WR}$（片外数据存储器"写选通控制"输出）
P3.7	$\overline{RD}$（片外数据存储器"读选通控制"输出）

2.4　单片机存储器的组织结构

51 单片机的存储器可分为程序存储器和数据存储器，又可进一步分为片内的程序存储器和数据存储器以及片外的程序存储器和数据存储器。

2.4.1　程序存储器

51 单片机的程序存储器可寻址空间为 64KB，用于存放程序、数据和表格等信息。MCS-51 单片机可分为内部无 ROM 型（如 8031）和内部有 ROM 型（如 8051）两种。

由于直接使用单片机内的掩膜 ROM 的情况很少，在多数实用情况下，无论是 8031 还是 8051 系列单片机，都必须根据实际需要外接 EPROM 型程序存储器。而对于后来出现的，内部含有 EEPROM 或 Flash 类型程序存储器的 STC89C/AT89S 系列单片机，在其外部使用扩展程序存储器才变得不是必需和经常的事情。但无论是对于传统的 8031、8051 单片机，还是目前十分常用的 AT89C/S 等系列含内部可重复编程的程序存储器的单片机，其内、外程序存储器的地址结构和组织结构仍然是一样的，可以用图 2-9（a）来说明。

对于 AT89S51 类单片机，如果所需的程序代码及表格数据总量小于 4KB，则只需使用单片机内部的 Flash 存储器，如图 2-9（a）所示，将单片机的 EA 端接高电平即可；如果程序大于 4KB，则仍使 EA=1。但必须在单片机外扩展程序存储器，如用 EPROM、EEPROM 或 Flash 等，首地址必须大于 1000H。这样安排后，当单片机执行的程序大于 4KB 后能自动到外部程序存储器读取指令。如果使用 8031 类单片机，则必须使 EA=0，程序必须全部放在外扩存储器中，最大地址范围是 0000H～FFFFH。如果是 AT89C/S52 类单片机，内部存储器容量是 8KB。

2.4.2 数据存储器

一般将静态随机存储器（SRAM）用作数据存储器。如图 2-9（b）、图 2-9（c）所示，51单片机数据存储器也可分为片内和片外两部分。外部最大可寻址空间为 64KB，内部是 128B。

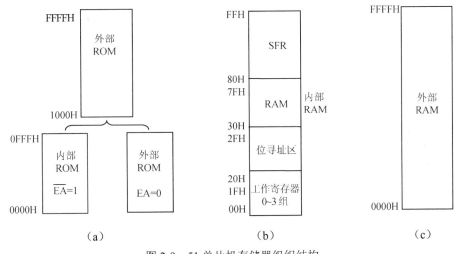

图 2-9　51 单片机存储器组织结构

1. 片内数据存储器 RAM

单片机片内地址范围是 00H～FFH，共 256B，可用指令 MOV 访问。如图 2-9（b）所示，片内 RAM 又分为两部分：低 128B（00H～7FH）为真正的 RAM 区；高 128B（80H～FFH）为特殊功能寄存器（SFR）区。对于 8052/AT89S52 等单片机，片内真正的 RAM 容量达 256B。若访问 80H～FFH 地址区的特殊功能寄存器，方法与访问 00H～7FH 低端地址相同。但若访问高端地址 80H～FFH，需要用寄存器间接寻址方式。

如图 2-9（b）所示，对于 51 单片机来说，内部 RAM 的不同区域还被赋予不同的功能：

（1）工作寄存器组。内部 RAM 的 00H～1FH 单元为工作寄存器组区，分为 4 组寄存器，每组 8 个寄存单元，各组都以 R0～R7 作为寄存单元编号。

工作寄存器组可通过 PSW 中的 RS0、RS1（PSW.4、PSW.3）位进行选择。RS0、RS1与工作寄存器组的对应关系如表 2-3 所示。

表 2-3　RS0、RS1 与工作寄存器组的对应关系

RS0	RS1	寄 存 器 组	内部 RAM 地址
0	0	第 0 组	00H～07H
0	1	第 1 组	08H～0FH
1	0	第 2 组	10H～17H
1	1	第 3 组	18H～1FH

（2）位寻址区。内部 RAM 的 20H～2FH 单元除作普通 RAM 单元外还为位寻址区，即可对它们的位进行寻址，这些单元的位地址为 00H～7FH。能利用位操作指令使 CPU 直接寻址这些位。位地址分配如表 2-4 所示。

表 2-4　位寻址区

可位寻址字节地址	内部 RAM 可位寻址单元对应的位地址							
	D7	D6	D5	D4	D3	D2	D1	D0
2FH	7FH	7EH	7DH	7CH	7BH	7AH	79H	78H
2EH	77H	76H	75H	74H	73H	72H	71H	70H
2DH	6FH	6EH	6DH	6CH	6BH	6AH	69H	68H
2CH	67H	66H	65H	64H	63H	62H	61H	60H
2BH	5FH	5EH	5DH	5CH	5BH	5AH	59H	58H
2AH	57H	56H	55H	54H	53H	52H	51H	50H
29H	4FH	4EH	4DH	4CH	4BH	4AH	49H	48H
28H	47H	46H	45H	44H	43H	42H	41H	40H
27H	3FH	3EH	3DH	3CH	3BH	3AH	39H	38H
26H	37H	36H	35H	34H	33H	32H	31H	30H
25H	2FH	2EH	2DH	2CH	2BH	2AH	29H	28H
24H	27H	26H	25H	24H	23H	22H	21H	20H
23H	1FH	1EH	1DH	1CH	1BH	1AH	19H	18H
22H	17H	16H	15H	14H	13H	12H	11H	10H
21H	0FH	0EH	0DH	0CH	0BH	0AH	09H	08H
20H	07H	06H	05H	04H	03H	02H	01H	00H

（3）特殊功能寄存器 SFR。51 单片机有 21 个特殊功能寄存器，包括算术运算寄存器、指针寄存器、I/O 口锁存器、定时/计数器、串行口、中断、状态、控制寄存器等，离散地分布在内部 RAM 的 80H～FFH 地址单元中（不包括 PC），构成了所谓的 SFR 存储块。其中地址可被 8 整除的 SFR 可位寻址，如累加器 A 的地址是 E0H=224，可被 8 整除，所以可位寻址。SFR 反映了 51 单片机的运行状态。特殊功能寄存器的地址分布如表 2-5 所示。表 2-6 对 51 单片机中的 21 个特殊功能寄存器 SFR 的主要功能作了简要说明。

2. 片外数据存储器 RAM

51 单片机也可在外部扩展数据存储器 RAM（通常使用静态存储器 SRAM），如图 2-9（c）所示，最大可达 64KB。外扩的程序存储器和数据存储器的地址是独立的，访问指令分别是MOVC 和 MOVX。外扩的数据存储器地址的低端（0000H～00FFH）与内部 RAM 也是相互独立的，需用不同的指令访问。这与程序存储器不同，片内的存储器的地址与片外的存储器的地址（0000H～0FFFH）是重合的，只能通过选择 EA=1 或 EA=0 来选择低端的内外

存储区域。

表2-5　特殊功能寄存器 SFR

SFR 的符号	单 元 地 址	特殊功能寄存器的名称	位符号或位名称	对应的位地址
ACC	E0H	累加器	ACC.7～ACC.0	E7H～E0H
B	F0H	B 寄存器	B.7～B.0	F7H～F0H
PSW	D0H	程序状态字寄存器	PSW.7～PSW.0	D7～D0H
SP	81H	堆栈指针		
DPL	82H	数据存储器指针（低 8 位）		
DPH	83H	数据存储器指针（高 8 位）		
IE	A8H	中断允许控制寄存器	IE.7～IE.0	AFH～A8H
IP	B8H	中断优先控制寄存器	IP.7～IP.0	BFH～B8H
P0	80H	输入/输出口 P0	P0.7～P0.0	87H～80H
P1	90H	输入/输出口 P1	P1.7～P1.0	97H～90H
P2	A0H	输入/输出口 P2	P2.7～P2.0	A7H～A0H
P3	B0H	输入/输出口 P3	P3.7～P3.0	B7H～B0H
PCON	87H	电源控制及波特率选择		
SCON	98H	串行口控制寄存器	SON.7～SCON.0	9FH～98H
SBUF	99H	串行数据缓冲器		
TCON	88H	定时控制寄存器	TCON.7～TCON.0	8FH～88H
TMOD	89H	定时器方式选择寄存器		
TL0	8AH	定时器 0 低 8 位		
TL1	8BH	定时器 1 低 8 位		
TH0	8CH	定时器 0 高 8 位		
TH1	8DH	定时器 1 高 8 位		

3. 片内扩展数据存储器 RAM

STC89C52/53/54/55/58/516 等单片机都有不同规模的片内扩展 RAM，即所谓 AUX-RAM，规模在 512B～1280B。访问方法与片外 RAM 的访问相同。

表2-6　特殊功能寄存器功能说明

符 号 名	地 址	功 能 说 明
P0	80H	8 位输入/输出端口，P0 口锁存器，可用于数据总线与地址线低 8 位
SP	81H	堆栈指针，系统复位时 SP=07H，监控初始化时 SP=40H
DPL	82H	数据存储器地址指针寄存器 DPTR 的低 8 位
DPH	83H	数据存储器地址指针寄存器 DPTR 的高 8 位
PCON	87H	电源控制寄存器，可设置节电状态。D7 位为波特率因子
TCON	88H	定时器控制寄存器，D7～D4 控制定时器，D3～D0 位与外部中断有关
TMOD	89H	定时器工作方式控制寄存器
TL0	8AH	T0 计数器低 8 位
TL1	8BH	T1 计数器低 8 位
TH0	8CH	T0 计数器高 8 位
TH1	8DH	T1 计数器高 8 位

续表

符 号 名	地 址	功 能 说 明
P1	90H	8 位输入/输出端口，P1 口锁存器
SCON	98H	串行口控制寄存器
SBUF	99H	串行口数据缓冲寄存器
P2	A0H	8 位输入/输出端口，P2 口锁存器，可用于地址总线高 8 位
IE	A8H	中断允许控制寄存器
P3	B0H	8 位输入/输出端口，P3 口锁存器，各位有第二功能，如 TXD、RXD、INT_0、INT_1 等
IP	B8H	中断优先级控制寄存器
PSW	D0H	程序状态字，含状态标志位及工作寄存器组指针 Rsi
Acc	E0H	累加器
B	F0H	乘除运算专用寄存器，也可用作 8 位通用寄存器

2.5 单片机辅助电路

一些基本的辅助电路是单片机正常工作的必要条件。单片机的辅助电路主要有两个部分，即时钟电路和复位电路。时钟电路能保证单片机按照自身的时序自动运行起来，而复位电路能对单片机进行初始化操作。对于 AT89S 系列单片机，只要安排了正确的时钟电路和复位电路，就能构成单片机的最小系统，即保证单片机系统能正常工作的最简电路系统。

2.5.1 时钟电路

单片机是一个典型的时序电路器件，获得恰当的时钟信号是其正常工作的必要条件。作为单片机辅助电路的时钟电路可以有多种形式，但最常用的是以下两种方式。

1. 内部振荡方式

内部振荡方式是通过外接一个含有无源晶体振荡器的振荡电路来获得单片机必需的时钟信号。51 单片机片内有一个用于构成振荡器的高增益反相放大器，其引脚 XTAL1 和 XTAL2 分别是此放大器的输入端和输出端。把放大器与作为反馈元件的晶体振荡器或陶瓷谐振器连接，就构成了内部自激振荡器并产生振荡时钟脉冲，如图 2-10 所示。

最常用的外接元件是无源晶体振荡器和电容，它们组成并联谐振电路。晶体振荡器（简称晶振）的振荡频率（或称单片机主频）的范围为 1.2MHz～24MHz，典型值为 12MHz。电容 $C_1 = C_2$，在 10pF～30pF 之间选取，其作用是快速起振、稳定晶振频率和微调频率。晶振频率高，则电容可选择偏小一些；反之，电容可选得大一些。

2. 外部振荡方式

外部振荡方式就是把外部已有的时钟信号引入单片机内，如图 2-11 所示，而不必借助无源晶振和单片机内部的相关电路来产生时钟。单片机的工作时钟直接来自外部现成的时钟信号，这时单片机的主频即为输入的时钟频率。这种时钟信号可以来自有源晶振，即接上电源后即能产生稳定高频时钟的电路模块，也可来自其他器件的输出信号，如 FPGA 等。

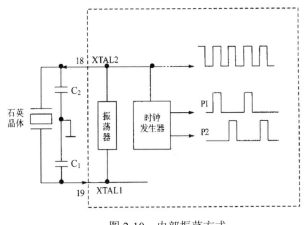

图 2-10　内部振荡方式　　　　　　　　图 2-11　外部振荡方式

采用外部振荡方式的好处是，比较容易根据实际需要，实时改变单片机的工作时钟频率，即通过对外部的时钟频率的控制来改变单片机的机器周期等时序行为，同时可以降低电磁干扰（EMI）。例如，STC89C 系列单片机的最高时钟信号频率可达 48MHz，若选择 6T/双倍速工作方式，则相当于接了 96MHz 晶振的 AT89S 单片机。为了降低电磁干扰，这里48MHz 的时钟频率最好来自有源的外部振荡器。

2.5.2　复位和复位电路

复位电路的功能就是使 CPU 的工作情况及内部的寄存器处于一个确定的初始状态。在系统上电时由复位电路产生复位信号，加到单片机的复位引脚上，直到系统电源稳定后才撤销复位信号。复位后就能使 CPU 以及其他功能部件都恢复到一个确定的初始状态，并从这个状态开始工作。

单片机在开机时或在工作中因干扰而使程序失控，或工作中程序处于某种死循环状态等情况下都需要通过复位来脱离这些不正常的状态。51 系列单片机的复位信号由 RST 引脚输入，高电平有效。当 RST 引脚输入高电平并保持两个机器周期的时间后，单片机内部就会执行复位操作。实现可靠复位有赖于正确的复位电路，而复位后单片机将处于怎样的初始状态，这是单片机开发者必须了解的两个重要方面，以下将对此作简要说明。

1. 复位电路

单片机的复位可以通过多种方式实现，不同的复位方式对应不同的复位电路。如图 2-12所示给出了对应的 3 种复位方式电路图，即上电复位电路、手动开关复位电路和 WDT 复位电路。

（1）上电复位电路。此电路是利用电容充放电来实现复位延时的。对于上电复位对应的电路，在上电的瞬间，单片机的复位信号输入端 RST 的电位与电源电压 V_{CC} 相同，随着充电电流的减小，RST 端的电位逐渐下降。图 2-12（a）中，R 是单片机中的施密特触发器输入端的一个下拉电阻，时间常数约为 60ms。只要 V_{CC} 的上电时间小于 1ms，振荡器起振建立时间不超过 10ms，这个时间常数便足以保证完成复位操作。因为上电可靠复位所需的最短时间是振荡周期建立时间再加上两个机器周期的时间，在这个时间内 RST 端的电平应维持高于施密特触发器的下阈值。

（2）手动复位电路。图 2-12（b）所示的手动复位电路是上电复位与手动复位相结合的方案。这两种复位电路的复位原理是相同的。手动复位时，一旦按下复位按钮，电容 C1 通过 10kΩ 电阻迅速放电，使 RST 端迅速变为高电平（V$_{CC}$）。当松开复位按钮后，电容通过 R1 和单片机内部的下拉电阻逐步放电，逐渐使 RST 端恢复为低电平。这个时间过程与上面讨论的上电复位电路的时间过程相同。图 2-12（b）中的 R2 是 RST 端的保护电阻。

（3）WDT（Watch Dog Timer）复位电路。即看门狗复位电路，如图 2-12（c）所示，是利用 MAX705 等 WDT 专用芯片来实现复位的电路。电路中，利用 WDT 芯片内部的定时器的计数器和清 0 来自动控制输出单片机的复位信号。WDT 芯片内有一个不受外部控制的计数器，上电后即自动计数，一旦计数溢出就发出对单片机的复位信号。为了不使计数器溢出，必须在计数器溢出前通过 WDTI 口输入清 0 信号，使计数器复位清 0。

在软件编程中作适当安排，只要单片机处于正常工作状态，正常程序序列中总能循环执行到 CPL P3.5 取反指令，从而使 WDT 的定时器的计数器能及时清 0，保证了系统的正常运行。但有时由于一些外部干扰因素的出现，使得单片机程序"跑飞"，即工作不正常时，便无法确保指令 CPL P3.5 执行，WDT 芯片内部的计数器就会产生溢出，从而使系统自动复位，恢复正常工作。

因此利用 WDT 复位电路，可以实现无人值守。一般在环境干扰大的情况下使用。

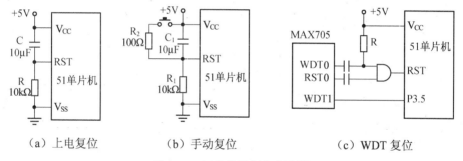

图 2-12　51 单片机复位电路图

2．复位后的单片机状态

单片机复位后，最重要的特征是许多特殊寄存器都将恢复到其默认的初始值。特殊功能寄存器的复位状态见表 2-7，表中的"X"表示不确定的随机数据。

下面对表 2-7 中单片机特殊寄存器复位状态作进一步的说明。

- PC：复位后，单片机程序计数器 PC 的内容为 0000H，即复位后 CPU 执行程序的起始点将从程序存储器的 0000H 单元开始，从此单元读取第一条指令码。
- PSW：复位后程序状态字 PSW 被全部置 0。由于（RS1）= 0，（RS0）= 0，复位后单片机将自动默认选择工作寄存器 0 组。
- SP：复位后堆栈指针被设为 07H。第 3 章的程序设计将指出，这不是一个合适的堆栈位置，应该通过指令设定更合适的堆栈指针位置，如 60H 等。
- TH1、TL1、TH0、TL0：计数器的内容都置为 00H，即定时/计数器的初值为 0。
- TMOD：定时器工作方式控制寄存器被置 00H，即复位后定时/计数器 T0、T1 被设为定时器方式 0。

- TCON：即复位后定时/计数器 T0、T1 停止工作，外部中断 0 和 1 为电平触发方式。
- SCON：复位后被置 0，串行口工作在移位寄存器方式，且禁止串行口接收。
- IE：中断允许控制寄存器被置 0，即复位后屏蔽所有中断。
- IP：中断优先级控制寄存器被置 0，复位后所有中断源都设置为低优先级。
- P0～P3 口：4 个 I/O 端口的锁存器都被置为高电平。
- RAM：手动复位或 WDT 复位等形式的复位后，片内 RAM 和片外 RAM 的内容保持不变，但在上电复位后为随机数。

表 2-7 51 单片机复位状态表

寄 存 器	复位状态	寄 存 器	复位状态	寄 存 器	复位状态
PC	0000H	TCON	00H	IP	XXX00000
ACC	00H	TMOD	00H	IE	0XX00000
B	00H	TH0	00H	SBUF	XXXXXXXX
SP	07H	TH1	00H	SCON	00H
PSW	00H	TL0	00H	PCON	0XXX0000
DPTR	0000H	TL1	00H	P0～P3	FFH

2.6 单片机的工作时序

为了便于深入了解单片机 CPU 的工作原理和工作时序，有利于单片机系统的开发和程序设计，本节将介绍单片机 CPU 的指令工作时序以及 CPU 与存储器间的工作时序。

2.6.1 单片机 CPU 时序基本概念

首先介绍单片机几种周期信号的概念，即时钟周期、机器周期和指令周期。

1. 时钟周期

时钟周期也称振荡周期，是指为单片机提供定时信号的振荡源的周期或外部输入时钟的周期，如图 2-11 所示的外部时钟信号对应的周期。

2. 机器周期

一个机器周期由 6 个状态即 S1～S6 组成，每个状态又分成 P1 和 P2 两个节拍。一个机器周期中的 12 个振荡周期可分别表达为 S1P1，S1P2，S2P1，……，S6P1，S6P2，如图 2-13 所示。如果把一条指令的执行过程分作几个基本操作步骤，则可将完成一个基本操作步骤所需的时间称作一个机器周期。单片机的某些单周期指令的执行时间就是一个机器周期。

3. 指令周期

单片机 CPU 执行一条指令所需要的时间称为指令周期，包括从取指令到该指令全部执行完所需的时间。51 系列单片机执行不同的指令所需的时间不尽相同，有 1、2、4 三种指令周期的指令。如图 2-13 所示是一条双机器周期指令的时钟周期、机器周期与指令周期之间的时间关系。以图 2-11 为例，由单片机的 XTAL1 输入的外部时钟信号 fosc 在这个指令周期中共有 24 个 P1、P2 节拍，对应 12 个状态。

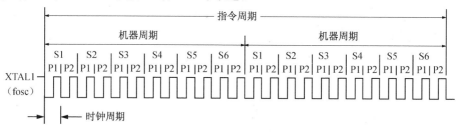

图 2-13　时钟周期、机器周期与指令周期

2.6.2　单片机的取指和执行时序

上文已经提到，51 单片机的指令按执行时间可以分为 3 类：单机器周期指令（简称为单周期指令）、双机器周期指令和四机器周期指令（只有乘、除法两条指令）。

设单片机外接晶振频率 fosc 为 12MHz，则一个节拍的时间是 1/12μs，一个机器周期是 1μs。于是单、双、四机器周期指令的执行时间分别为 1μs、2μs、4μs。

若按单片机指令占用存储器空间长度来分，可分为单字节指令、双字节指令和三字节指令。执行这些指令所需要的机器周期数目也都不同，可分为以下几种情况：

- 单字节指令单机器周期和单字节指令双机器周期。
- 双字节指令单机器周期和双字节指令双机器周期。
- 三字节指令则都是双机器周期。
- 单字节的乘除指令为四机器周期。

图 2-14 中给出了 51 单片机的几种典型的单机器周期和双机器周期指令的取指、执行时序。图中的 ALE 信号是对外部锁存器的地址锁存信号，该信号每出现一次，对应单片机进行了一次读指令操作。ALE 信号以振荡脉冲 1/6 的频率出现，因此在一个机器周期中，ALE 信号有两次有效信号，第一次在 S1P2 和 S2P1 期间，第二次在 S4P2 和 S5P1 期间，有效宽度为一个 S 状态。

下面对几种不同字节不同机器周期的指令的执行时序作进一步说明。需要指出的是，对于以下内容，若一时无法理解也无妨，因为对于其中不同指令的更详细和更深入的理解需要完成第 3 章中有关单片机指令及其功能的学习后才能实现。

（1）单字节单周期指令。以 INC　A 指令为例，由于是单字节指令，因此只需进行一次读指令操作。当第二个 ALE 有效时，由于 PC 没有加 1，所以读出的还是原指令，属于一次无效的操作，时序图如图 2-14（a）所示。

（2）双字节单周期指令。此类指令对应 ALE 的两次读操作都是有效的，即第一次是读指令操作码，第二次则是读指令的第二个字节。图 2-14（b）中是 MOV　A，#data 指令的执行过程时序图，该指令的第二个字节是立即数，在第二个 ALE 有效时读取。

（3）单字节双周期指令。以指令 INC　DPTR 为例，执行此类指令时，在两个机器周期内共进行了 4 次读指令的操作，但其中的后 3 次是无效的，其时序如图 2-14（c）所示。

（4）双字节双周期指令。上文曾提到，每个机器周期内会有两次读指令操作。但当使用 MOVX 类指令访问外部 RAM 时，情况就有所不同了。因为执行此类指令时，是首先从程序 ROM 中读取指令，然后对外部 RAM 进行读/写操作。在第一机器周期内与其他指令一样，第一次读指令，即读操作码有效；第二次读指令操作数无效。在第二机器周期时，访问外部 RAM，此时与 ALE 信号无关，因此不产生读指令操作。如图 2-14（d）所示即为 MOVX　A，@DPTR 指令的执行时序。

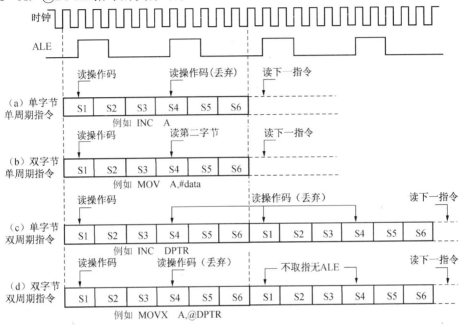

图 2-14　51 单片机的典型取指、执行时序

2.6.3　单片机访问外部存储器的时序

2.2 节中曾提到，当单片机的 CPU 访问外部存储器时，利用 P0 口和 P2 口可组成 16 位地址总线，而 P0 口采用分时复用的方法，既担任低 8 位地址总线（A0～A7），也担任 8 位数据总线（D0～D7）。CPU 访问外部程序存储器与访问外部数据存储器时的操作时序是有所不同的，以下将分别讨论。

1．CPU 访问外部程序存储器时序

当访问外部程序存储器时，CPU 的工作时序如图 2-15 所示。由图可见，外部 ROM 存储器的读选通信号 $\overline{\text{PSEN}}$ 低电平有效，在每个机器周期内出现的 ALE 和 $\overline{\text{PSEN}}$ 信号均两次有效，即可进行两次读取指令操作，而同时 $\overline{\text{RD}}$ 和 $\overline{\text{WR}}$ 均为高电平无效，无法访问外部 RAM 存储器，不致发生冲突。

P2 口和 P0 口分别负责输出高 8 位地址信息（A8～A15）和低 8 位地址信息（A0～A7）。而 P0 口的低 8 位地址信息在 ALE 脉冲的下降沿被锁入地址锁存器（通常是 74LS373），然后 P0 通道让位于接收外部程序 ROM 中读出的指令代码信息，这就是 P0 口的地址/数据总线的复用功能。图 2-15 和图 2-16 中 P0 总线中出现的 Z，表示通道关闭，处于高阻态。

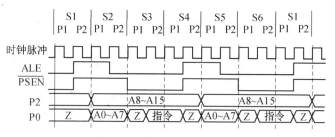

图 2-15 外部 ROM 读时序

2.5.2 节提到，CPU 一旦复位，程序的第一条指令即从程序存储器的 0000H 单元开始执行。单片机的工作过程就是执行程序指令的过程，而指令的执行又分为取指令和执行指令两项内容。单片机的整个工作过程，就是周而复始地取指令和执行指令的过程。在取指令阶段，单片机从程序存储器中取出指令，送到指令寄存器，再经指令译码器译码，产生一系列控制信号，然后进入执行阶段。在指令执行阶段，CPU 利用指令译码器产生控制信号，进行该指令规定的各项操作。

2．CPU 访问外部数据存储器时序

如果 CPU 需访问外部 RAM，则执行 MOVX 类指令操作，工作时序如图 2-16 所示。

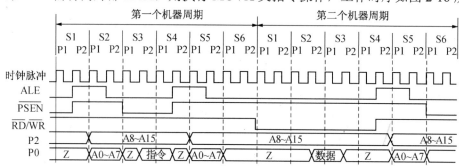

图 2-16 外部 RAM 读时序

由于此类指令是单字节双周期指令，在第一个机器周期的 S3、S4 状态期间，$\overline{PSEN}$ 为低电平有效，即从程序存储器中进行取指；在 S5 状态从 P0 口、P2 口输出外部数据存储器单元的地址信号；在 S6 状态到第二个机器周期的 S3 状态期间，$\overline{PSEN}$ 信号为高电平无效，而 $\overline{RD}$（或 $\overline{WR}$）信号为低电平有效，这就保证在 P0 口总线上可出现有效的输入/输出数据。

2.7　单片机的低功耗和编程工作方式

此节将对单片机的两种重要的工作方式作简要介绍，其中包括低功耗工作方式和单片机的编程工作方式。

1．单片机的低功耗方式

单片机的复位端 RST/V_{PD} 的功能是可以复用的。RST 引脚的内部电路如图 2-17 所示，

此输入端一方面经施密特触发器与内部复位电路连接，以便接受复位信号，另一方面经二极管与内部 RAM 连接，作用是在掉电时为 RAM 提供备用电源。因此单片机的 RST/V_{PD} 引脚除作为复位信号输入端外还可作为备用电源输入端。一旦主电源 V_{CC} 出现故障，可由 V_{PD} 接通备用电源。对于 51 单片机来说，有待机方式和掉电保护方式两种低功耗方式。通过设置电源控制寄存器 PCON 的相关位可以确定当前的低功耗方式。

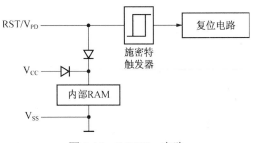

图 2-17　RST/V_{PD} 电路

PCON 寄存器的位功能定义格式如表 2-8 所示，其中最高位 SMOD 是波特率倍增位；GF0 和 GF1 位是通用标志位；PD 位即为掉电方式位，当 PD=1 为掉电方式；最低位 IDL 是待机方式位，IDL=1 为待机方式。

表 2-8　PCON 寄存器的位功能定义

位序	B7	B6	B5	B4	B3	B2	B1	B0
位符号	SMOD	/	/	/	GF1	GF0	PD	IDL

若将 PCON 寄存器的 IDL 位置 1，单片机即进入待机方式。在待机方式下，CPU 处于睡眠状态，片上 RAM 和特殊功能寄存器的内容保持不变，单片机的中断仍然可以继续工作，处于待机方式的单片机可以通过中断触发方式或硬件复位退出待机模式。

若将 PCON 寄存器的 PD 位置 1，单片机则进入掉电保护方式。如果单片机检测到电源电压过低，此时除进行信息保护外，还需将 PD 位置 1，使单片机进入掉电保护方式。当单片机进入掉电模式时，外部晶振停振，CPU、定时器、串行口随之全部停止工作，只有外部中断继续工作。进入掉电模式的指令是最后一条被执行的指令，片内 RAM 和特殊功能寄存器的内容在终止掉电模式前被冻结。退出掉电模式的方法是硬件复位或由处于使能状态的外部中断 INT0 和 INT1 激活。

需要注意的是，使用中断唤醒单片机时，程序从原来停止处继续运行，当使用硬件复位唤醒单片机时，程序将从头开始执行。复位后将重新定义全部特殊功能寄存器，但不改变 RAM 中的内容，在 V_{CC} 恢复到正常工作电平前，复位应无效，且必须保持一定时间以使振荡器重新启动并稳定工作。

2. 编程方式

AT89S 系列 51 单片机带有可用于在系统编程（ISP）的 Flash 存储器阵列，并且兼容常规的第三方 Flash 或 EPROM 编程器。AT89S 系列单片机的程序存储阵列采用字节式编程，其 ISP 编程涉及 4 根通信线，其中包括 P1.5（MOSI）、P1.6（MISO）、P1.7（SCK）和复位控制 RST。PC 机需通过一个 BytBlaster（MV）编程配置电路实现编程。

相比之下，STC89C 系列单片机（同样含 Flash 存储器阵列）的 ISP 编程下载方式更为

方便，因为编程下载只涉及两根线，其编程电路如图 2-18 所示，由 PC 机的串行口，通过
RS-232 接口与电平变换芯片 STC232，将 STC232 的 RXD 信号与单片机的 P3.0 相接，TXD
与 P3.1 相接即可，之间不需要任何编程配置电路。

如果希望通过 USB 口向 STC89C 单片机进行编程下载，会显得更加方便和廉价。因为
可以利用一片 USB 至 RS-232C 的转换芯片（如 CH340），将输出的 TTL 电平的 RXD 和 TXD
信号直接与单片机的 P3.0 和 P3.1 连接，并通过它们向单片机下载，之间无须图 2-18 所示
的 STC232（或 MAX232）电平转换器件。

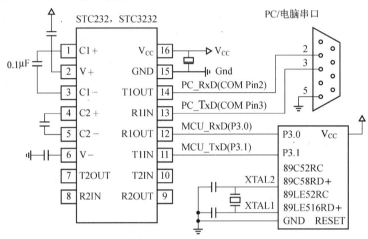

图 2-18 STC89C 系列单片机编程下载电路

2.8 看门狗定时器

在上文已经提到过利用专用芯片来实现 WDT 功能，以便确保单片机能正常工作。

单片机片内 WDT（Watch Dog Timer）是一种需要软件控制的复位方式。AT89S 系列单
片机内的 WDT 由 13 位计数器和特殊功能寄存器中的看门狗定时器复位存储器（WDTRST）
构成。WDT 在默认情况下无法工作，为了激活 WDT，程序员必须往 WDTRST 寄存器（地
址是 A6H）中依次写入 01EH 和 0E1H。当 WDT 被激活后，其内部时钟开始工作。WDT
在每个机器周期都会增加。WDT 计时周期依赖于外部时钟频率。除了外部复位或 WDT 溢出
复位，没有其他办法可以停止 WDT 的工作。一旦 WDT 溢出，即刻复位单片机。

当激活 WDT 后，程序员必须向 WDTRST 写入 01EH 和 0E1H（喂狗）来避免 WDT
溢出。当计数达到 8191（1FFFH）时，13 位计数器将会溢出，这将会复位单片机。若晶振
正常工作，WDT 被激活后，每一个机器周期，WDT 计数都会递增。为了复位 WDT，用户
必须向 WDTRST 写入 01EH 和 0E1H（WDTRST 是只读寄存器）。WDT 计数器不能读或写。
当 WDT 计数器溢出时，将给 RST 引脚产生一个复位脉冲输出，这个复位脉冲持续 96 个晶
振周期（T_{OSC}），其中 $T_{OSC}=1/F_{OSC}$。因此，为了正确使用 WDT，应该在一定时间内周期性
写入那部分代码，以避免 WDT 产生复位信号。

但需注意，单片机在掉电模式下，晶振是停止工作的，这意味此时的 WDT 也停止了

工作。在这种方式下，用户不必喂狗。

有两种方式可以离开掉电模式，即硬件复位或通过一个激活的外部中断。通过硬件复位退出掉电模式后，用户就应该给 WDT 喂狗了，就如同通常 AT89S51 复位一样。

通过中断退出掉电模式的情形有很大的不同。中断应持续拉低较长一段时间，使得晶振稳定。当中断拉高后，执行中断服务程序。为了防止 WDT 在中断保持低电平时复位单片机，直到中断拉低后 WDT 才开始工作。这就意味着 WDT 应该在中断服务程序中复位。

为了确保在离开掉电模式最初的几个状态下 WDT 不溢出，最好在进入掉电模式前就复位 WDT。在进入待机模式前，特殊寄存器 AUXR 的 WDIDLE 位用来决定 WDT 是否继续计数。

默认状态下，在待机模式下，WDIDLE=0，WDT 继续计数。为了防止 WDT 在待机模式下复位 AT89S51，用户应该建立一个定时器，定时离开待机模式，喂狗 WDT，再重新进入待机模式。

思考练习题

1．51 单片机内部结构分几个部分？有何特点？

2．51 单片机 DIP 封装有多少引脚？ALE、$\overline{\text{PSEN}}$ 和 $\overline{\text{EA}}$ 的作用各是什么？

3．51 单片机的存储器组织采用哪种结构？存储器地址空间如何划分？各地址空间的存储范围和容量如何？在使用上有何特点？

4．SFR 中各寄存器的名称、功能是什么？

5．程序状态寄存器 PSW 中各标志位的意义是什么？

6．51 单片机的 P0～P3 口在结构上有何不同？在使用上有何特点？

7．若 AT89S51 晶振频率为 6MHz，其时钟周期、机器周期各为多少？

8．51 单片机的当前工作寄存器组如何选择？

9．51 单片机的控制总线信号有哪些？各信号的作用是什么？

10．51 单片机的程序存储器低端的几个特殊单元的用途是什么？

11．51 单片机复位有哪几种方法？复位后单片机的初始状态如何？

12．51 单片机的 4 个 I/O 口在使用上有哪些分工？

13．若 51 单片机运行出错或程序进入死循环，有哪些方法可以退出，恢复正常工作？

14．51 单片机的信号引脚按功能分为几类？各包含哪些信号线？

15．51 单片机的 $\overline{\text{EA}}$ 信号有何功能？在使用 8031 时，$\overline{\text{EA}}$ 信号引脚应如何处理？

16．51 单片机 P3 口各引脚的第二功能是什么？

17．内部 RAM 低 128 单元划分为哪几个区域？说明各部分的使用特点。

18．如何确定和改变 51 单片机的当前工作寄存器组？

19．什么是堆栈？堆栈指针（SP）的作用是什么？单片机复位后，堆栈实际上是从什么地方开始存放的？

20．P0～P3 口作通用 I/O 口使用时，在读取输入数据时应注意什么？

21．为什么说 P1 口的对外的电流驱动能力，输入远强于输出？

第3章 指令系统与汇编语言程序设计

本章主要介绍 51 单片机指令的寻址方式、指令系统、汇编语言程序设计方法和程序设计应用实例。单纯从编程是否高效，使用是否便捷，是否需更多了解单片机结构原理等方面而言，汇编语言显然无法与第 9 章将介绍的针对单片机的 C 语言相比。但是汇编语言及其相关知识却是单片机技术学习者必不可少的学习内容，因为学习单片机技术的目标有两个：一是掌握单片机技术，即单片机及其系统的实用开发技术；二是掌握单片机原理，即详细的单片机结构原理、时序特性以及每一指令码对应的单片机硬件操作方式等。显然，掌握汇编语言是掌握单片机原理的必要条件，而掌握单片机原理则是有能力跨越 51 单片机，迅速掌握其他类型单片机原理和实用方法的必要条件，特别是当开发者为了某项工程要求，可能必须使用自主设计的拥有某些特定功能的单片机的情况下（利用 EDA 技术是容易办到的）必备的知识。此外，汇编语言在单片机开发上也有许多不可替代的独特的优势。

3.1 指令系统简介

若希望单片机系统能够实现预定的控制任务和运算功能，则必须根据一定规则编写控制命令，即对应的软件程序，以便对单片机中的硬件资源进行设置、控制和相应的数据处理。这就是说，必须通过单片机的程序设计和程序的执行来完成指定的任务。为单片机编写程序是单片机应用系统开发的必要过程。

单片机程序和其他计算机程序一样，都是按实现的功能要求编排的一系列指令的集合，而指令是计算机能够直接识别和执行的命令，也称为机器指令或机器语言。指令系统是指一台计算机所能执行的所有指令，的集合，是 CPU 硬件唯一确定的控制命令系列。

CPU 控制命令或称机器语言指令是用二进制编码表示的，即单片机的 CPU 在工作中只能识别由二进制编码序列表达的一系列二进制指令。但如果程序员直接使用二进制编码来编制单片机程序，则程序的可读性就很差，而且排错、记忆和修改也很困难，编程的工作量随程序量的增加而迅速增加。为了解决这个问题，最直接的方法是为每一表达 CPU 机器语言指令的二进制编码，设定一个对于此条指令的功能和特性极易辨认和识别的文字符号，即所谓汇编语言指令。

汇编语言指令是一种符号指令，由助记符、符号和数字等来表示指令，与机器语言指令一一对应。需要指出的是，CPU 的指令系统是由计算机生产厂家预先定义的，用户必须遵循这个预定的规定为单片机提供特定的机器码。因为不同的单片机系列定义的指令系统多数是不一样，所以通过机器语言或汇编语言书写的程序没有通用性。

把汇编语言翻译成机器语言的过程称为汇编。

汇编语言指令通常由操作码和操作数组成。操作码是用来实现指令功能的，而操作数则是指令操作的对象，即实现此指令功能必需的某个数据。通常，同一条指令的操作码是基本固定的，而操作数是由程序员根据需要设定的。

就机器码指令而言，有定长和不定长之分。定长指令的操作码的位数是一定值，不定长指令的操作码是变动的。51单片机采用的是不定长指令格式，根据机器指令的长短又将指令分为单字节指令、二字节指令和三字节指令。

51单片机汇编语言指令的标准格式如下：

[标号：] 操作码 [目的操作数] [， 源操作数] [；注释]

例如： WT： ADDC A，#5BH ； （A）←（A）+5BH，其中：

（1）方括号[ ]表示该项是可选项，即设计中可自行确定的内容。

（2）标号是用户设定的符号，实际代表该指令所在的地址。标号必须以字母开头，其后可跟字母或数字，并以"："结尾。标号的有无根据实际需要确定，可省略。

（3）操作码是用英文缩写的指令功能助记符。它确定了本条指令完成什么样的操作功能，是汇编语言指令的重要助记符，不可省略，如ADDC表示带进位的加法操作。

（4）目的操作数提供了操作的对象，并指出一个目标地址，表示操作结果存放单元的地址。书写时，操作数与操作码之间必须以一个或几个空格分隔。如上例中的A，即累加器A中的内容是实际的目的操作对象，并指出加法操作后的结果又回送A存放。

（5）源操作数指出的是一个源地址或立即数（即一个实际的数字，在其前面要标#号），表示操作的对象或操作数来自何处。它与目的操作数之间要用"，"号隔开。

（6）注释部分是在编写程序时，为了增加程序的可读性，由用户针对该条指令或该段程序功能加注的说明，可用任何文字形式表达，与指令间以"；"分开。这部分内容仅随汇编程序存入计算机，但编译后，不会出现在对应的机器语言代码中。

51单片机共使用了7种寻址方式，有111条指令。其中单字节指令49条，双字节指令45条，三字节指令17条，可分为7种类型，即29条数据传送类指令、24条算术运算类指令、20条逻辑运算类指令、4条移位类指令、18条控制转移类指令、4条调用/返回类指令、17条位操作类指令。

在介绍汇编指令功能之前，先对指令系统中使用的符号作简要说明。

- direct：内部数据存储器地址，指定一个内部RAM单元或一个专用寄存器。
- @Ri：通过R1或R0间接寻址，指定数据存储器RAM中的一个单元。
- Rn：当前寄存器工作区中的寄存器，其中n=0～7，如R0、R3。
- #data：指令中的8位二进制或两位十六进制立即数，即在此数前加标记#。
- #data16：指令中的16位二进制或4位十六进制立即数。
- addr11：11位目的地址，仅用于ACALL或AJMP指令中，表示调用或转移地址。
- addr16：16位目的地址，用在LCALL或LJMP指令中，表示调用或转换地址。
- rel：8位二进制数偏移量，用补码表示，用在SJMP等转移指令中。
- bit：表示二进制位寻址空间中的位地址，寻址范围为0～FFH。
- A或ACC：累加器，是使用最频繁的寄存器。

3.2　寻　址　方　式

寻址方式就是指根据指令中给出的地址信息寻找操作数或操作数的地址的方式。

51 系列单片机含 7 种寻址方式，包括立即直接寻址、数寻址、相对寻址、变址寻址、寄存器寻址、寄存器间接寻址和位寻址，以下分别进行说明。

1. 直接寻址

直接寻址是指操作数的地址直接在指令操作数域给出。例如：

```
MOV  A，57H
```

其中，57H 为单片机内部 RAM 单元的直接地址。

此指令的功能是把内部 RAM 中 57H 单元的数据搬运至累加器 A 中，操作示意过程如图 3-1 所示，执行此指令后，内部 RAM 位于地址 57H 单元的数据 A4H 被搬运至累加器 A 中。

由于直接地址只能是 8 位二进制数（用两位十六进制数表示），因此仅限于寻址内部数据存储器 RAM 和特殊功能寄存器，也是唯一能寻址特殊功能寄存器的寻址方式。

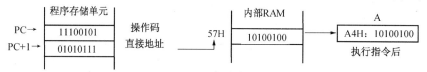

图 3-1　直接寻址指令操作示意

2. 立即数寻址

立即数寻址是指操作数在指令操作数域直接给出具体数值，即立即数，前面须标符号"#"。例如：

```
MOV  A，#4CH
MOV  DPTR，#0A456H
```

对于第一条指令，其中 4CH 是两位十六进制立即数。该指令的功能就是将立即数 4CH 送入累加器 A 中，操作过程如图 3-2 所示，图中的 PC 是程序指针内当前 16 位二进制地址值。

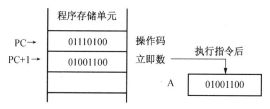

图 3-2　立即数寻址指令操作示意

对于第二条指令，其功能是将 4 位十六进制立即数送入数据指针寄存器 DPTR 中，操作过程如图 3-3 所示，图中的 DPH 表示 DPTR 的高 8 位，DPL 表示低 8 位。在指令中，十六进制数的表达方式规定，首位数若是大于 9（以字母表示），则需在之前加 0。

图 3-3　立即数寻址指令操作示意（16 位）

3．相对寻址

相对寻址是以程序计数器 PC 的当前值为基地址，加上指令中给出的偏移量 rel 作为转移目的地址。由于目的地址是相对于 PC 中的当前值，所以称为相对地址。PC 的当前值是指取出该指令后的内容，即下一条指令地址。因此，转移目的地址可用以下关系表达：

转移目的地址 = 下一条指令地址 + rel

偏移量 rel 是一个用补码表示的带符号的 8 位二进制数，数值范围是-128～+127。例如：

JC 80H

执行此条指令后，若进位标志 Cy=0，则 PC 值不变；若进位标志 Cy=1，则以 PC 当前值加偏移量 80H 后所得的值作为转移目的地址，其操作示意如图 3-4 所示。

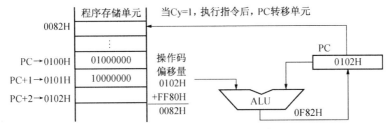

图 3-4 相对寻址指令操作示意

程序设计者通常不必担心要完成图 3-4 所示的计算，因为此类指令的偏移量通常并不明写，而是标上需要转移的目的标号即可，如指令 JC DST 。具体的偏移地址会由汇编语言编译器自动计算出来。

4．变址寻址

变址寻址是以 DPTR 或 PC 作为基址寄存器，以累加器 A 作为变址寄存器，并将两者的内容相加，其和作为操作数地址。这种寻址方式只能访问程序存储器。例如：

MOVC A,@A+DPTR

此指令的功能是将 DPTR 中的内容与 A 中的内容相加，其和形成程序存储器某单元的地址值，再将此地址对应单元中的 8 位二进制数据送入累加器 A。具体操作示意如图 3-5 所示，图中假设指令执行前：（A）=31H，（DPTR）=124AH。

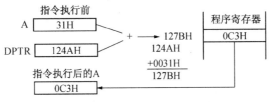

图 3-5 变址寻址指令操作示意

5．寄存器寻址

寄存器寻址是指指令所指定的操作数已被放在寄存器中，寄存器用符号表示。例如：

MOV A,R1

此条指令的功能是把寄存器 R1 中的内容送入累加器 A 中，其操作示意如图 3-6 所示。执行此指令后，寄存器 R1 中的数据 0B9H 被搬运至累加器 A。

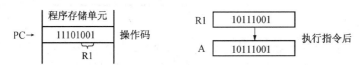

图 3-6 寄存器寻址指令操作示意

寄存器寻址方式可访问 4 个寄存器工作区中的当前工作寄存器组 R0～R7,也可用于累加器 A、通用寄存器 B、地址寄存器 DPTR 和进位位 C。其中 R0～R7 由指令操作码的低 3 位表示,A、B、DPTR 以及 C 隐含在指令操作码中。

6. 寄存器间接寻址

寄存器间接寻址是指寄存器中存放的是操作数的地址,而操作数存放在此地址指定的存储器中。寄存器间接寻址用符号"@"表示。例如:

```
MOV  A, @R0
```

此条指令 R0 中存放的是操作数地址(如 3AH),指令功能是把 R0 中的内容所指定的 RAM 地址单元中的数据搬运至累加器 A 中,对应的操作示意如图 3-7 所示,即将内部 RAM 地址为 3AH 单元的数据 9BH 送入累加器 A。

可用作间接寻址的寄存器有 R0、R1、DPTR 和 SP。

图 3-7 寄存器间接寻址指令操作示意

7. 位寻址

位寻址是指对一些内部 RAM 单元或特殊功能寄存器进行位操作时的寻址方式。在指令操作数处给出该位的地址。位地址与字节直接寻址的形式一样,主要由操作码来区分。例如:

```
ORL  C, 27H
```

此指令的功能是把位累加器,即进位位 C 中的内容与位地址单元 27H 中的内容进行或运算,然后将运算结果存放在位累加器 C 中。

以上 7 种寻址方式概括于表 3-1 中。

表 3-1 51 单片机寻址方式

序　　号	寻 址 方 式	使用的变量	寻 址 空 间
1	直接寻址	直接给出地址,无变量	内部 RAM 和特殊功能寄存器
2	立即数寻址	直接给出数值,无变量	程序存储器
3	相对寻址	PC+偏移量	程序存储器
4	变址寻址	A+DPTR、A+PC	程序存储器
5	寄存器寻址	R0～R7、A、B、C、DPTR	内部 RAM 或外部 RAM
6	寄存器间接寻址	@R0、@R1、SP	内部 RAM
		@R0、@R1、@DPTR	外部 RAM
7	位寻址	Bit	内部 RAM 和特殊功能寄存器的位空间

3.3　单片机汇编指令

51单片机的汇编指令使用了42种助记符，这些助记符与以上给出的7种寻址方式相组合，构成了111条多种功能类型的汇编指令。数量丰富、功能强大的汇编指令集，为单片机系统的汇编程序的开发以及对应的C编译器的开发都提供了巨大的便利。

3.3.1　数据传送指令

51单片机的数据传送指令最基本的功能是把源操作数传送到指令所指定的目标地址。指令执行后，源操作数保持不变，目的操作数被原操作数所替代。此类指令共有29条，其中包括8位及16位数据传送指令、数据交换指令、查表指令以及堆栈操作指令等。这类指令除向累加器A传送数据、影响奇/偶标志P之外，不影响其他状态标志。

1. 单片机内部数据传送指令

内部8位数据传送指令主要用于单片机的内部RAM、寄存器之间的数据传送。相关的指令共有15条，可分为以下4种类型。

（1）以累加器A作为目的操作数存放单元的数据传送类指令（4条）：

```
MOV  A, Rn          ; A←（Rn）     ：将寄存器中的数据传送至累加器A
MOV  A, direct      ; A←（direct） ：将直接地址单元中的数据传送至累加器A
MOV  A, @Ri         ; A←（Ri）     ：对寄存器以间接寻址方式将数据传送至累加器A
MOV  A, #data       ; A←data      ：将立即数传送至累加器A
```

例如，指令 MOV　A，R2　的功能就是将寄存器R2中的数据传送至累加器A。

（2）以寄存器作为目的操作数存放单元的数据传送类指令（3条）：

```
MOV  Rn, A          ; Rn←（A）     ：将累加器中的数据传送至寄存器
MOV  Rn, direct     ; Rn←（direct）：将内部RAM直接地址单元中的数据传送至Rn
MOV  Rn, #data      ; Rn←data     ：将立即数传送至寄存器
```

例如，指令MOV　R3，35H 的功能是将内部RAM的地址为35H单元内的数据传送至寄存器R3中。

（3）以内部RAM直接地址单元为目的操作数存放单元的数据传送类指令（5条）：

```
MOV  direct, A       ; direct←（A）  ：将累加器中的数据传送至直接地址单元
MOV  direct, Rn      ; direct←（Rn） ：将寄存器中的数据传送至直接地址单元
MOV  direct, @Ri     ; direct←（Ri） ：以寄存器间址方式将数据传送至直接地址单元
MOV  direct1, direct2 ; direct1←（direct2）：将直接地址单元的数据传送至另一直
                                           接地址单元
MOV  direct, #data   ; direct←data  ：将立即数传送至直接地址单元
```

例如，指令 MOV　20H，75H 的功能是将内部RAM的地址为75H单元内的数据传送至地址为20H的内部RAM单元中。

（4）以寄存器间接寻址方式确定地址单元为目的操作数存放单元的传送类指令（3条）：

```
MOV   @Ri, A      ; (Ri) ← (A)           : 将累加器的数据传送至寄存器间址指定的单元
MOV   @Ri, direct ; (Ri) ← (direct)      : 将直接地址单元的数据传送至寄存器间址指定
                                            的单元
MOV   @Ri, #data  ; (Ri) ← data          : 将立即数传送至寄存器间址指定的单元
```

例如，若 R0 中的数据是 37H，则指令 MOV @R0，#0A2H 的功能是将立即数 A2H 传送至内部 RAM 的 37H 地址单元中去。

2. 16 位二进制数据传送指令

```
MOV   DPTR, #dat16                       ; DPTR ← data16 : 将16位二进制数据送入DPTR
```

16 位二进制数据传送指令只有一条，即把 16 位二进制立即数传送到数据指针寄存器 DPTR 中，其中高 8 位送 DPH 中，低 8 位送 DPL 中。此传送类指令不改变状态标志。

3. 针对外部扩展存储器的数据传送指令

指令助记符 MOVX 表示对单片机外扩展的数据存储器进行访问。指令的功能是在累加器与外部数据存储器之间进行数据传送。如果用 Ri 间接寻址，包括以下两条指令：

```
MOVX  A, @Ri                             ; A ← ((Ri))，(i=0, 1)
MOVX  @Ri, A                             ; (Ri) ← (A)
```

注意：若外部扩展 RAM 小于等于 256 个单元，用@Ri 间接寻址进行数据传送，只用低 8 位地址线即可；若外部扩展较大的 RAM 区域，须用 P2 口输出高 8 位地址，用@Ri 表示低 8 位地址，P0 口分时作低 8 位地址线和数据线，P2 口应事先预置。若设计循环程序，Ri 被加到 0 或被减到 0 时，必须考虑对 P2 口高 8 位地址进位或借位的关系。

如果用 DPTR 间接寻址，其范围是外部数据存储器的 64KB 单元，有以下两条指令：

```
MOVX  A, @DPTR                           ; A ← ((DPTR))
MOVX  @DPTR, A                           ; (DPTR) ← (A)
```

例如，对于指令 MOVX @DPTR，A，假设当前（DPTR）=25A8H，（A）=71H，则执行此指令后，累加器中的数据 71H 被传送至外部数据存储器地址为 25A8H 的单元中。

4. 数据交换指令

数据交换指令有 3 种。第一种是累加器 A 与工作寄存器 Rn 或直接地址单元，或 Ri 所指示的间接地址单元进行 8 位数据交换，共有以下 3 条指令：

```
XCH   A, Rn       ; (A) ↔ (Rn)          : 累加器A与工作寄存器Rn进行8位数据交换
XCH   A, direct   ; (A) ↔ (direct)      : 累加器A与直接地址单元进行8位数据交换
XCH   A, @Ri      ; (A) ↔ ((Ri))        : 累加器A与Ri间址单元进行8位数据交换
```

第二种是累加器 A 与 Ri 所指示的间接地址单元进行低半字节交换，指令如下：

```
XCHD  A, @Ri      ; (A) 3～0 ↔ ((Ri)) 3～0
```

例如，若（A）=58H，（R1）=34H，（34H）=0C5H，执行指令 XCHD A，@R1 后，累加器 A 中的数据是 55H，34H 单元中的数据是 0C8H。

第三种是累加器 A 中的高半字节与低半字节交换，指令如下：

```
SWAP  A                                  ; (A) 3～0 ↔ (A) 7～4
```

例如，若（A）=5AH，执行指令 SWAP A 后，A 的内容变为 0A5H。

5．查表指令

外部存储器查表指令有以下两条，指令采用变址寻址方式，其中 A 为变址寄存器，DPTR 或 PC 为基址寄存器。其功能是把 A 中内容与 DPTR 或 PC 中的内容之和作为外部寄存器地址单元，并将此单元中的数据送入累加器 A 中。

```
MOVC  A,@A+DPTR        ; A ←（（A）+（DPTR））
MOVC  A,@A+PC          ; A ←（（A）+（PC））
```

6．堆栈操作指令

堆栈操作指令有以下两条，一条是压栈指令 PUSH，另一条是出栈指令 POP。这两条指令采用直接寻址方式，压栈时指针（SP）+1，数据进栈；出栈时数据弹出，指针（SP）−1。

堆栈操作指令如下：

```
PUSH  direct           ; SP←（SP）+1，（SP）←（direct）
POP   direct           ; direct←（（SP）），SP←（SP）−1
```

例如，当先后执行指令 MOV SP,#50H 和 PUSH 23H 后 ，SP 中的内容变为 51H，RAM 的 23H 单元的数据被存放于 51H 单元中，23H 单元的数据不变。

3.3.2 算术运算指令

算术运算指令共有 24 条，其中包括加法、减法、加 1、减 1 以及乘法、除法运算指令，所有运算操作都对状态标志位有影响，标志位变化情况如表 3-2 所示，表中的"√"表示标志位根据运算结果取值，"−"表示对标志位无影响。由表 3-2 可知：

- 除了加 1 和减 1 指令外，一般以累加器 A 为目标的算术操作都会影响标志位。
- 不存在不带借位减的指令。若用 SUBB 作不带借位减运算，应先清 0 标志位 Cy。
- 乘法计算后，若积大于 255，则 OV=1；除法计算后，若除数为 0，则 OV=1。
- 指令 DA A 只对 ADD 或 ADDC 作十进制修正。
- 不存在 DPTR 减 1 指令，即无指令 DEC DPTR。

表 3-2 算术运算指令

操作码	目标操作数	参与运算的操作数	指令功能说明	Cy	AC	OV	P
ADD	A	Rn；direct； @Ri；# data	不带进位加				√
ADDC	A	Rn；direct； @Ri；# data	带进位 C 的加	√	√	√	
SUBB	A	Rn；direct； @Ri；# data	带借位 C 的减				
DA	A		对加法作十进制修正	√	—	—	√
MUL	A B	（A）*（B）	乘积进（B）（A）	0	—	√	√
DIV	AB	（A）/（B）	商进（A），余数进（B）		—	√	√
INC	A；Rn； direct； @Ri DPTR		加 1 操作	—	—	—	√
DEC	A；Rn； direct； @Ri （无 DPTR）		减 1 操作				

具体的算术运算指令如下：

1．加法指令

```
ADD  A,Rn              ; A ←（A）−（Rn）:
ADD  A,direct          ; A ←（A）−（direct）
```

```
ADD  A, @Ri                  ; A ← (A) - ((Ri))
ADD  A, #data                ; A ← (A) -data
```

这 4 条指令都是将寄存器、直接地址单元、寄存器间址单元中的数据或立即数与累加器相加，然后将和保存于累加器中。Cy 中的数据不影响计算结果。

以下 4 条指令是带进位的加法指令。操作中要将 Cy 的数据一并计入和中。所有加法指令的运算结果都影响 PSW 中的 Cy、OV、AC 和 P。

```
ADDC  A, Rn                  ; A ← (A) + (Rn) + (C)
ADDC  A, direct              ; A ← (A) + (direct) + (C)
ADDC  A, @Ri                 ; A ← (A) + ((Ri)) + (C)
ADDC  A, #data               ; A ← (A) +data+ (C)
```

2．带借位的减法指令

```
SUBB  A, Rn                  ; A ← (A) - (Rn) - (C)
SUBB  A, direct              ; A ← (A) - (direct) - (C)
SUBB  A, @Ri                 ; A ← A) - ((Ri)) - (C)
SUBB  A, #data               ; A ← (A) - data - (C)
```

以上 4 条指令的功能是用累加器中的数减去源操作数后，再减进位位，结果存放于累加器中。与加法指令相同，运算结果也都影响 PSW 中的 Cy、OV、AC 和 P。

3．加 1 指令

```
INC  A                       ; A ← (A) +1              ：累加器加1指令
INC  Rn                      ; Rn ← (Rn) +1           ：寄存器加1指令
INC  direct                  ; direct ← (direct) +1    ：8位加1指令
INC  @Ri                     ; (Ri) ← ((Ri)) +1       ：8位加1指令
INC  DPTR                    ; DPTR ← (DPTR) +1       ：16位加1指令
```

以上 5 条加 1 指令的功能是给目的地址单元中的数加 1，结果仍在原来地址单元。加 1 指令对状态标志寄存器 PSW 没有影响。

4．减 1 指令

```
DEC  A                       ; A ← (A) - 1            ：累加器减1
DEC  Rn                      ; Rn ← (Rn) - 1          ：寄存器减1指令
DEC  direct                  ; direct ← (direct) - 1   ：8位减1指令
DEC  @Ri                     ; (Ri) ← ((Ri)) - 1      ：8位减1指令
```

减 1 指令是把目的地址单元中的数减 1，结果仍在原来地址单元中。减 1 指令对状态标志寄存器 PSW 没有影响。

5．十进制调整指令

```
DA  A
```

这是一条单字节指令，也称为 BCD 码修正指令，其功能是对 BCD 码的加法运算结果进行修正。当低半字节的值小于 9 或 AC=1 时，低半字节加 6；当高半字节的值大于 9 或 AC=1 时，高半字节加 6。在使用时，只要在 BCD 码加法运算指令的后面跟上此条十进制调整指令即可。但减法运算后，此条指令无效。

6. 乘法指令

```
MUL  AB              ;BA←(A)×(B)
```

这是一条单字节指令，其功能是把累加器 A 和寄存器 B 中的两个无符号数相乘，乘积结果的低 8 位放在 A 中，高 8 位放在 B 中。运算操作影响状态标志 OV 和 Cy，即当乘积结果大于 0FFH 时 OV 置 1，否则清 0；Cy 总是清 0。

7. 除法指令

```
DIV  AB
```

这也是一条单字节指令，其功能是把累加器 A 中的无符号数除以寄存器 B 中的无符号数，结果的商存于 A 中，余数存于 B 中。运算操作影响状态标志 OV 和 Cy，即若除数为 0，OV 置 1，否则清 0；Cy 总是清 0。

3.3.3 逻辑运算指令

51 单片机的逻辑运算类指令有 20 条，归纳后如表 3-3 所示，其中包括与、或、异或、累加器清 0 和累加器取反操作指令。这些指令中，除改变累加器 A 中的内容的指令对奇/偶标志 P 有影响外，其他的指令都不会影响其他状态标志。

表 3-3 逻辑运算类指令

操　作　码	目标操作数	参与运算的操作数	指令功能说明
ANL	A	Rn；　direct；　@Ri；　#data	逻辑与
	direct	A；　#data	
ORL	A	Rn；　direct；　@Ri；　#data	逻辑或
	direct	A；　#data	
XRL	A	Rn；　direct；　@Ri；　#data	逻辑异或
	direct	A；　#data	
CPL	A	无	累加器取反
CLR	A	无	累加器清 0

1. 逻辑与运算指令

```
ANL  A, Rn              ;A←(A)&(Rn)，这里"&"表示"与"逻辑操作
ANL  A, direct          ;A←(A)&(direct)
ANL  A, @Ri             ;A←(A)&((Ri))
ANL  A, #data           ;A←(A)& data
ANL  direct, A          ;direct←(direct)&(A)
ANL  direct, #data      ;direct←(direct) &data
```

指令功能是把目的操作数与源操作数按位"与"，结果存放在目的地址单元中。

实际应用中可利用此功能屏蔽字节数据中的某些位。例如执行指令 ANL　A, #0F0H 后可以将 A 中的数据的低 4 位屏蔽，即都为 0，而高 4 位保存不变，被完整保留下来。

2. 逻辑或运算指令

```
ORL  A, Rn              ;A←(A)or(Rn)，这里"or"表示"或"逻辑操作
```

```
ORL  A, direct              ; A←（A）or（direct）
ORL  A, @Ri                 ; A←（A）or（（Ri））
ORL  A, #data               ; A←（A）or  data
ORL  direct, A              ; direct←（direct）or（A）
ORL  direct, #data          ; direct←（direct）or  data
```

以上 6 条逻辑或运算指令是把目的操作数与源操作数按位"或"，结果存放在目的地址单元中。

3. 逻辑异或运算指令

```
XRL  A, Rn                  ; A←（A）xor（Rn），这里"xor"表示"异或"逻辑操作
XRL  A, direct              ; A←（A）xor（direct）
XRL  A, @Ri                 ; A←（A）xor（（Ri））
XRL  A, #data               ; A←（A）xor  data
XRL  direct, A              ; direct←（direct）xor（A）
XRL  direct, #data          ; direct←（direct）xor  data
```

指令的功能是把目的操作数与源操作数按位异或，结果存放在目的地址单元中。例如，若（A）=0D9H；（R1）=0F0H；执行指令 XRL A，R1 后，（A）= 29H。

4. 累加器清 0 指令

```
CLR  A                      ; A←0  ; 将A中8位数据的每一位都清0
```

5. 累加器取反指令

```
CPL  A                      ; A←（A̅）; 将A中8位数据的每一位都取反
```

3.3.4 移位指令

以下 4 条移位指令仅对累加器 A 中的数据进行移位操作，操作过程详见表 3-4。仅有带进位的移位指令对进位位 C 和奇/偶标志位 P 有影响，其余指令不会影响状态标志位。

表 3-4 移位指令

操 作 码	目标操作数	参与运算的操作数	指令功能说明
RL	A	D7←····←D0	左循环，不影响进位位 C
RR	A	D7→····→D0	右循环，不影响进位位 C
RLC	A	D7←····←D0 ← C	左大循环，影响进位位 C
RRC	A	C → D7→····→D0	右大循环，影响进位位 C

```
RL  A   ; ACC.（i+1）←ACC.i, ACC.0←ACC.7      ; 不带进位的循环左移指令
RR  A   ; ACC.i ACC.（i+1）, ACC.7←ACC.0      ; 不带进位的循环右移指令
RLC A   ; ACC.（i+1）←ACC.i, ACC.0←Cy, Cy←ACC.7 ; 带进位的循环左移指令
RRC A   ; ACC.i←ACC.（i+1）, ACC.7←Cy, Cy←ACC.0 ; 带进位的循环右移指令
```

移位指令的功能是把累加器 A 中的数据循环左移一位或者右移一位。对于带进位的循环移位指令，进位位 C 的状态（或数值）由移入的数位决定。

例如，若（C）=1，（A）=57H，执行指令 RLC A 后，（C）=0，（A）=AFH。

3.3.5　控制转移类指令

如果没有转跳指令，单片机程序只能自上而下顺序执行。但在实际情况中，为了使程序更加灵活，功能更加强大，必须使用不同类型的转移指令，及时调整程序执行的方向。

控制转移类指令可分为 6 种，指令的主要功能是无条件或者有条件地控制程序转移到目的地址单元，并开始执行此单元及以下的指令序列（程序）。以下分别给予说明。

1. 无条件转移指令

无条件转移指令共有如下 4 条：

```
LJMP  daar16            ; PC←addr16
AJMP  addr11            ; PC10~0 ← addr11
SJMP  rel              ; PC←（PC）+rel
JMP  @A+DPTR           ; PC←（A）+（DPTR）
```

第一条指令是三字节直接寻址的无条件转移指令，转移地址在指令操作域直接给出，寻址范围为 64KB，地址范围是 0000H～FFFFH，所以称为长转移指令。

第二条指令是双字节直接寻址的无条件转移指令，所不同的是，指令操作数域给出 11 位的转移地址。把 PC 高 5 位与操作码的高 3 位以及指令第二字节并在一起，构成 16 位的转移地址，常称为绝对转移指令。寻址范围为该指令地址加 2 后，向下的 2KB 区域，其指令码格式如下：

A_{10}	a_9	a_8	0	0	0	0	1		a_7	a_6	a_5	a_4	a_3	a_2	a_1	a_0

第三条指令是双字节相对寻址的无条件转移指令，此指令的第二字节给出转移地址的偏移量 rel（带符号的 8 位二位制补码数），寻址范围为 256（−80H～+7FH）。该指令为 2 字节指令，转移地址为程序计数器 PC 的当前值加 2 再加偏移量，称为相对短转移指令。在用汇编语言编程时，相对地址的偏移量 rel 可以用目的地址的标号（符号地址）表示，程序汇编时自动计算偏移量。

第四条指令是单字节变址寻址的无条件转移指令，累加器 A 中存放的是相对偏移量，DPTR 中存放的是变址基值，两者之和作为转移地址，寻址范围从 0000H 开始，达 64KB，因此称为相对长转移指令。

2. 条件转移指令

条件转移指令是根据特定的条件（累加器或进位 C 中的数据）控制程序执行的方向。此类指令有 4 条，均为相对寻址的双字节指令。转移地址为程序计数器 PC 的当前值加偏移量 rel。编程时可直接写上将要转移的标号，由汇编编译器计算具体转移地址。

```
JZ   rel    ; 若（A）= 0，则PC←（PC）+2+rel  : 若累加器为0，转移，否则顺序执行
JNZ  rel    ; 若（A）≠0，则PC←（PC）+2+rel   : 若累加器不为0，转移，否则顺序执行
JC   rel    ; 若Cy=1，则PC←（PC）+2+rel    : 若进位C为1，转移，否则顺序执行
JNC  rel    ; 若Cy=0，则PC←（PC）+2+rel    : 若进位C不为1，转移，否则顺序执行
```

3. 位测试转移指令

以下 3 条位测试转移三字节指令是对位地址单元进行测试，根据测试结果控制程序的

转移。指令都采用相对寻址方式。其中第二字节是位地址，第三字节是偏移量，编程时也可直接写上需要转移的指令单元标号。转移地址为程序计数器 PC 的当前值加偏移量。

```
JB   bit, rel    ; 若（bit）=1，则PC←（PC）+3+rel：测位地址中数据为1，转移，否
                                        则顺序执行
JNB  bit, rel    ; 若（bit）=0，则PC←（PC）+3+rel：测位地址中数据为0，转移，否
                                        则顺序执行
JBC  bit, rel    ; 若（bit）=1，则PC←（PC）+3+rel，且bit←0：测位地址中数据为1,
                                        ; 转移，并对该位数据
                                        清0，否则顺序执行
```

例如，若位地址单元（34H）=1，执行指令 JB   34H，DST 后，转移至标号 DST 执行。

4．比较转移指令

以下 4 条比较转移指令是根据两数比较的结果决定程序是否转移，均为相对寻址的三字节指令。当比较相等时，程序顺序执行；不相等时，则转移至指定标号。

```
CJNE  A, #data, rel      ; 若（A）≠data，则PC←（PC）+3+rel：两数不等则转移
CJNE  Rn, #data, rel     ; 若（Rn）≠data，则PC←（PC）+3+rel
CJNE  @Ri, #data, rel    ; 若（（Ri））≠data，则PC←（PC）+3+rel
CJNE  A, direct, rel     ; 若（A）≠（direct），则PC←（PC）+3+rel
```

当目的地址单元中的数小于源地址单元中的数据时，进位位 C 置 1，否则清 0；此指令不影响其他状态标志位。同样，编程时可直接写上需要转移的指令单元标号。

5．计数转移指令

以下两条计数转移指令的功能是对指定单元减 1 计数，结果不为零时转移，否则顺序执行，计数转移指令采用相对寻址。

```
DJNZ  Rn, rel      ; Rn←（Rn）-1，若（Rn）≠0，则转移，PC←（PC）+2+rel
DJNZ  direct, rel  ; direct←（direct）-1，若（direct）≠0，则转移，PC←（PC）
                                    +3+rel
```

6．空操作指令

NOP 是单字节空操作指令，PC←（PC）+1，不进行任何操作，可用作短暂延时。

3.3.6 子程序调用/返回指令

为了调用子程序，在主程序中需要使用子程序。在执行子程序后，首先保护返回地址，再使程序转向子程序入口；执行完子程序后，需执行放在子程序末尾的返回指令，即找回返回地址。返回指令的作用是返回到主程序中原来被断开的地方，即断点处。

1．子程序调用指令

共有以下两条子程序调用指令：

```
LCALL  addr16    ; （PC）压栈，PC←addr16：addr16是16位子程序入口地址
ACALL  addr11    ; （PC）压栈，PC10～0←addr11
```

第一条指令是直接寻址的三字节指令，此指令的执行，即使程序计数器 PC 的当前值（其值等于紧接子程序调用指令下的指令的地址值）压入堆栈，再将子程序入口地址 addr16

送入 PC。此指令寻址范围为 64KB，称为长调用指令。此指令执行过程如下：

$$SP \leftarrow (SP)+1, \quad (SP) \leftarrow (PC)_{7\sim0}, \quad SP \leftarrow (SP)+1, \quad (SP) \leftarrow (PC)_{15\sim8}, \quad PC \leftarrow addr16$$

即执行子程序调用指令的过程是先将堆栈指针 SP 加 1，将当前 PC（即紧接子程序调用指令下的指令的地址值）的低 8 位压入此时 SP 指示的地址，再使 SP 加 1，将 PC 的高 8 位压入堆栈，最后将 16 位子程序入口地址装入 PC。

第二条指令称为绝对调用指令，指令格式与以上的指令 AJMP 类似，寻址范围为 2KB，是直接寻址的双字节指令，此指令的执行即使程序计数器 PC 的当前值压栈，再将 11 位的子程序入口地址 addr11 送到 PC 的低 11 位，与其高 5 位并成 16 位地址。此指令码格式如下：

a_{10}	a_9	a_8	1	0	0	0	1

a_7	a_6	a_5	a_4	a_3	a_2	a_1	a_0

此指令的执行过程如下：

$$SP \leftarrow (SP)+1, \quad (SP) \leftarrow (PC)_{7\sim0}, \quad SP \leftarrow (SP)+1, \quad (SP) \leftarrow (PC)_{15\sim8}, \quad PC \leftarrow addr11$$

在汇编程序编程中，以上两条指令的 addr16 和 addr11 可直接用子程序的标号代替，如：ACALL　SUB1。具体地址值由汇编程序自动计算。

2. 返回指令

返回指令有两条，一条是子程序返回指令 RET，另一条是中断返回指令 RETI。子程序返回指令 RET 是单字节，无操作数，其功能是从堆栈中弹出 PC 的高 8 位和低 8 位字节，即把返回地址（断点地址）送回到程序计数器 PC 中，返回到调用该子程序的主程序流程中去。该指令不影响任何标志，一般用在子程序的末尾，执行过程与压栈相反：

$$PC_{15\sim8} \leftarrow (SP), \quad SP \leftarrow (SP)-1, \quad PC_{7\sim0} \leftarrow (SP), \quad SP \leftarrow (SP)-1$$

中断返回指令 RETI 也是单字节，无操作数，其功能与 RET 类似，即使程序返回到被中断的程序中去。另外，该指令具有清除中断响应时置位的标志、开放低一级的中断以及恢复中断逻辑等功能，详细使用方法将在第 4 章中介绍。

3.3.7　位操作指令

位操作指令是 51 单片机最有特色的指令类型，共有 12 条指令，功能也很丰富，主要用来对位地址空间进行操作，并与位地址空间和位累加器 C 共同构成一个 1 位处理器。

位操作指令可分为以下 6 种类型。

1. 位传送指令

```
MOV  C, bit              ; Cy←(bit)：将指定的位地址中的1位数据传送至1位累加器C
MOV  bit, C              ; bit←(Cy)：将1位累加器C中的数据传送至指定的位地址
```

这两条位传送指令均为双字节指令，第二字节为位地址，用来实现位累加器 C 与位地址单元数据传送。在汇编语言程序设计中，寻址位可用位地址、位名称或寄存器加标注来表示。例如，MOV　C, 24H 和 MOV　TSB, C。

2. 位清 0 指令

```
CLR  C          ; Cy←0      ：对进位位或位累加器C清0
CLR  bit        ; bit←0     ：对指定的位地址中的内容清0，如 CLR  0A4H
```

3. 位置 1 指令

```
SETB   C          ; Cy←1        ：对进位位或位累加器C置1
SETB   bit        ; bit←1       ：对指定的位地址中的内容置1，如 SETB P1.0
```

4. 位取反指令

```
CPL    C                        ；对进位位或位累加器C取反，如 CPL P3.5
CPL    bit                      ；对指定的位地址中的内容取反，如 CPL ACC.0
```

5. 按位与指令

```
ANL    C, bit     ; Cy←(Cy)∧(bit)  ：将Cy与位地址中的内容相与后存入Cy
ANL    C, /bit    ; Cy←(Cy)∧(bit̄)  ：将Cy与位地址中的反码相与后存入Cy
```

6. 按位或指令

```
ORL    C, bit     ; Cy←(Cy)∨(bit)  ：将Cy与位地址中的内容相或后存入Cy
ORL    C, /bit    ; Cy←(Cy)∨(bit̄)  ：将Cy与位地址中的反码相或后存入Cy
```

除了上述的位操作指令，还有位测试转移指令，已在控制转移指令中介绍过了。

3.4 单片机汇编程序设计

在开发单片机应用系统中，十分重要的部分就是单片机程序设计。程序设计的过程就是根据需要实现的功能，遵照一定的编程规则来组织 3.3 节给出的单片机汇编指令，编制出所需要的程序。本节主要介绍单片机汇编程序的编程规则和编程方法。

3.4.1 单片机编程语言

编程前，首先需要根据实际情况，确定使用哪种计算机语言来编程。对于当前的单片机系统开发，可以选用不同的程序语言来编程，大致可分为以下 3 类。

1. 机器语言

在计算机中，所有指令是用二进制代码来表示的，称为机器语言，用机器语言编写的程序称为机器语言程序。早期的计算机编程都是直接使用机器语言的。尽管机器语言能被计算机直接识别和执行，但是对于程序设计员来说，难以记忆、不易阅读且容易出错。

2. 汇编语言

汇编语言对应的指令，前面已作了详细介绍。指令用英文字母组成的助记符表示操作码，用符号代替地址。这种表示指令系统的语言称为汇编语言或符号语言，用汇编语言编写的程序称为汇编语言程序。

用汇编语言程序编制的程序，不能被单片机直接识别，需转换成单片机机器语言后才能被执行，这一转换工作称为汇编。由于汇编指令与机器指令有一一对应关系，早期可由人工汇编，也称为手工汇编。现在是由专门的程序进行，这种程序称为汇编程序，这一过程称为机器汇编。经过汇编而得到的机器语言程序称为目的程序，原来的汇编语言程序称为源程序。与机器语言相比，汇编语言易记、易读、排错容易，编程方便很多。

由于汇编语言程序是直接用机器指令系统编写的程序，与机器语言一一对应，执行速度比较快。但是汇编语言与单片机硬件结构有直接关系，是面向机器的语言，因此汇编程序只能针对特定的单片机，难以直接用到其他单片机，这是汇编语言的主要缺点。

3. 高级语言

高级语言，例如 BASIC、FORTRAN、PASCAL 及 C 语言等，是参照数学语言而设计的近似于日常会话的语言，不但直观、易学易懂，而且通用性强，容易移植到不同类型的机器上。高级语言程序也需要转换成机器语言程序，才能被计算机或单片机识别和执行，这一工作称为编译。由于高级语言不受具体机器的限制，因此是一种面向问题或面向过程的语言。第 9 章将介绍目前常用的 C 语言的单片机开发编程技术。

3.4.2 汇编语言伪指令

汇编语言伪指令是程序员在编写程序时赋予汇编程序的命令，也称汇编命令，其作用是告诉汇编程序编译器如何完成汇编工作。伪指令本身不起实质性的作用，不产生机器代码，因此伪指令所规定的操作称为伪操作。单片机汇编程序中常用的伪指令如下。

1. 汇编起始地址命令 ORG

格式：ORG　16 位地址

功能：此伪指令用在源程序或数据块的前面，说明源程序或数据块汇编后在存储器中存放的起始地址。16 位地址一般为绝对地址，也可以用标号或表达式表示。源程序中可以有多个 ORG 伪指令，其地址由小到大，但不能重叠。如果没有 ORG 伪指令，则汇编得到的目的程序将默认从 0000H 单元开始存放。如 ORG　1278H。

2. 汇编结束命令 END

格式：　[标号：] END [标号]

功能：用在源程序的末尾，表示汇编结束。如果 END 用在子程序末尾，其后的标号可以省去，如果用在主程序的末尾，其后的标号应当是该主程序第一条指令的符号地址。一个源程序只能有一个 END 伪指令。方括号表示任选项。

3. 定义字节数据命令 DB

格式：[标号：]　DB　8 位数据项或数据项表

功能：用来定义字节数据或 ASCII 码字符。例如：

```
ORG 1400H
ST  DB 6AH,04H
    DB ‘1’，‘2’；‘1’表示1的ASCII码，是31H；‘2’表示2的ASCII码，是32H
    END
```

利用编译程序汇编后，DB 伪指令中的数据依次存入标号 ST 所指示的地址区域中。这里，ST 表示的首地址为 1400H。后一 DB 伪指令中的数紧跟在前一伪指令中最后一个数据项的后面。编译后的程序存储器地址单元中存放的数据如下：

（1400H）= 6AH， （1401H）= 04H，（1402H）= 31H， （1403H）= 32H

如果数据项中是字符串，要用引号括起来。例如， DB "Happy New Year"。

4. 定义双倍字节数据命令 DW

格式：[标号：] DW 16 位数据项或数据项表

功能：用来定义 16 位数据，例如：

```
ORG  0100H
DW   2583H,7589H
END
```

程序汇编后，数据在程序 ROM 中指定的地址单元内存放情况如下：

（0100H）= 25H， （0101H）= 83H， （0102H）= 75H， （0103H）= 89H

5. 定义存储区命令 DS

格式：[标号：] DS 16 位数或表达式

功能：用来预留若干个空白存储单元。

例如：TAB DS 10，即从 TAB 代表的地址开始保留 10 个空白存储单元。

6. 赋值命令 EQU

格式：符号名 EQU 数据或表达式

功能：把 EQU 右边的数据或表达式赋给左边的符号名。赋值后的符号名可以是数据、地址或表达式。例如：

```
REG1   EQU  30H
MOV    A,REG1
```

以上程序等价于 MOV A，30H，即将内部 RAM 中 30H 地址单元内的数据送入 A。

7. 数据地址赋值命令 DATA

格式：符号名 DATA 数据或表达式

功能：把 DATA 右边的数据或表达式赋给左边的符号名。

在使用 DATA 伪指点时与 EQU 伪指令相似，不同之处是：

（1）EQU 定义的标识符必须先定义后使用，因其汇编时不登记在符号表中，而 DATA 伪指令定义的符号名可以先使用后定义，因其汇编时登记在符号表中。

（2）EQU 伪指令可以把汇编符号赋给符号名，而 DATA 伪指令则不可以。

8. 位定义命令 BIT

格式：符号名 BIT 位地址或符号地址

功能：把 BIT 右边的位地址赋给左边符号名，定义后可用符号名表示右边的位地址。

3.4.3 汇编语言程序设计的流程

单片机系统的硬件设计完成后，就要考虑单片机软件程序的设计。如果利用汇编语言来编制程序，则设计步骤可分为以下 5 步。

（1）将希望达到的目的抽象为单片机程序所能实现的目标，确定具体的算法和步骤。

（2）画出程序流程图。常用的流程图可以用如图 3-8 所示的符号构建。

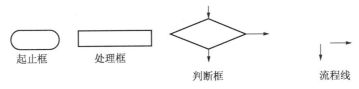

　　起止框　　　　处理框　　　　　　判断框　　　　　　流程线

图 3-8　常用的流程图符号

（3）分配存储器工作单元，确定程序与数据的存放地址。

（4）按流程图编写程序。

（5）上机进行软件调试、修改，最后完成源程序的设计。

3.5　汇编语言程序的基本结构

用汇编语言编写单片机程序与用其他计算机语言编程一样，有一些基本的方法和程序结构，汇编语言程序大致可分为 4 种结构，即顺序结构、分支结构、循环结构和子程序结构。以下简述基于这 4 种程序结构的程序设计方法。

3.5.1　顺序程序设计

按照功能要求编写的顺序执行的程序称为顺序结构程序，以下以例 3-1 为例给予说明。

【例 3-1】程序 3-1 是一个完成算式 $R=X+Y-Z$ 的汇编程序。设 X、Y、Z 3 个数分别预先存放于内部 RAM 的 30H、31H 和 32H 单元中。根据题意要求，先作 X+Y 运算，再对 Z 作减法运算，计算结果存入 33H 单元中。程序流程图如图 3-9 所示。

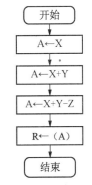

图 3-9　程序流程图

【程序 3-1】

```
ORG   0000H    ;程序起始地址设为0000H
MOV   A, 30H    ;将30H中的数据装入A
ADD   A, 31H    ;将A与31H中的数据相加后再装入A
CLR   C         ;对进位位清0，为减法作准备
SUBB  A, 32H    ;将A中的数据减去32H中的数据并将差装入A
MOV   33H, A    ;将结果存入33H单元中
END
```

3.5.2　分支程序设计

分支程序的作用是根据不同的条件，执行不同的程序段，以实现不同的功能。根据条件的不同表现形式，又可分为单分支和多分支程序。单分支程序通常只通过一个条件转移

指令来实现分支,如 JB、JC、JBC、JZ、CJNE 及 DJNZ 等指令。当条件满足时程序转移,不满足时顺序执行下面程序。例 3-2 给出了简要说明。

【例 3-2】示例程序 3-2 完成的任务是这样的,设有两个无符号数 a 和 b,预先分别存放在 40H 和 41H 单元中,设计一段程序来比较两数的大小,将大数送入 50H 单元,小数送入 51H 单元中。使用比较指令来判断两数的大小,程序流程图如图 3-10 所示。

【程序 3-2】

```
        ORG    0200H
START:  MOV    A,40H          ; A←a
        MOV    R0,41H         ; R0←b
        CJNE   A,41H,GP2      ; A不等b转移
GP1:    MOV    50H,A          ; a=b顺序执行
        MOV    51H,R0
        SJMP   GP3            ; 比较结束
GP2:    JNC    GP1            ; C=0,则a>b
        MOV    51H,A          ; 小数放入51H
        MOV    50H,R0         ; 大数放入50H
GP3:    SJMP   GP3
        END
```

图 3-10 比较两数大小的程序流程图

当出现多个条件时,不同条件下完成不同的工作,即需要多分支程序来实现。在这种情况下,需先把分支程序编上序号 i,再按照序号进行转移。设最大序号为 n,则分支转移结构如图 3-11 所示。

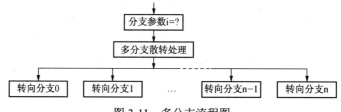

图 3-11 多分支流程图

实现多分支程序转移的编程方法可以有如下多种。

(1)使用条件转移指令,通过逐次比较,实现多分支程序转移。

【例 3-3】以下是符号函数,试用条件转移指令写出表述此函数的程序。

$$Y= \begin{cases} 1 & \text{当 } x>0 \text{ 时} \\ 0 & \text{当 } x=0 \text{ 时} \\ -1 & \text{当 } x<0 \text{ 时} \end{cases}$$

设变量 x 存放在 40H 单元中，判断结果存入 41H 单元，程序流程图如图 3-12 所示，源程序如程序 3-3 所示。

【程序 3-3】

```
        ORG     0100H
START:  MOV     A, 40H      ; A←X
        JZ      GP2         ; X=0转移
        JNB     ACC.7, GP1  ; X>0转移
        MOV     A, #0FFH    ; X<0则Y=-1
        SJMP    GP2
GP1:    MOV     A, #01H     ; X>0则Y=1
GP2:    MOV     41H, A      ; 36H←Y
        SJMP    $
        END
```

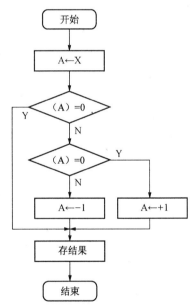

图 3-12　符号函数流程图

例 3-3 给出的方法处理的分支不宜太多，否则程序会变得比较复杂。

（2）使用变址寻址的转移指令 JMP @A+DPTR 来实现多分支转移。

【例 3-4】 设置一个转向各分支程序的转移指令表，表首地址送入 DPTR。根据给定条件可得序号，送入累加器 A。这样设计出如程序 3-4 所示的多分支程序，程序简洁，条件与分支清晰。

【程序 3-4】

```
        ……
RL      A              ; 左移, 即把序号乘以2
MOV     DPTR, #TAB     ; 表首地址装入DPTR
```

```
        JMP      @A+DPTR
TAB:    LJMP     PROG0      ; 转向分支程序0
        LJMP     PROG1      ; 转向分支程序1
                 ......
        LJMP     PROGn      ; 转向分支程序n
                 ......
```

（3）使用查表指令实现多分支程序的方法。

【例3-5】查表程序在单片机程序中十分常用。程序3-5首先通过查表指令MOVC A，@A+DPTR 获取转移地址到表首地址的偏移量来实现多分支转移。这种方式需建立一个偏移量表，存放各分支程序首地址到该表首地址的偏移量。执行程序时，根据给定条件确定序号 n，送入累加器 A，再使用查表指令，求得分支程序首地址到该表首地址的偏移量，然后使用变址寻址的转移指令，转向某一选定分支程序。注意此方法中，分支程序首地址到表首地址的偏移量限制在 256 之内。此外，此程序也可简化为一个查表程序。

【程序3-5】

```
                 ......
        MOV      A, # n
        MOV      DPTR, #TAB  ; DPTR←表首地址
        MOVC     A, @A+DPTR  ; A←偏移量
        JMP      @A+DPTR     ; 转向某一分支程序
TAB:    DB       PROG0       ; 偏移量表
        DB       PROG1
                 ......
        DB       PROGn
                 ......
PROG0:  ......               ; 分支程序0
PROG1:  ......               ; 分支程序1
                 ......
PROGn:  ......               ; 分支程序n
```

（4）使用查表指令获取转移地址的方法实现多分支转移。

【例3-6】程序3-6首先建立一个各分支程序首地址表，在序号 n 确定以后，乘以2，再通过查表，获取转移地址，然后转向某一分支程序。这种方式转移范围更大，达 64KB，分支数最多可达 256。

【程序3-6】

```
                 ......
        MOV      DPTR, #TAB   ; DPTR←表首地址
        RL       A            ; 序号×2
        JNC      HADD         ; 序号×2在0～255之间转移
        INC      DPH          ; 序号×2大于255，DPTR+256
HADD:   MOV      R1, A
        MOVC     A, @A+DPTR   ; 查表取高8位地址
        XCH      A, R1
        INC      A
        MOVC     A, @A+DPTR   ; 查表取低8位地址
        MOV      DPL, A
        MOV      DPH, R1
```

```
        CLR     A
        JMP     @A+DPTR     ; 转向某一分支程序
TAB:    DW      PROG0
        DW      PROG1
        ……
        DW      PROGn
```

3.5.3　循环程序设计

在单片机程序设计中，经常会遇到需要重复执行的某段或某几段程序，这种程序称为循环程序，参与循环的程序段称为循环体。程序执行时，循环次数由给定条件决定，以确定继续循环还是停止循环。循环程序一般包括以下几个部分：

- 循环准备。确定循环初始状态，设置循环次数计数器及地址指针初值等。
- 循环体确定。确定要求重复执行的程序段。
- 循环参数修改。修改循环计数器及地址指针等。
- 循环控制。控制循环体的执行或结束，即根据条件判断是否满足结束条件，如果条件满足，就结束循环，不满足，继续循环。

如果循环体中没有再嵌入其他循环程序，称为单重循环程序。如果还包含有一个或多个循环程序，则称为多重循环程序。在多重循环程序中，只允许内层循环程序嵌套在外层循环体内，而不允许循环体互相交叉。执行多重循环程序时，只有在内层循环完成后才能逐层向外执行外层循环。以下给出两则程序示例。

【例 3-7】程序 3-7 是传送数据块的循环程序。设在以 M 为起始地址的内部 RAM 单元中存放了 100 个单字节数，该程序把此 100 个数据搬运至以 N 为起始地址的外部 RAM 中。流程图如图 3-13 所示。

【程序 3-7】

```
        ORG     0200H           ; 循环程序起始于0200H
START:  MOV     R0, #M          ; 将内部RAM中数据块的起始地址装入R0
        MOV     DPTR, #N        ; 将外部RAM中数据块首地址装入DPTR
        MOV     R1, #64H        ; 计数值100进入R1
RND:    MOV     A, @R0          ; 通过R0间址，将待搬运数据装入A
        MOVX    @DPTR, A        ; 将A中数据传入DPTR指定的地址单元
        INC     R0              ; 内部地址加1
        INC     DPTR            ; 外部地址加1
        DJNZ    R1, RND         ; （R1）-1≠0则继续循环
HE:     SJMP    HE              ; 搬运结束
        END
```

【例 3-8】程序 3-8 是一则查找指定数据的循环程序。设在以 10H 为起始地址的内部 RAM 中连续存放有 50 个字节数据，通过此程序查找一个为 a 的数，找到后把此数所在的地址送至 70H 单元；若这个数不存在，则把数据 FFH 送至 70H 单元。

此程序可利用比较指令和相应的循环程序来查找，其流程图如图 3-14 所示。

【程序3-8】

```
            ORG     0100H
START:      MOV     R0, #10H
            MOV     R1, #32H        ; 计数值50进入R1
GP1:        CJNE    @R0, #a, GP2    ; 比较, 不相等转移
            MOV     70H, R0         ; 找到, 地址送进70H单元
            SJMP    GP3
GP2:        INC     R0              ; 地址加1, 继续
            DJNZ    R1, GP1         ; 计数减1=/0则转移
            MOV     70H, #0FFH      ; 未找到, 70H←FFH
GP3:        SJMP    GP3
            END                     ; 结束
```

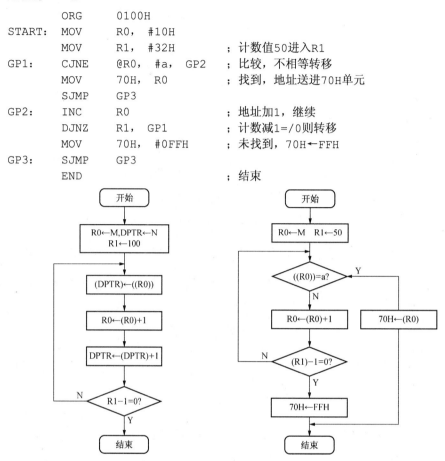

图 3-13　搬运数据块流程图　　　　图 3-14　查找程序流程图

3.5.4　子程序设计

单片机开发中, 有的功能是需要反复应用的, 如对 A/D 转换器的控制采样, 于是对应此功能的控制程序就必须被反复使用或调用, 这段程序就可以用子程序来表述。子程序就是具有实现某种功能的独立程序段, 其特点是末尾有一条子程序返回指令 RET。在编写程序时, 可根据需要将可能被多次反复使用的程序段表达成子程序, 当需要执行此子程序时, 可转入此子程序, 执行完后通过返回指令 RET 返回到原来的程序。

这种使用子程序的程序称为主程序或调用程序, 使用子程序的过程称为子程序调用, 子程序执行完后返回原来程序的过程称为子程序返回。子程序调用过程可以用图 3-15 来形象地说明。

图 3-16 说明了对同一子程序多次调用的过程。图中, 主程序两次调用以 0345H 为首地址的子程序。第一次调用是当主程序执行到 N 地址单元中的指令 LCALL　0345H 时转向地址 0345H, 执行子程序, 当子程序执行到末尾的指令 RET 时返回到主程序的 N+3 地址单元, 继续执行主程序。

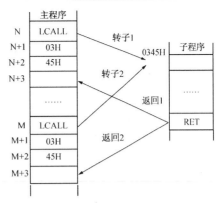

图 3-15　子程序调用　　　　　　图 3-16　转子与返回示意图

【例 3-9】程序 3-9 是一段将单字节二进制数据转换为 BCD 码的子程序，其功能是将单字节二进制数转换为 3 位 BCD 码。在进入此子程序前，即子程序入口处，应该预先将待转换的二进制数放在寄存器 R2 中。执行完此子程序后，即出口处，寄存器 R0 内给出百位 BCD 码的存放地址。

（R0）+1 给出十位和个位 BCD 码的存放地址，对应此地址的十位和个位 BCD 码的高 4 位放十位，低 4 位放个位，程序占用寄存器：A、B、R0 和 R2。

【程序 3-9】

```
SUBP:   PUSH    ACC         ；将A中可能的内容保存好，以便不会影响主程序
        MOV     A, R2       ；取出待转换数据
        MOV     B, #64H     ；将100装入寄存器B
        DIV     AB          ；将待转换数据除以100，结果的百位数进入A
        MOV     @R0, A      ；存好百位数
        MOV     A, #0AH     ；将10装入A
        XCH     A, B        ；余数（B）送A
        DIV     AB          ；除以10，得十位数和个位数
        SWAP    A           ；十位数放于高半字节
        ADD     A, B        ；个位数放于低半字节
        INC     R0          ；存储指针+1
        MOV     @R0, A      ；十位和个位存入（R0）+1单元
        POP     ACC         ；把进入子程序前的A的数据返回A
        RET                 ；返回主程序
```

【例 3-10】程序 3-10 是一段包含主程序和子程序的完整的程序段。该示例将内部 RAM 某一单元中的一个字节的十六进制数转换成两位 ASCII 码，再将结果存放在内部 RAM 的两个连续单元中。这里假设一个字节的十六进制数已预先存放于内部 RAM 的 30H 单元中，程序执行后将结果存于 31H 和 32H 单元中。

【程序 3-10】

```
        ORG     0300H
MAIN:   MOV     SP, #70H    ；设定堆栈指针
        MOV     R1, #31H    ；R1为存放结果的地址指针
        MOV     A, 30H      ；取出待转换的数据于A
        SWAP    A           ；高低4位交换，先转换高位字节
        PUSH    ACC         ；将A的数据压入堆栈
```

```
                LCALL    SUBP              ; 调用ASCII码转换子程序, 转换低半字节
                POP      ACC               ; 待转换的数据出栈
                MOV      @ R1, A           ; 存高半字节转换结果
                INC      R1
                PUSH     30H
                LCALL    SUBP              ; 调转换成ASCII码子程序
                POP      ACC
                MOV      @ R1, A           ; 存低半字节转换结果
                SJMP     $
        SUBP:   MOV      R0, SP
                DEC      R0
                DEC      R0
                XCH      A, @R0            ; 取被转换数据
                ANL      A, # 0FH          ; 保留低半字节
                ADD      A, #02H           ; 修改A
                MOVC     A, @A+PC          ; 查表
                XCH      A, @R0            ; 结果送回堆栈
                RET
        TAB:    DB       30H, 31H, 32H, 33H…
                END
```

【例 3-11】程序 3-11 所示的程序用于求两个无符号数据块中的最大值。这两个数据块的首地址分别为 30H 和 40H, 每个数据块的第一个字节都存放数据块的长度, 结果存入 50H 单元。此程序采用分别求出两个数据块的最大值, 然后比较这两数大小的方法。求最大值的过程采用子程序来完成。子程序入口条件是在 R1 中存放好数据块的首地址, 调用子程序后, 所求的最大值放在 A 中。

【程序 3-11】

主程序:

```
                ORG      0300H
        MAIN:   MOV      SP, #70H          ; 设堆栈指针
                MOV      R1, #30H          ; 取第一数据块首地址送R1中
                LCALL    SUBP              ; 第一次调用求最大值子程序
                MOV      51H, A            ; 第一个数据块的最大值暂存于51H
                MOV      R1, #40H          ; 取第二数据块首地址送R1中
                LCALL    SUBP              ; 第二次调用求最大值子程序
                CJNE     A, 40H, NOE       ; 两个最大值进行比较
        NOE:    JNC      ALG               ; C为0, 则A大, 则转ALG
                MOV      A, 40H            ; C为1, 则A小, 把40H中内容送入A
        ALG:    MOV      50H, A            ; 最后数据存入50H
                SJMP     $
```

子程序:

```
                ORG      0400H
        SUBP:   MOV      A, @R1            ; 取数据块长度
                MOV      R2, A             ; R2作计数器
                CLR      A                 ; A清0, 准备作比较
        LP1:    INC      R1                ; 指向下一个数据地址
                CLR      C                 ; Cy清0, 为减法作准备
                SUBB     A, @R1            ; 用减法作比较
```

```
            JNC     LP3     ; 若A大，则转LP3
            MOV     A，@R1   ; A小，则将大数送A中
            SJMP    LP4     ; 无条件转LP4，作循环
    LP3:    ADD     A，@R1   ; 恢复A中值
    LP4:    DJNZ    R2，LP1  ; 计数器减1，不为0，转继续比较
            RET             ; 数据比较结束，子程序返回
```

事实上，在单片机开发中，除了以上介绍的一些较经典的程序结构和编程方法外，还有许多其他实用和灵活的程序结构。为了实现不同的功能，编制的程序必须使用不同类型的程序结构或混合类型的程序结构。当然，单片机程序编程最好的学习方法是通过实践来学习，因此将在介绍单片机各种实用开发技术的章节中，逐步展示不同类型的实用单片机程序的设计方法。

思考练习题

1．MCS-51 系列单片机的指令系统有何特点？

2．MCS-51 单片机有哪几种寻址方式？各寻址方式所对应的寄存器或存储器空间如何？

3．访问特殊功能寄存器 SFR 可以采用哪些寻址方式？

4．访问内部 RAM 和外部 RAM 单元分别可以采用哪些寻址方式？

5．访问外部程序存储器可以采用哪些寻址方式？

6．为什么说布尔处理功能是 80C51 单片机的重要特点？

7．对于 80C52 单片机内部 RAM 的高 128 字节，应采用何种方式访问？

8．利用 80C51 单片机汇编语言进行程序设计的步骤如何？

9．常用的程序结构有哪几种？特点如何？

10．子程序调用时，参数的传递方法有哪几种？

11．什么是伪指令？常用的伪指令功能如何？

12．试根据指令编码表写出下列指令的机器码。

（1）MOV A，#88H

（2）MOV R3，50H

（3）MOV P1.1，#55H

（4）ADD A，@R1

（5）SETB 12H

13．编写一段程序，把外部 RAM 中 1000H～1030H 的内容传送到内部 RAM 的 30H～60H 中，并将数据区全部填为 FFH。

14．试编写程序，将内部 RAM 的 20H、21H、22H 3 个连续单元的内容依次存入 2FH、2EH 和 2DH 单元。

15．编程，将片内 40H～5FH 单元中的内容送到以 3000H 为首地址的片外 RAM 存储区中。

16．若（R1）=30H，（A）=40H，（30H）=60H，（40H）=08H。试分析执行下列程序段后上述各单元内容的变化。

（1）MOV A，@R1

（2）MOV @R1，40H

（3）MOV 0H，A

（4）MOV　R1，#7FH

17. 试用位操作指令实现下列逻辑操作。要求不得改变未涉及的位的内容。

（1）使 ACC.0 置 1。

（2）清除累加器高 4 位。

（3）清除 ACC.3，ACC.4，ACC.5，ACC.6。

18. 编写程序，将内部 RAM 中 45H 单元的高 4 位清 0，低 4 位置 1。

19. 试编写程序，完成两个 16 位数的减法：5A4BH-2B4EH，结果存入内部 RAM 的 30H 和 31H 单元，差的高 8 位存在高字节，低 8 位存在低字节。

20. 试编程序，将内部 RAM 的 20H、21H 单元的两个无符号数相乘，结果存放在 R2、R3 中，R2 中存放高 8 位，R3 中存放低 8 位。

21. 设被加数存放在内部 RAM 的 20H、21H 单元，加数存放在 22H、23H 单元，若要求和存放在 24H、25H 中，试编写出 16 位数相加的程序。

22. 编写程序，实现双字节无符号数加法运算，要求：（R1R0）+（R7R6）→（62H61H60H）。

23. 在内部 RAM 的 21H 单元开始存有一组单字节不带符号数，数据长度为 30H，要求找出最大数存入 BIG 单元。

24. 编写子程序，将 R1 中的两个十六进制数转换为 ASCII 码后存放在 R3 和 R4 中。

25. 编写程序，求内部 RAM 中 50H～59H 10 个单元内容的平均值，并存放在 5AH 单元。

26. 已知在累加器 A 中存放一个 BCD 数（0～9），请编程实现一个查平方表的子程序。

27. 用查表程序求 0～8 之间整数的立方。

28. 把内部 RAM 中起始地址为 data 的数据传送到外部 RAM 以 buffer 为首地址的区域，直到发现"$"字符的 ASCII 码为止，同时规定数据串的最大长度为 32B。

29. 三字节无符号数相加，其中被加数在内部 RAM 的 50H、51H 和 52H 单元中；加数在内部 RAM 的 53H、54H 和 55H 单元中，要求把相加之和存在 50H、51H 和 52H 单元中，进位存放在位寻址区的 00H 位中，请编写此程序。

30. 8 个数连续存放在 20H 为首地址的内部 RAM 单元中，使用冒泡法（请参考相关资料）编写升序排序程序。设 R7 为比较次数计数器，初始值为 07H。F0 为冒泡过程中是否有数据互换的状态标志，F0=0 表明无互换发生，F0=1 表明有互换发生。

31. 两个 4 位 BCD 码相加，被加数和加数分别存于 50H、51H、52H 和 53H 单元中（次序为千位、百位在低地址中，十位、个位在高地址中），和数存放在 54H、55H 和 56H 中（56H 用来存放最高位的进位），试编写加法程序。

32. 已知累加器 A 中存放两位 BCD 码数，请编写子程序实现十进制数减 1。

33. 请编写子程序实现 DPTR 减 1。

34. 双字节与单字节无符号数相乘，设被乘数存于 41H 和 40H 单元中，乘数存于 R4 中，乘积存于 52H、51H 和 50H 单元中（前者为高位字节，后者为低位字节，顺序排列），请编写此乘法程序段。

35. 在 DATA1 单元中有一个带符号 8 位二进制数 x。编写一程序，按以下关系计算 y 值，送入 DATA2 单元。

$$Y= \begin{cases} X+5, & x>0 \\ x, & x=0 \\ x-5, & x<0 \end{cases}$$

36. 试编写子程序，使间址寄存器 R0 所指的连续两个片外数据存储器单元中的低 4 位二进制数合并为一个字节，装入累加器 A 中。已知 R0 指向低地址，并要求该单元低 4 位放在 A 中的高 4 位。

37．编写计算下式的程序，设乘积结果均小于 255。a、b 值分别存在片外 RAM 3001H 和 3002H 单元中，结果存于片外 RAM 3000H 单元中。

$$Y = \begin{cases} 25, & a = b \\ a \times b, & a < b \\ a \div b, & a > b \end{cases}$$

38．设有 100 个用补码表示的有符号数，连续存放在以 2000H 为首地址的存储区中，试编程统计其中正数、负数、零的个数。

39．试编写一查表程序，从首地址为 2000H 和长度为 100 的数据块中找出 ASCII 码 "A"，将其地址送到 20A0H 和 20A1H 单元中，其中，20A0H 单元存低位地址。

40．在以 2000H 为首地址的存储区中，存放着 20 个用 ASCII 码表示的 0～9 之间的数，试编程将它们转换成 BCD 码，并以压缩 BCD 码（即一个单元存放二位 BCD 码）的形式存放在 3000H～3009H 单元中。

41．试编程实现下列逻辑表达式的功能。设 P1.0～P1.7 为 8 个变量的输入端，而其中 P1.7 又作为变量输出端。

（1）$Y = X_0 X_1 \overline{X_2} + \overline{X_3} + X_4 X_5 X_6 + \overline{X_7}$

（2）$Y = \overline{X_0 X_1} + \overline{\overline{X_2 X_3 X_4}} + \overline{X_5 X_6 X_7}$

42．在单片机片内 RAM 中从 BLOCK 单元开始存放有一个数据块，数据块长度存于 LEM 单元当中，要求编写一个顺序检索程序，将存放在 KEY 单元中的关键字检索出来，给出关键字在数据块的序号，序号存在 R2 中，当找遍整个数据块而并未检索到关键字时，序号为 00H。

43．求两个 8 位有符号数加法，和超过 8 位，两个加数存放于 BLOCK 和 BLOCK+1 单元。

44．ASCII 码转换成为 4 位二进制数。已知参数：ASCII 码放于 R2。结果参数：4 位二进制数放于 R3。

45．编程实现将十进制整数转换成二进制数。十进制数可以表示为 $B = a_{n-1} \times 10^{n-1} + \cdots + a_1 \times 10 + a_0$。

46．编程实现将 16 位二进制数转换成十进制数。一个 M 位二进制整数的表达式为：

$$B = b_{m-1} \times 2^{m-1} + \cdots + b_1 \times 2 + b_0 = (((\cdots (b_{m-1} \times 2) + b_{m-2}) \times 2 + b_1) \times 2) + b_0$$

47．编程实现 128 路分支程序。功能：根据 R3 的值（00H～7FH）转到 128 个目的地址。

48．设指令 SJMP rel 中的 rel=7EH，并假设该指令存放在 2114H 和 2115H 单元中。当该条指令执行后，程序将跳转到何地址？

49．已知 SP=25H，PC=2345H，（24H）=12H，（25H）=34H，（26H）=56H，问此时执行 RET 指令以后，求 SP 和 PC 的值。

50．简述转移指令 AJMP addr11、SJMP rel、LJMP addr16 及 JMP @A+DPTR 的应用场合。

第4章 单片机的定时/计数器与中断

从图 2-1 可知，单片机芯片内含有定时/计数器模块，此模块在单片机应用系统中有广泛的用途。所开发的单片机系统常常会有定时控制的需求，例如需要定时输入或输出、定时检测或扫描等；单片机系统也经常有对外部事件进行计数并给出判断的需要；此外单片机与单片机之间、单片机与计算机之间如果需要进行串行通信，也需要使用内部的定时器作为波特率发生器。本章首先介绍 51 单片机的定时/计数器和中断的基本概念及其逻辑结构，然后通过示例详细介绍定时/计数器的使用方法以及中断系统的构成及编程应用。

4.1 定时/计数器概述

51 单片机内的定时/计数器实质上是可编程定时/计数器专用硬件模块，可通过软件编程方便地设置此模块各种可能的工作方式。这种片内模块的特点是通过对系统时钟脉冲进行计数实现定时，定时时间可通过程序设定而随意改变，使用灵活方便，同时也可设定实现对外部脉冲的计数功能。本节概要介绍定时/计数器的基本构成和相关的特殊寄存器的设置与控制方法。

4.1.1 定时/计数器基本构成

51 单片机内的定时/计数器的基本结构及其与单片机 CPU 的关系如图 4-1 所示。这是两个 16 位二进制的可编程定时/计数器（分别用 T0 和 T1 表示），都是二进制加法计数器，当计数器计满回零时能自动产生溢出，同时通过中断方式告诉单片机 CPU。

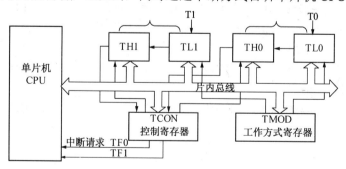

图 4-1 51 单片机定时/计数器基本结构

由图 4-1 可见，定时/计数器 T0 由计数器 TH0（高 8 位）和 TL0（低 8 位）组成，定时/计数器 T1 则由计数器 TH1（高 8 位）和 TL1（低 8 位）组成。定时/计数器的 TH、TL 分别为两个 8 位计数器，通过软件控制可以连接起来组成不同形式的计数器，其工作状态由工作方式寄存器 TMOD 设置确定，而启停则由控制寄存器 TCON 控制。

单片机中的定时/计数器 T0 和 T1 既可以用作定时器也可以用作计数器。通过软件设置，当对单片机引脚 T0（P3.4）或/和 T1（P3.5）输入的外部脉冲信号进行计数时，用作计数器。此时当输入脉冲信号从 1 到 0 产生负跳变时，内部计数器便自动加 1，计数的最高频率是主频时钟频率的 1/24；当对主频时钟的 12 分频输出脉冲进行计数时，即可作定时器用。

4.1.2　对 T0 和 T1 的控制方式

　　如图 4-1 所示，对定时/计数器 T0 和 T1 的控制，主要是通过对两个寄存器 TCON 和 TMOD 的特定设置来实现的。TCON 主要用于控制定时器的启动与停止，此外 TCON 还保存着 T0 和 T1 的溢出和中断标志，而 TMOD 主要用于确定定时器的工作方式。

1．控制寄存器 TCON

　　TCON 属特殊寄存器，其字节地址是 88H，位寻址地址是 88H～8FH，其位结构如表 4-1 所示。

表 4-1　TCON 的位结构

位地址	8FH	8EH	8DH	8CH	8BH	8AH	89H	99H
位名称	TF1	TR1	TF0	TR0	IE1	IT1	IE0	IT0

各位的功能和控制方法如下：

- TF0 和 TF1 位分别是 T0 和 T1 溢出中断请求标志位。当计数器计数溢出，即计数器计满回到 0 时，由 CPU 硬件自动将 TF0 或 TF1 置 1。若通过软件使用查询方式读取此二位数据，此二位可作为已经溢出一次的状态标志位供查询。但应注意查询有效后应以软件方法及时将该位清 0，以便了解下一次溢出的情况；如果使用中断方式（即通过中断方式告知计数溢出一次），此位可作为中断标志位，一般没有必要去查询，而且此位在转向服务程序时由硬件自动清 0。
- TR0 和 TR1 位分别是 T0 和 T1 的运行控制位，可通过软件设置，设置方式如下：
  - ➢　设置 TR0（TR1）为 0，即停止 T0（T1）定时/计数器的工作。
  - ➢　设置 TR0（TR1）为 1，即启动 T0（T1）定时/计数器开始工作。
- IE0 和 IE1 位是外中断请求标志位。当其对应的单片机 P3 口的 P3.2 和 P3.3 端口出现有效中断请求时，CPU 会自动在对应位上置 1，在中断响应完成而转向中断服务程序后，CPU 即自动清 0。
- IT0 和 IT1 位是外中断请求方式控制位，此位根据需要由程序员通过软件来设置，设置方式如下：
  - ➢　设置 IT0（IT1）为 1，即选择外部中断请求信号为边沿方式有效（下降沿有效）。
  - ➢　设置 IT0（IT1）为 0，即选择外部中断请求信号为电平方式有效（低电平有效）。

2．工作方式寄存器 TMOD

　　工作方式寄存器 TMOD 的字节地址为 89H，属于不可位寻址的特殊寄存器，无法使用位操作指令。因此对其读写操作或设置参数，只能按字节进行，其位结构如图 4-2 所示。

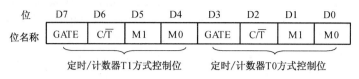

图 4-2   TMOD 的位结构

该位结构图显示，TMOD 的高 4 位是定时/计数器 T1 的工作方式控制位，低 4 位是定时/计数器 T0 的工作方式控制位，各位的功能和控制方法如下：

- $C/\overline{T}$ 是定时/计数选择位。此位由程序员通过软件来设置，设置方式如下：
  - 设置 $C/\overline{T}$ 为 1，即选择 T0 或/和 T1 为计数器工作方式，分别对来自单片机 P3 口的 P3.4 或/和 P3.5 引脚输入的脉冲信号的下降沿进行计数。
  - 设置 $C/\overline{T}$ 为 0，即选择 T0 或/和 T1 为定时器工作方式，对机器周期脉冲计数定时。
- GATE 是门控位。也由程序员通过软件来设置，设置方式如下：
  - 设置 GATE 为 0，即选择由控制寄存器 TCON 中的启/停控制位 TR0/TR1 来控制定时/计数器的启动或停止。
  - 设置 GATE 为 1，即选择由外部中断请求信号 $\overline{INT0}/\overline{INT1}$ 和 TCON 中的启/停控制位 TR0/TR1 的组合状态来控制定时/计数器启动或停止，具体方式见 4.2 节。
- M1 和 M0 是工作方式选择位。M1 和 M0 的 4 种二进制数的组合对应 T0、T1 的 4 种不同工作方式，详见表 4-2。

表 4-2   定时/计数器工作方式

M1 M0	工 作 方 式	功 能 说 明
0 0	方式 0	13 位定时/计数器
0 1	方式 1	16 位定时/计数器
1 0	方式 2	可自动重载的 8 位定时/计数器
1 1	方式 3	T0 分为两个 8 位定时/计数器。T1 无此工作方式

4.2   定时/计数器的 4 种工作方式

根据表 4-1 所示的 M1、M0 的 4 种不同组合，对应定时/计数器的 4 种不同工作方式，本节将分别介绍定时/计数器的 4 种工作方式及其对应的逻辑电路结构。

1. 工作方式 0

若设置 TMOD 的（M1 M0）= 00，即选择定时/计数器工作方式 0，对应的逻辑图如图 4-2 所示。在此工作状态下，定时/计数器由 TL 低 5 位与 TH 并成 13 位计数器。在计数时，TL 低 5 位计满后向 8 位 TH 计数器进位，如图 4-3 所示。

- 当 $C/\overline{T}$ =0 时，选择为定时工作状态，若此单片机的主频是 12MHz，则对应的时钟脉冲经 12 分频后，产生了频率为 1MHz 的定时脉冲（此脉冲的周期恰等于一个机器周期），被送入计数器作为定时脉冲，此时的功能为 13 位定时器。

- 当 C/$\overline{T}$=1 时，选择为计数工作状态，来自单片机 P3 口的 P3.4（T0）或 P3.5（T1）引脚输入计数脉冲，对计数器进行计数。计数器溢出时将 TF 置 1，表示计数溢出一次。如果已打开中断，即已设定定时/计数器中断允许，此溢出即向 CPU 发中断请求。

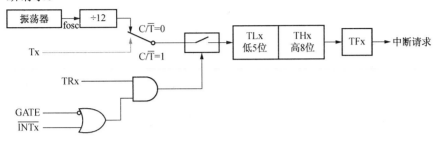

图 4-3 定时/计数器工作方式 0

- 当 GATE=0 时，或门始终输出 1，于是定时/计数器的启/停由启/停标志位 TR0（TR1）决定。TR0（TR1）=1 时，定时/计数器启动；TR0（TR1）=0 时，定时/计数器停止工作。

- 当 GATE=1 时，来自单片机 P3 口的 $\overline{INTx}$ 信号，对应 P3.2（$\overline{INT0}$）、P3.3（$\overline{INT1}$）的信号直接进入与门，与信号 TR0（TR1）相与，这样一来，计数与否的开关就由 TRx 和 $\overline{INTx}$ 联合决定，即定时/计数器的运行与否由 TR0（TR1）和 $\overline{INT0}$（$\overline{INT1}$）两个条件控制。

TR0（TR1）可由软件程序置 1 或 0，当计数溢出时 TF0（TF1）位被置 1。CPU 中断响应后，TF0（TF1）位被清 0。通过软件程序也可读出 TCON、TH 及 TL 中的内容来了解 T0 或 T1 的工作状态。

2. 工作方式 1

若设置（M1 M0）=01，即选择定时/计数器工作方式 1，对应的逻辑图如图 4-4 所示。与图 4-3 相比，可以发现两者的唯一不同之处是，图 4-4 所示的工作方式 1 的 TH 与 TL 并成了 16 位计数器，并按照 16 位计数器方式工作。实际应用中，以选择工作方式 1 的情况较多，工作方式 0 主要是为适应早期的 MCS-48 单片机设置的。

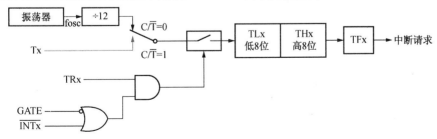

图 4-4 定时/计数器工作方式 1

3. 工作方式 2

若设置（M1 M0）=10，即选择定时/计数器工作方式 2，对应的逻辑图如图 4-5 所示。

在工作方式 2 状态下，构成了一个 8 位可预置的计数器。由图 4-5 可见，仅 8 位的 TL 作计数器用，而 TH 用作预置常数寄存器。工作时，当 TL 计数溢出后，一方面将 TF 置 1，发中断请求；另一方面把预置常数寄存器 TH 中的数据载入 TL，使此 8 位计数器在此载入数据的基础上继续作加法计数工作，并如此重复地自动工作下去。

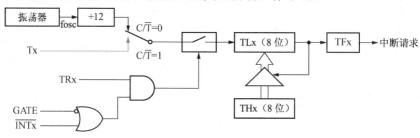

图 4-5　定时/计数器工作方式 2

4．工作方式 3

若设置（M1 M0）= 11，即选择定时/计数器工作方式 3，对应的逻辑图如图 4-6 所示。在工作方式 3 状态下，T0 分为一个 8 位定时/计数器和另一个独立的 8 位定时器。其中 8 位的 TL0 用作定时/计数器，既可作定时器，又可作计数器，工作方式对应图 4-6 上方的图，其工作原理与工作方式 0 或方式 1 相同，只是计数器仅用 8 位的 TL0。

而 TH0 只能用作一个简单的定时器，工作方式对应图 4-6 下方的图。此工作方式下，由于基于 TL0 的定时/计数器 T0 的控制位已被 TL0 独占，使得基于 TH0 定时器的状态控制位只得借用 T1 的控制位 TR1 和 TF1，并占用 T1 的中断源。即当 TH0 计数溢出时置位 TF1，而定时的启动和停止则受控于 TR1。

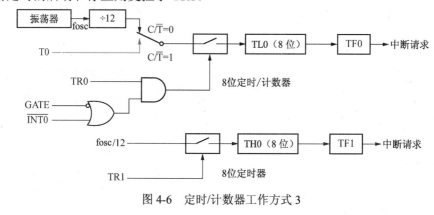

图 4-6　定时/计数器工作方式 3

4.3　定时/计数器 T2

在目前十分常用的 AT89S52、AT89S53、AT89S8253、STC89C52、STC89C54 及 STC89C58 等 8052 兼容单片机系列中，还增加了一个 16 位定时/计数器 T2，它含有比 T0、T1 更强的功能，如可构成 16 位可预置型计数器。与 T2 有关的特殊功能寄存器有：两个计数寄存器 TH2 和 TL2、T2 的控制寄存器 T2CON、T2 的模式寄存器 T2MOD 以及捕捉/重载寄存器 RCAP2L 和 RCAP2H。

4.3.1 控制寄存器 T2CON

T2 的功能是通过对 T2CON 寄存器的设置来控制的，T2 控制寄存器 T2CON 的字节地址是 C8H，是位可寻址寄存器，其格式如表 4-3 所示。

表 4-3 T2CON 的格式

T2CON（C8H）	D7	D6	D5	D4	D3	D2	D1	D0
位名称	TF2	EXF2	RCLK	TCLK	EXEN2	TR2	C/$\overline{\text{T2}}$	CP/$\overline{\text{RL2}}$
位地址	CFH	CEH	CDH	CCH	CBH	CAH	C9H	C8H

T2CON 各位的功能简述如下。

- TF2：最高位的 TF2 是 T2 的溢出中断标志位。T2 溢出时，TF2 将被置 1，CPU 对此响应中断后跳入 T2 的中断口 002BH。需要特别注意的是，中断响应后，TF2 并不会被清 0，只能靠软件实现。另外当 T2 用作串口波特率发生器时，T2 溢出后并不会对 TF2 置 1。
- EXF2：T2 外中断标志位。若设置 EXEN2 为 1，则于引脚 T2EX（P1.1）检测到下降沿跳变时，EXF2 被置 1，如果定时器 2 中断被允许将产生中断，也需靠软件来清 0。
- RCLK：由软件设置的接收时钟标志，用于选择 T1 或 T2 作串行口的接收波特率发生器。当 RCLK 设为 1 时，T2 工作于波特率发生器方式，用 T2 的溢出脉冲作为串口方式 1 或方式 3 的接收时钟；当 RCLK 设为 0 时，则用 T1 的溢出作串口的接受时钟。
- TCLK：由软件设置的发送时钟标志，用于选择 T1 或 T2 作串行口的接收波特率发生器。当 TCLK 设为 1 时，T2 工作于波特率发生器方式，用 T2 的溢出脉冲作为串口方式 1 或方式 3 的发送时钟；当 TCLK 设为 0 时，则用 T1 的溢出作串口的发送时钟。
- EXEN2：由软件设置的 T2 的外部允许标志。当 EXEN2=1 时，在 T2EX 引脚出现下降沿时将造成 T2 捕捉或重装，并置位 EXF2，产生中断。
- TR2：定时器运行控制位，TR2 置 1 时，T2 开始工作，置 0 时停止工作。
- C/$\overline{\text{T2}}$：定时器或计数器工作方式选择位。如果 C/$\overline{\text{T2}}$=1，T2 将用作对外部事件计数的计数器；如果 C/$\overline{\text{T2}}$=0，则用作对内部时钟脉冲计数的定时器。
- CP/$\overline{\text{RL2}}$：由软件设置的捕捉/重载标志位。当 EXEN2=1 时，如果 CP/$\overline{\text{RL2}}$=1，T2EX 引脚的下降沿跳变将造成捕捉；如果 CP/$\overline{\text{RL2}}$=0，T2EX 引脚的下降沿跳变将造成重载。

通过软件设置 T2CON，可使定时/计数器 T2 以以下两种常用的工作方式工作。

1. 捕捉方式

设置为捕捉方式时，通过设置 EXEN2 来选择。

- 当设置 EXEN2=0 时，由 TL2、TH2 构成 16 位计数器（与 T0 或 T1 以 16 位计数器工作方式相同），当计数溢出后，TF2 被置 1，并向 CPU 发出中断请求。
- 当设置 EXEN2=1 时，除以上功能外，如果 T2EX（P1.1）有下降沿跳变，将把 TL2、TH2 当前的计数值锁存在 RCAP2H 和 RCAP2L 中（即所谓捕获），同时此事件可用来产生中断，即将 T2CON 中的 EXF2 置 1，并向 CPU 发出中断请求。

2. 自动重载方式

自动重载方式包含以下两个子功能，由 EXEN2 来选择。

- 当 EXEN2 被置 0 时，16 位 T2 的溢出将触发一个中断（使 TF2=1），并将 RCAP2H 和 RCAP2L 中的数据装入（重载入）T2 的 TH2 和 TL2 中，且此时 RCAP2H 和 RCAP2L 中的数据不会被改变，其中的数据也可通过程序来人为设置。
- 当 EXEN2 被置 1 时，除上述功能外，T2EX 引脚的下降沿跳变将产生一次重载操作还可用来产生串行口通信所需的波特率，是通过同时或分别对 RCLK 和 TCLK 置 1 来实现的。

4.3.2 模式寄存器 T2MOD

定时/计数器 T2 模式寄存器 T2MOD 的字节地址是 C9H，其各位的格式如表 4-4 所示。

表 4-4　T2MOD 的格式

T2MOD（C9H）	D7	D6	D5	D4	D3	D2	D1	D0
位名称	—	—	—	—	—	—	T2OE	DCEN

- T2OE：T2 的输出允许控制位。当 T2OE=1 时，启动定时/计数器 T2 的可编程时钟输出功能，允许时钟输出至引脚 T2(P1.0)；而当 T2OE=0 时，禁止引脚 T2(P1.0) 输出。
- DCEN：T2 的加减计数控制位。当 DCEN=1 时，允许 T2 作为加/减计数器使用，具体的计数方向由 T2EX（P1.1）引脚来控制。当 T2EX=1 时（向 P1.1 输入高电平），则 T2 作加法计数器；当 T2EX=0 时，T2 作减法计数器。当 DCEN=0 时，T2 默认为加法计数器。

4.4　定时/计数器使用示例

51 单片机片内的定时/计数器是单片机应用系统中的重要部件，在单片机程序设计中灵活而适时地应用定时/计数器可以极大地简化外围硬件电路和减轻 CPU 的负担。

在实际应用中，可根据实际情况选择定时/计数器不同的工作方式，以实现不同的功能。本节将通过几则实例，介绍使用定时/计数器的基本方法。

【例 4-1】 选择 T1 的工作方式 0 定时，在 P1.0 输出周期为 1ms 的方波，设晶振为 6MHz。

解： 由题意可知，若使 P1.0 端口每隔 500μs 取反一次即可得到 1ms 的方波。因此将

T1 的定时时间设定为 500μs。具体方法如下：

为将 T1 设定为定时方式 0，需设置寄存器 TMOD 的相关位：GATE = 0，C/$\overline{\text{T}}$ = 0，（M1 M0）= 00。不方便用 T0 时，相关控制位可取 0，以免使其进入方式 3，故 TMOD=00H。系统复位后 TMOD 为 0，故不必对 TMOD 置初值。

以下计算 T1 作 500μs 定时的预置初值。6MHz 工作主频对应的机器周期是：

$$T=12/f_{osc}=12/6\times10^6=2\mu s$$

设初值为 X，考虑到 T1 是加法计数型定时，故有以下等式：

$$(2^{13}-X)\times2\times10^{-6}\,s=500\times10^{-6}\,s$$

得 X = 7942D = 1 1111 0000 0110B = 1F06H =1111 1000 0 0110B。

由于是 13 位计数器，TL1 高 3 位未用，应写 0，计算出的 X 的低 5 位装入 TL1 的低 5 位，所以 TL1=06H；X 的高 8 位写入 TH1，得 TH1=F8H。此例源程序为程序 4-1。

【程序 4-1】

```
        ORG     0000H
        MOV     TMOD, #00H    ; 此句可以不加
        MOV     TL1, #06H     ; 给TL1置初值立即数06H
        MOV     TH1, #0F8H    ; 给TH1置初值立即数F8H
        SETB    TR1           ; 启动T1工作
LR1:    JBC     TF1, LR2      ; 查询计数溢出否，然后使TF1=0
        SJMP    LR1           ; 反复查询
LR2:    MOV     TL1, #06H     ; 重置初值
        MOV     TH1, #0F8H
        CPL     P1.0          ; 输出取反
        AJMP    LR1           ; 循环
```

【例 4-2】用 T1 的工作方式 2 对外部脉冲计数，要求每计满 100 次，将 P1.0 取反。

解：由题意可知，外部被计数的信号由 T1（P3.5）引脚输入，每一脉冲后，T1 计数器加 1。若加满 100，可通过程序查询 TF1 是否被置 1 来确定。由于工作方式 2 有自动重载初值的功能，因此，每计满 100 溢出后不必通过软件重置初值，即可继续工作。

考虑到 T1 的工作方式 2 是 8 位可预置型计数器，其初值计算如下：

$$X=2^8-100=156=9CH, \qquad TH1=TL1=9CH$$

TMOD 的控制方式设置如表 4-5 所示（设置数据（TMOD）= 60H），源程序为程序 4-2。

表 4-5 TMOD 的控制方式设置

TMOD	GATE	C/$\overline{\text{T}}$	M1	M0	GATE	C/$\overline{\text{T}}$	M1	M0
设置位	0	1	1	0	×	×	×	×

【程序 4-2】

```
        ORG     0000H
        MOV     TMOD, #60H    ; 设置T1为方式2
        MOV     TL1, #9CH     ; 给TL1置初值
        MOV     TH1, #9CH     ; 给TH1置初值
        SETB    TR1           ; 启动T1
LP1:    JBC     TF1, LP2      ; 查询计数溢出否
        SJMP    LP1
```

```
LP2:    CPL     P1.0    ；输出取反
        AJMP    LP1     ；循环
```

【例4-3】 利用 T0 的门控位 GATE 测试 INT0（P3.2）引脚上出现的正脉冲的宽度，并以机器周期数的形式将数据存放于内部 RAM 的 10H 和 11H 单元，11H 放高 8 位。

解： 设计程序思路是，将 T0 设定为工作方式 1，GATE 设为 1，并置 TR0 为 1，由此可设置（TMOD）= 09H。由图 4-4 可见，这时仅由引脚 INT0（P3.2）控制计数器的工作与否。若引脚 INT0 上出现高电平即开始计数，直至出现低电平，停止计数，然后读取 T0 的计数值。这个测试过程如图 4-7 所示，对应的源程序如程序 4-3 所示。

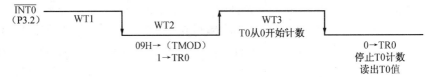

图 4-7　外部正脉冲宽度测量

【程序4-3】

```
        ORG     0000H
        MOV     TMOD，#09H   ；设置T0为方式1，GATE置1
        MOV     TL0,#00H     ；将TL0清0
        MOV     TH1,#00H     ；给TH0清0
WT1:    JB      P3.2,WT1     ；等待INT0变低
        SETB    TR0          ；启动T0
WT2:    JNB     P3.2,WT2     ；等待正脉冲到
WT3:    JB      P3.2,WT3     ；进入对机器周期计数阶段，等待INT0变低
        CLR     TR0          ；停止T0计数
        MOV     10H,TL0      ；计数器T0低8位送入10H
        MOV     11H,TH0      ；
RR:     SJMP    RR           ；测量结束
```

4.5　单片机的中断系统

不难发现 4.4 节中 3 个示例程序都有一个重大缺陷，即没有太大的实用意义。这是因为程序为了实现指定的功能，如输出某种脉冲信号等，几乎占据了单片机所有的工作时间，无法顾及其他工作，导致单片机的功能和效率大为下降。为了解决这些问题，51 单片机的硬件结构中配置了中断功能。中断是用以提高计算机效率的一种重要手段，在程序中使用中断功能，可以充分发挥 CPU 的能力。

中断技术的主要内容和功能可归纳为以下 3 点。

1. 中断技术实现分时处理多任务

在程序中使用中断技术，可使单片机同时顾及对多个外部设备的控制和多项有待处理的工作任务。这里所谓的同时顾及利用分时处理的方法完成，从而大大提高了 CPU 的使用效率。由于单片机控制的许多外部设备速度相对较慢，如打印、温度监测、数据通信等，不可能与 CPU 进行直接的同步数据交换，从而浪费大量的等待时间，因此可通过中断的分时来实现 CPU 和外设的协调工作，即在 CPU 执行程序过程中，如果需要进行数据输入/输出或温度监控设备的启动，可以按序启动这些外设或控制模块，再继续执行实现其他功能的程序。与此同时，被启动的外设和控制模块进入准备工作阶段。

当准备完成后，它们可以按完成的先后次序分别向 CPU 发出特定的信号，请求 CPU 暂停当前正在执行的程序，转而处理相关外设的数据传送任务，这就是所谓的中断请求。这时 CPU 将根据当前的工作情况，决定是否中断当前的工作去处理外设的工作。如果情况允许，即转入执行外设处理程序，即所谓的响应中断，而转入的外设处理程序或其他特定的程序称为中断服务程序。执行中断服务程序后，例如处理完打印机的一组数据的传送和相关控制后，CPU 即返回继续执行主程序，即所谓中断返回，返回后在执行主程序的同时继续等待其他外设或特定工作任务的中断请求，而相关的外设再次为下一次数据传送和控制操作作准备。以上过程可以用图 4-8 来说明。

这种通过响应特定请求的方式中断主程序去执行中断服务程序，来完成主程序以外的一项或多项任务的操作，即响应中断。在宏观上来看似乎是单片机 CPU 能同时顾及多项工作，从而极大地拓展了 CPU 的工作能力。

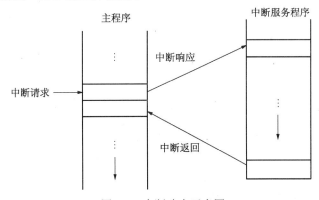

图 4-8　中断响应示意图

2．中断技术可实现实时控制

CPU 在执行主程序的过程中，如果预先获得允许，多项外设或工作模块在其需要 CPU 介入进行数据传送、处理或控制时，可以处于主动地位，随时请求 CPU 中断主程序，进行处理操作，即使得单片机能及时完成被控对象随机提出的任务，以便使被控对象能保持在最佳的时间段完成任务，达到预定的控制要求，此即所谓的实时控制。如在自动控制系统中，多个控制对象涉及的各种测试状态和控制参数的变化，都有可能使控制对象随时向单片机发出中断请求，要求进行个别处理。对此，CPU 必须做出快速响应和及时处理。显然，这种实时处理功能只能靠中断技术才能实现。

比较图 4-8 和图 3-15、图 3-16 可以发现，中断和子程序调用十分相似，例如中断响应与子程序调用、中断服务程序与子程序、中断返回和子程序返回都有很大的相似性和对应关系。主要的不同点是，从主程序进入子程序是通过执行确定位置上安排的子程序调用指令实现的，而从主程序进入中断服务程序，没有确定的位置和时间，没有特定安排的程序转向指令，一切都是随机的，完全取决于被中断服务对象根据自身的情况，通过单片机的硬件结构向 CPU 发出中断请求。在接到请求后，CPU 要根据程序原来设定的情况判断是否立即响应中断。如果暂时有其他事情，例如正在执行某个不容打断的中断程序，则不会立即响应当前的中断请求。

3．中断技术可对紧急事件进行优先处理

单片机在运行过程中，常会发生一些事先无法预料的故障，例如硬件故障、电源电压过低、电源掉电、运算错误、程序执行故障等，单片机能利用中断技术对这些故障进行监测并及时发现，进行优先处理。状态正常后，计算机再继续执行主程序。

4.5.1　单片机的中断源

单片机在硬件上有 3 类共 5 个中断源，2 级中断优先级。每个中断源可由程序来控制开中断（允许 CPU 响应中断请求）或者关中断（禁止 CPU 响应中断请求）；每个中断源的优先级别也可由程序设置。5 个中断源中包括两个外部中断请求源 $\overline{INT0}$ 和 $\overline{INT1}$、两个内部定时/计数器溢出中断请求源 TF0 和 TF1 以及一个内部串行口中断 TI 或 RI。这些中断分别由特殊寄存器 TCON 和 SCON 的相应位锁存。3 类中断如下：

（1）外部中断类。外部中断即来自外部的中断请求信号导致的中断操作。外部中断 0（$\overline{INT0}$）和外部中断 1（$\overline{INT1}$）的信号分别由端口 P3.2 和 P3.3 引脚输入；低电平或下降沿方式触发有效，具体方式由 IT0 和 IT1 设置选择。一旦输入信号有效，若 TCON 中的中断允许位 IE0 或 IE1 已被置 1，则允许向 CPU 申请中断。

（2）定时中断类。定时中断即由定时/计数器 0 和定时/计数器 1 溢出导致的中断操作，属于内部中断。当定时/计数器 T0 或 T1 作加法计数产生溢出时，则将 TCON 中的 TF0 或 TF1 标志位置 1，随即向 CPU 申请中断，若允许中断，且其他相关条件许可，CPU 将响应中断。

（3）串行中断类。串行中断是串行口的接收和发送数据过程导致的中断操作。当串行口接收或发送完一帧数据时，将 SCON 的 RI 或 TI 位置 1，即向 CPU 申请中断。

4.5.2　中断控制寄存器的设置

为在 51 单片机中实现中断控制，需通过程序对一些特殊功能寄存器中的某些位进行设置。用于此目的的控制寄存器共有 4 个，包括定时器控制寄存器（TCON）、串行口控制寄存器（SCON）、中断允许控制寄存器（IE）以及中断优先级控制寄存器（IP）。这 4 个控制寄存器都属于特殊功能寄存器，且都可进行位寻址。

1．中断标志寄存器的设置

用于存放中断标志的寄存器是 TCON 和 SCON，分别用于保存外部中断请求以及定时器的计数溢出和串行通信中断请求信号。这两个寄存器各位的表述方式和功能简述如下：

（1）定时/计数器控制寄存器 TCON。在 4.1 节中曾讨论过 TCON 作为定时/计数器启停控制寄存器用于启停控制和溢出标志的功能，还给出了其用作中断请求标志以及外部中断请求的触发控制方式。详细情况可以参阅 4.1.2 节关于 TCON 各位含义和功能的内容。

（2）串行通信控制寄存器 SCON。51 单片机的串行通信编程方法将在第 5 章中讨论。

这里仅给出串行口控制寄存器 SCON 各位的说明。SCON 的低 2 位, 即 TI 和 RI, 是串行口的发送中断请求和接收中断请求的标志位, 其格式和位地址表述如下:

TI 是串行口发送中断请求标志位。当发送完一个字节或停止位时, TI 置 1, 向 CPU 请求中断处理, TI 由中断服务程序清 0。

RI 是串行口接收中断请求标志位。当接收完一个字节或停止位时, RI 置 1, 向 CPU 请求中断处理, RI 也要由中断服务程序清 0。SCON 的格式如表 4-6 所示。

表 4-6 SCON 的格式

SCON	位地址							99H	98H
98H	位名称							TI	RI

2. 中断允许控制寄存器 IE

中断允许与否及优先情况均由控制字来实现。中断控制寄存器有两个, 一个是中断允许控制寄存器, 另一个是中断优先级控制寄存器。中断允许控制寄存器 IE 的格式如表 4-7 所示。

表 4-7 IE 的格式

IE	位地址	AFH	AEH	ADH	ACH	ABH	AAH	A9H	A8H
A8H	位名称	EA	—	—	ES	ET1	EX1	ET0	EX0

IE 各位的含义和设置方式如下:
- EA 是开中断标志位。若设置 EA=1, 则开中断; 设为 0, 则关中断。
- ES 是串行口中断允许位。若设置 ES=1, 串行口允许中断; 设为 0, 则禁止中断。
- ET0 是定时/计数器 T0 中断允许位。若设置 ET0=1, T0 允许中断; 设为 0, 则禁止中断。
- EX0 是 $\overline{INT0}$ 中断允许位。若设置 EX0=1, INT0 允许中断; 设为 0, 则禁止中断。
- ET1 是定时/计数器 T1 中断允许位。功能及设置同 ET0。
- EX1 是 $\overline{INT1}$ 中断允许位。功能及设置同 EX0。

复位后 IE 各位全部被清 0, 即 (IE) =00H。

3. 中断优先级控制寄存器 IP

51 单片机定义了高、低两个中断优先级, 且可实现中断服务嵌套。各中断源的优先级可通过软件程序对中断优先级控制寄存器 IP 中的相应位状态的设定来决定。当某位设定为 1 时, 则相应的中断源为高优先级中断; 否则, 相应的中断源为低优先级中断。

单片机复位时, IP 各位被清 0, 即 (IP) =00H, 各中断源同为低优先级中断。IP 寄存器地址为 0B8H, 位地址为 0BFH～0B8H。寄存器的内容及位地址定义如表 4-8 所示。

表 4-8 寄存器的内容及位地址定义

IP	位地址	BFH	BEH	BDH	BCH	BBH	BAH	B9H	B8H
B8H	位名称	—	—	—	PS	PT1	PX1	PT0	PX0

IP 各位的含义和设置方式如下:
- PS 是串行口的优先级控制位。当设定 PS=1 时, 串行口被置为高优先级中断源;

当设定 PS=0 时，为低优先级中断源。

- PT0 是定时/计数器 T0 优先级控制位。当设定 PT0=1 时，T0 为高优先级中断源；当设定 PT0=0 时，为低优先级中断源。
- PX0 是 $\overline{\text{INT0}}$ 优先级控制位。当设定 PX1=1 时，$\overline{\text{INT0}}$ 为高优先级中断源；当设定 PX0=0 时，为低优先级中断源。
- PT1 是定时/计数器 T1 优先级控制位。功能及设置同 PT0。
- PX1 是 $\overline{\text{INT1}}$ 优先级控制位。功能及设置同 PX0。

如上所述，51 单片机的中断优先级分为两级，即高优先级和低优先级。为此，设置有两个不可寻址的中断优先级触发器，分别指示两级中断服务。当 CPU 为高级中断请求服务时，高优先级触发器被置 1，否则清 0。外部中断源 INT0。

表 4-9 给出了所有中断源优先级顺序。据此，当几个相同优先级别的中断源同时请求中断时，CPU 通过此序列内部查询来确定优先响应哪一个中断请求，并进入中断服务。

图 4-9 用图形方式直观地表达了以上给出的单片机的中断结构和各控制信号间的关系。

表 4-9　同一级中断源优先顺序

中　断　源	同一级中断源优先顺序
外部中断源 INT0	高　级
定时/计数器 T0 中断	
外部中断源 INT1	
定时/计数器 T1 中断	
串行通信口中断	
定时/计数器 T2 中断	低　级

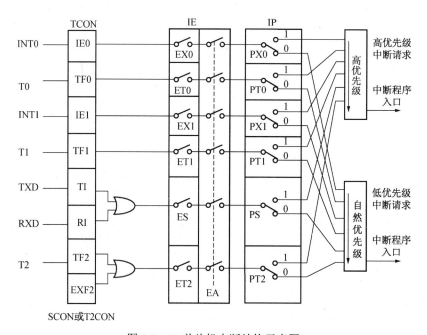

图 4-9　51 单片机中断结构示意图

4.5.3　中断响应过程

中断响应过程，即 CPU 对中断的处理过程，可以分为中断采样、中断查询、中断响应和中断响应处理等过程。以下将分别给予说明。

1．中断采样

中断采样是中断处理的第一步，主要是针对外部中断请求信号设置的。这是因为此类中断请求信号发生在单片机的外部，若要知道有没有外中断请求发生，对外部信号的采样才是可行的方法。中断采样就是对定义了中断信号输入的特定引脚 INT0（P3.2）或 INT1（P3.3）在每个机器周期的 S5P2 进行的。然后 CPU 根据采样的结果来设置 TCON 寄存器中中断请求标志位的状态，即把外部中断请求信号标志锁存在对应的寄存器中。

如前所述，外中断信号请求的触发方式有两种，可以通过程序设置来选择：

（1）电平触发方式的外中断请求。如果设 TCON 的 IT0 或 IT1=0，当在指定端口（$\overline{INT0}$ 或 $\overline{INT1}$）采样到高电平时，表明没有中断请求，IE0 或 IE1 继续为 0；若采样到低电平，IE0 或 IE1 由单片机硬件自动置 1，表明有外中断请求发生。

（2）脉冲触发方式的外中断请求。如果设 TCON 的 IT0 或 IT1=1，在相邻的机器周期采样到的电平由高电平变为低电平时，IE0 或 IE1 由硬件自动置 1，表明有外中断请求发生；否则为 0。

2．中断查询

这是中断响应的第二步，由 CPU 查询 TCON 和 SCON 中的各个中断标志位的状态，确定有哪个中断源发生了中断请求。在查询时按优先级顺序进行，即先查询高优先级，后查询低优先级。如果查询到有中断请求标志位为 1，表明已有中断请求发生，于是从下一机器周期开始进入中断响应。

3．中断响应

当 CPU 通过查询确定存在中断请求后，即由硬件自动产生一条 LCALL 指令。在执行 LCALL 指令时，首先将 PC 内容压入堆栈进行断点地址保护，然后再把对应当前中断请求的中断入口地址装入 PC，继而使程序转向相应的中断服务程序入口地址。整个过程与子程序调用十分类似。以上提到的对应当前中断请求的中断入口地址即所谓的中断矢量地址。51 单片机的中断源与对应的中断矢量地址表如表 4-10 所示。

表 4-10　中断源与中断矢量地址表

中　断　源	中断矢量地址
外部中断 0 $\overline{INT0}$	0003H
定时/计数器 T0 中断	000BH
外部中断 1 $\overline{INT1}$	0013H
定时/计数器 T1 中断	001BH
串行通信口中断	0023H
定时/计数器 T2 中断	002BH

响应外部中断 0 的中断服务程序的编写格式一般如下：

```
        ORG     0000H       ; 程序起始地址
        SJMP    MAIN        ; 进入主程序
        ORG     0003H       ; 定义响应外部中断0矢量地址
        LJMP    EXTINT      ; 转跳至外部中断0的服务程序
        ORG     0030H       ; 定义主程序起始地址
MAIN:   …                   ; 主程序开始
        …
EXTINT: …                   ; 外中断0之中断服务程序开始
        RETI                ; 中断返回
```

尽管中断响应后的 CPU 操作流程与子程序调用十分相似，但应注意子程序与中断服务程序有一个重要的不同，即返回指令分别是 RET 和 RETI，而它们的功能也有所差别，请参阅 3.3.6 节关于这两个指令的说明，这里不再赘述。

需要提醒，并非所有的中断请求都会被响应，如遇到以下情况之一，即使有中断请求，也不会发生中断响应：

（1）CPU 正在处理一个优先级同级或者高级的中断服务。

（2）当前指令还没有执行完毕。

（3）当前指令是 RET、RETI 或者是访问 IP、IE 的指令，而且在执行完这些指令后，还必须再执行一条指令，才响应中断请求。

4．中断响应处理

上文已提到，CPU 在执行 RETI 或访问 IE、IP 寄存器的指令时，不会响应中断请求，只有执行完上述指令后的下一条指令周期的末尾才去响应新的中断请求。一旦响应中断后即由硬件清除中断请求标志（TI 和 RI 除外），保护断点地址，转向对应的中断矢量地址，进而执行中断服务程序。

需要特别注意，尽管进入服务程序前单片机硬件已保护了返回的断点地址，但却没有保护主程序涉及的许多重要的寄存器中的内容，如 PSW、ACC 等。因为在中断服务程序中也可能使用这些寄存器，而在返回主程序后，这些寄存器的内容已被破坏。为此，应根据实际需要，在中断服务程序的前段，利用压栈指令 PUSH 把相关寄存器的数据压入堆栈，而在执行完中断服务程序返回主程序前，由弹栈指令 POP 送回已压栈的数据。

4.5.4　中断请求的撤销方法

在中断响应后，应及时清除 TCON 或 SCON 中的中断请求标志，否则就意味着中断请求仍然存在，这样就会造成中断的重复查询和响应的混乱局面，因此存在一个中断请求撤销的问题。下面将按中断类型分别说明中断请求的撤销方法。

1．外中断请求的撤销

对于脉冲触发方式的外中断请求，响应中断后，中断标志位的清 0 是自动的，脉冲信号过后就不存在了，因此其中断请求的撤销是自动的，不必为此作特殊处理。

对于电平触发方式的外中断请求，其中断标志位的清 0 也是自动的，但如果低电平持续存在，在以后的机器周期采样时，又会把中断请求标志位（IE0 和 IE1）置位，导致中断返回后 CPU 会再次响应这一中断请求，因此中断返回之前外部中断请求信号必须撤销。为此可以通过外加适当电路的方法，把中断请求信号从低电平强制为高电平。

2．定时中断请求的撤销

定时中断响应后，单片机硬件会自动把中断请求标志位 TF0 或 TFl 清 0，因此定时中断的中断请求是自动撤销的，也无须作特殊处理。

3．串行中断和 T2 中断请求的撤销

串行中断的标志位是 SCON 中的 TI 和 RI，定时/计数器 T2 的溢出和捕获中断请求标志是 TF2 和 EXF2。对于这几个中断标志，CPU 在响应中断后，不进行自动清 0，因为在中断响应后，还需测试这几个标志位的状态，以便确定中断程序的操作，然后才能清除。所以串行中断请求和定时/计数器 T2 的中断请求必须在中断服务程序中用软件清除，即硬件置位、软件清除。

4.6　中断应用编程实例

本节将给出几则实例，具体说明使用中断技术的编程方法。注意在中断服务程序中保护主程序现场的相关数据以及恢复的方法。其中最常用的手段是使用 PUSH 指令和 POP 指令。但对于工作寄存器 R0～R7 还可以使用寄存器工作区切换的方式来进行保护。

【例 4-4】与例 4-1 的要求类似，但必须使用中断技术，对定时器 T1 分别使用工作方式 1 和 2，在单片机 P1.0 引脚上，输出周期为 1ms 的方波脉冲。这里仍设 fosc= 6MHz。

（1）工作方式 1。首先设 T1 工作于方式 1，即（TMOD）=10H。由主频 6MHz 可以算出机器周期是：$T_{机器}=2\mu s$。设计数初值（定时常数）为 X。定时时间和计数初值的关系是：$500\mu s = (2^{16} - X)T_{机器}$，由此得计数初值为：

$$X=2^{16}-500/2=65536-250=65286=11111111\ 0000\ 0110\ B=FF06H$$

考虑到是 16 位计数器，于是 T1 的两个 8 位计数寄存器预置值分别是（THl）=FFH 和（TL1）= 06H。具体程序如程序 4-4 所示。

【程序 4-4】

```
        ORG     0000H       ; 主程序开始
        SJMP    MAIN        ; 转主程序入口
        ORG     001BH       ; T1中断入口
        LJMP    T1_SP       ; 转T1中断服务程序
        ORG     0030H       ; 主程序入口
MAIN:   MOV     TMOD, #10H  ; 设T1为定时方式1
        MOV     TH1, #0FFH  ; 设TH1初值
        MOV     TL1, #06H   ; 设TL1初值
        SETB    TR1         ; 启动计数器T1
        SETB    ET1         ; 允许T1中断
        SETB    EA          ; 开放总中断口
        SJMP    $           ; 程序原地循环，等待中断
T1_SP:                      ; T1中断服务程序
```

```
        MOV     THl, #0FFH      ; 重载TH1初值
        MOV     TL1, #06H       ; 重载TL1初值
        CPL     P1.0            ; 对P1.0求反，输出方波脉冲
        RETI                    ; 中断返回
        END
```

（2）工作方式2。设 T1 工作于方式 2，于是（TMOD）= 20H。计数初值为 X。机器周期仍然是：$T_{机器}=2\mu s$。由于此工作方式是 8 位可自动预置式计数器，故定时间和 T1 的计数初值的关系是：$500\mu s=(2^8-X)T_{机器}$。计算得：$X=2^8-500/2=6$。

于是 T1 的初值设置是：（TH1）=（TL1）=06H。具体程序如程序 4-5 所示。

【程序 4-5】

```
        ORG     0000H
        AJMP    MAIN            ; 转主程序入口
        ORG     001BH           ; T1中断入口
        LJMP    T1_SP           ; 转T1中断服务程序
        ORG     0030H           ; 主程序入口
KAIN:   MOV     TMOD, #20H      ; 设T1为定时方式2
        MOV     THl, #06H       ; 设TH1初值
        MOV     TL1, #06H       ; 设TL1初值
        SETB    TRl             ; 启动计数器T1
        SETB    ETl             ; 允许T1中断
        SETB    EA              ; 开放总中断
        SJMP    $               ; 程序原地循环，等待中断
T1_SP:                          ; T1中断服务程序
        CPL     P1.0            ; 对P1.0求反，输出方波脉冲
        RETI                    ; 中断返回
        END
```

注意，在本例中，定时器采用工作方式 1 的情况下，当定时时间到，程序转入中断服务程序时，必须在中断服务程序中为下一次计数用软件指令重装定时器初值。而当采用工作方式 2 时，重装定时器初值的工作则由单片机硬件电路自动完成。

【例 4-5】根据图 4-10 所示电路，为 AT89S51 单片机编程，实现发光二极管循环点亮功能。要求定时器 T0 以中断的方式定时，使得发光管 LED0～LED7 每间隔 100ms 逐个循环点亮（设 fosc=6MHz）。

解：设 T0 工作于方式 1，于是（TMOD）=01H。6MHz 主频的机器周期是：$T_{机器}=2\mu s$。

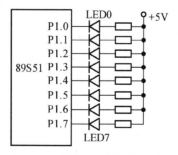

图 4-10 发光二极管循环点亮

设 T0 的定时初值为 X，则定时时间与 T0 初值的关系如下：

$$100\text{ms} = (2^{16} - X)\,T_{机器}$$
$$X = 2^{16} - 100 \times 10^3\,\mu\text{s}/2\mu\text{s}$$
$$= 65536 - 50000 = 15536 = 3\text{CB0H}$$

于是 T0 的初值设置是：（TH0）=3CH，（TL0）=B0H。对应的程序为程序 4-6。程序说明：考虑到第 2 章中介绍的 51 单片机的输入/输出端口的硬件结构特性，即高输出阻抗和低输入阻抗的特性，如果希望使用单片机端口直接驱动发光管，则必须采用如图 4-10 所示的电路，即只有当单片机端口输出为 0 时，发光管才能被点亮。为了使 8 个发光管能被循环点亮，P1 口输出的数据必须只含一位是 0，而其余都为 1 的数据。

【程序 4-6】

```
              ORG     0000H
              SJMP    MAIN            ；转主程序入口
              ORG     000BH           ；T0中断入口
              LJMP    T0_INT          ；转T0中断服务程序
              ORG     0030H           ；主程序入口
    MAIN:     MOV     TMOD, #01H      ；设T0为定时器、工作方式1
              MOV     TH0, #3CH       ；设TH0初值
              MOV     TL0, #0B0H      ；设TL0初值
              MOV     30H, #0FEH      ；置电灯起始循环常数
              SETB    TR0             ；启动计数器T0
              SETB    ET0             ；允许T0中断
              SETB    EA              ；开放总中断
              SJMP    $               ；程序原地循环。这里可以安排其他程序
    T0_INT:                           ；T0中断服务程序
              PUSH        ACC         ；保护原来ACC中的数据
              MOV     TH0, #3CH       ；重装定时器初值
              MOV     TL0, #0B0H
              MOV     A, 30H          ；将电灯起始常数送入A
              RL      A               ；每隔100ms循环左移一次
              MOV     P1, A           ；A中内容输出到P1口
              MOV     30H, A          ；将驱动发光管循环常数放回30H中
              POP     ACC             ；将保护好的数据返回ACC
              RETI                    ；中断返回
              END                     ；结束
```

【例 4-6】 设串行口采用工作方式 2，有奇偶校验，数据发送中断服务程序如程序 4-7 所示。

【程序 4-7】

```
    RTI:      PUSH    PSW         ；压栈保护现场
              PUSH    A
              SETB    PSW.4       ；寄存器工作区切换
              CLR     PSW.3
              CLR     TI
              MOV     A,  @R0
              MOV     C,  P       ；加上奇偶校验位
              MOV     ACC.7, C
              MOV     SBUF,  A    ；数据发送
```

```
        INC     R0
        POP     A               ; 恢复现场
        POP     PSW
        RETI                    ; 中断返回
```

【例 4-7】 用数字技术控制直流电机的转速,最常用和最方便的方法是使用脉宽调制信号 PWM 来控制。如图 4-11 所示,如果让 P1.0 口输出占空比可控脉冲信号,通过驱动电路,就能用于直流电机的转速控制。因为若图 4-11 中脉冲频率不变,即 T_P 不变,则随着 T_H 变宽,脉冲的平均电压也将随之增加,从而使电机的转速也增加。

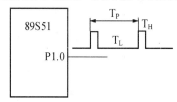

图 4-11　P1.0 输出 PWM 波形

本题要求用定时器 T0 定时,使 P1.0 口输出固定频率为 200Hz 的 PWM 脉冲信号,占空比的调节范围是 1%~100%。设单片机的晶振频率 fosc=12MHz,首先给出 PWM 信号的占空比为 5%的程序设计。还要求使用软件查询和中断两种不同方法实现这一功能。

解:（1）采用查询方式实现 PWM 输出。

设 T0 工作于方式 2,则有（TMOD）=02H。由 12MHz 主频得机器周期：$T_{机器}$=1/fosc=1μs。200Hz 的 PWM 脉冲周期是：T_P=1/200Hz=5ms。

根据占空比所能调节的范围要求,定时器所需定时的最小时间单位是：

$$T_P \times 1\% = 5ms \times 1\% = 50\mu s$$

设定时初值为 X,则最小定时时间与最小定时时间单位的关系是：

$$50\mu s = (2^8 - X) \cdot T_{机器}$$

计算出初值 $X=2^8-50\mu s/1\mu s=206$。则可置（TH0）=（TL0）=206。

在内部 RAM 中用两个存储单元 30H 和 31H,分别存放 PWM 波形高电平和低电平的时间参数,R2 控制实际循环次数。若需改变占空比,则只需改变 30H 和 31H 中的高低电平参数值。主要程序如程序 4-8 所示。

【程序 4-8】

```
        MOV     30H，#05         ; 设定低电平持续时间比例
        MOV     31H，#95         ; 设定高电平持续时间比例
        MOV     TMOD，#02H       ; T0工作方式2
        MOV     TH0，#206        ; 设置定时器初值
        MOV     TL0，#206
        SETB    TR0             ; 启动定时器T0
L1:     MOV     R2，30H          ; 取高电平循环次数
        SETB    P1.0            ; P1.0输出高电平
L2:     JNB     TF0，L2          ; 查询定时器溢出标志
        CLR     TF0             ; 清除溢出标志
        DJNZ    R2，L2           ; 持续高电平输出循环
        MOV     R2，31H          ; 取低电平循环次数
```

```
        CLR     P1.0        ; P1.0输出低电平
L3:     JNB     TF0, L3     ; 查询定时器溢出标志
        CLR     TF0         ; 清除溢出标志
        DJNZ    R2, L3      ; 持续低电平输出循环
        SJMP    L1
```

（2）采用中断方式输出 PWM 波形。

仍然使用 T0 工作于方式 2，即（TMOD）=02H，定时器初值的计算与解（1）相同。参考程序如程序 4-9 所示。

【程序 4-9】

```
        ORG     0000H
        AJMP    START       ; 进入主程序
        ORG     000BH       ; T0的中断入口
        LJMP    T0_PROC     ; 转中断服务程序
        ORG     0030H
START:
        MOV     30H, #05    ; 设定高电平持续时间比例
        MOV     31H, #95    ; 设定低电平持续时间比例
        MOV     TMOD, #02H  ; T0工作方式2
        MOV     TH0, #206   ; 设置定时器初值
        MOV     TL0, #206
        SETB    TR0         ; 启动定时器T0
        SETB    ET0         ; 允许T0中断
        SETB    EA          ; 开放总中断
        SETB    00H         ; 设置高电平输出标志
        SETB    P1.0        ; P1.0输出高电平
        MOV     R2, 30H     ; 取高电平循环次数
        NOP                 ; 可执行加入的其他程序
        SJMP    $

T0_PROC:    JNB 00H, PROC_L ; 若标志位为0，转低电平处理
        SETB    P1.0        ; P1.0输出高电平
        DJNZ    R2, EXT     ; 持续高电平输出循环
        MOV     R2, 31H     ; 取低电平循环次数
        CLR     00H         ; 设置低电平标志
PROC_L:     CLR P1.0        ; P1.0输出低电平
        DJNZ    R2, EXT     ; 持续低电平输出循环
        SETB    00H         ; 设置高电平标志
        MOV     R2, 30H     ; 取高电平循环次数
EXT:    RETI                ; 中断返回
```

以上两种方式都可以输出 PWM 波形。解（1）的程序中需要不断查询定时器溢出标志 TF0，这样会占用 CPU 的大量时间，导致 CPU 的利用率降低，在定时期间，单片机无法完成其他工作。在解（2）中，由于使用了中断技术，主程序中设定完定时器的工作方式以后，定时器和 CPU 可以同时并行工作，CPU 不必反复查询定时器溢出标志 TF0 的状态，可以有充裕的时间处理其他事务。当到定时器的定时时间后，溢出标志自动向 CPU 发出中断请求，CPU 在中断服务程序中对输出控制端口 P1.0 和标志位作简要的处理，即可返回主程序，回到原有的工作，这样大大提高了 CPU 的利用率。

思考练习题

1．如何计算 51 单片机的定时/计数器的计数初值？如何编程送入计数初值？

2．定时/计数器工作于定时和计数方式时有何异同点？

3．定时/计数器的 4 种工作方式各有何特点？

4．简述定时/计数器初始化的步骤。

5．当定时/计数器 T0 用作方式 3 时，定时/计数器 T1 可以工作在何种方式下？如何控制 T1 的开启和关闭？

6．利用定时/计数器 T0，从 P1.0 输出周期为 1s、脉宽为 20ms 的正脉冲信号，晶振频率 fosc=6MHz。试设计此程序。

7．若晶振频率为 12MHz，如何用 T0 来测量 20s～1s 的方波周期？又如何测量频率为 0.3MHz 左右的脉冲频率？

8．某单片机的晶振频率 fosc=12MHz，要求用 T0 定时 160μs，分别计算采用定时方式 0、方式 1 和方式 2 时定时/计数器的初值。

9．若 8051 单片机的 fosc=6MHz，编程使 P1.0 和 P1.1 分别输出周期为 2ms 和 500μs 的方波。

10．若 51 单片机的 fosc=6MHz，利用定时器 T1 使 P1.0 输出占空比为 75%的矩形脉冲。

11．利用定时/计数器 T0 产生定时时钟，由 P1 口控制 8 个指示灯。编写一程序，使 8 个指示灯依次轮流闪动，闪动频率为 20 次/s（8 个灯依次亮一遍为一个周期）。

12．以定时/计数器 T1 进行外部事件计数。每计数 1000 个脉冲后，定时/计数器 T1 转变为定时工作方式，定时 10ms 后，又转变为计数方式，如此循环。单片机的晶振频率 fosc=6MHz，请使用工作方式 1 编程实现。

13．51 单片机有几个中断源？各个中断标志是如何产生的？又是如何清 0 的？CPU 响应各中断时，其中断入口地址是多少？

14．外部中断源有电平触发和边沿触发两种触发方式，这两种触发方式所产生的中断过程有何不同？如何设定？有哪些需要注意的地方？

15．子程序和中断服务程序有何异同？为什么子程序返回指令 RET 和中断返回指令 RETI 不能相互替代？

16．当有多个中断事件发生时，中断处理流程怎样？

17．中断允许控制寄存器 IE 各位的定义及位地址是什么？它们在什么样的情况下被置位和复位？

18．51 单片机中断响应的条件是什么？中断响应的全过程如何？

19．为什么通常在中断响应过程中要保护现场？如何保护？如何恢复？

20．设 51 单片机的 fosc=6MHz，编写完整的汇编语言源程序以统计 20s 内某外部事件发生的次数（要求利用 T0 和 $\overline{INT1}$ 实现此功能）。

21．以中断方法设计单片机秒、分脉冲发生器。假定 P1.0 每秒钟产生一个机器周期的正脉冲，P1.1 每分钟产生一个机器周期的正脉冲。

22．用定时器 T0 定时，使 P1.0 和 P1.1 分别输出两路频率为 200Hz，不同占空比的 PWM 脉冲信号。占空比的调节范围为 1%～100%（设单片机的晶振频率 fosc=12MHz，P1.0 和 P1.1 的占空比分别为 3%和 75%）。

第5章 串行通信接口

计算机与计算机之间或计算机与外部设备之间的通信可以由多种形式来实现，常用的方式为并行通信和串行通信两种。并行通信方式适合于近距离、大容量和高速度的信息传送，串行通信方式适用于远距离传送。随着不同应用目的和不同通信方式的新的串行通信方式的出现，传统的并行通信方式在传输速度、通信距离、接口的简洁性和兼容性方面都已失去了优势。MCS-51 系列单片机内部有一个可编程的全双工串行异步通信接口，该接口可以实现单片机系统之间的双机通信、多机通信以及单片机与 PC 机之间的通信。本章将介绍与串行通信有关的基本概念、51 单片机的串行通信接口结构、控制寄存器、工作方式，并举例说明串行通信接口的编程方法。

5.1 串行通信简介

计算机与计算机之间、计算机与其外部设备之间的信息交换称为通信。通信的基本方式分为并行通信和串行通信两种。

并行通信方式是指信息传输时，数据的各位同时进行传送，每一位数据需要一条传输线。其优点是数据传送速度快，缺点是需要多条传输线，远距离通信时所需的成本较高。因此，并行通信方式适用于近距离传输，如计算机与打印机、计算机与某些液晶显示屏等的通信。并行通信是通过计算机的并行输入/输出接口完成的。

串行通信方式是指数据按顺序逐位传送。其特点是通信线路简单，只要一到两根传输线就可以实现通信，但传输速度慢。由于串行通信方式经济实用，特别适用于远距离通信，因而在计算机通信和工业控制等许多领域中得到了广泛应用。串行通信是通过计算机的串行通信接口实现的。

串行数据通信要解决两个主要的技术问题，一是数据传送，二是数据转换。所谓数据传送就是指数据以什么形式传送；数据转换则是指计算机在发送数据时，必须将并行数据转换为串行数据，而在接收数据后，要将接收到的数据转换为并行数据。

5.1.1 串行通信数据传输方式

在实际应用中，串行通信方式又分为两种，一种是同步传送方式，另一种是异步传送方式。

1. 同步传送方式

同步传送是指通信的双方采用同一个时钟信号进行协调通信，这个时钟信号称为同步时钟信号或同步脉冲。采用同步传送时，在一个数据块的开头使用同步字符，数据传送时使用同一时钟脉冲来实现信号的发送端与接收端的同步。数据同步传送的格式如图 5-1 所示。传送时，数据与同步脉冲同时发出。一般根据预先的协议确定在时钟的上升沿或下降沿同步发出数据和接收数据。首先在数据块中发送同步字符，一般为 1～2 个。接收端接收同步字符，确认同步后开始接收数据。与异步传送方式相比，采用同步传送方式的硬件设备较复杂，例如必须有一根专门的同步时钟通信线。但同步传送的速率较高，错误率低，即误码情况少。

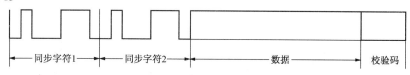

图 5-1　同步传送数据格式

2. 异步传送方式

异步传送是以字符或一定位数的数据为单位，有起始位和停止位作为字符的开头和结束标志，这样的单位称为帧，异步通信的帧格式如图 5-2 所示。通常一帧中，起始标志占一位，数据位占 5、6、7 或者 8 位，停止位占 1、1.5 或者 2 位。一般规定，起始位用低电平（逻辑 0）表示，停止位用高电平（逻辑 1）表示。数据传送时，低位在前，高位在后，字符之间允许有不定长度的空闲位（电平为高电平）。传送过程中，数据是按帧来发送或接收的。由于 ASCII 码字符是 7 位，而传统方式传送一个字节是 8 位，因此对于 ASCII 码字符的传送，其数据中的第 8 位可作为奇偶校验位，从而降低在传送过程中的误码率。

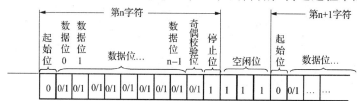

图 5-2　异步通信的数据帧格式

字符帧由 4 部分组成，分别是起始位、数据位、奇偶校验位和停止位。两帧信息之间可以无间隔，也可以有间隔，且间隔时间可任意改变，间隔用空闲位 1 来填充。

（1）起始位。它位于字符帧的开头，只占一位，始终为低电平（逻辑 0），表示发送端开始发送一帧数据。

（2）数据位。数据位紧跟起始位后，其位数可以取 5 位、6 位、7 位或 8 位，低位在前，高位在后。如果取 8 位，则每一帧数据可以传送一个 8 位字节的数据。

（3）奇偶校验位。它占一位，用于对字符传送作正确性检查，因此奇偶校验位是可选择的，共有 3 种可能，即奇偶校验、偶校验和无校验，由用户根据需要选定。

（4）停止位。它是一帧的末尾位，为高电平（逻辑 1），可取 1 位、1.5 位或 2 位，表示一帧字符传送完毕。

3. 异步传送的速率

串行通信的速率用波特率来表示，所谓波特率就是指单位时间（秒）内传送二进制数据位的个数，单位为波特（bit per second，bps，位/秒）。异步传送方式常用波特率为 110～

19200bps。相比之下，同步传送方式速率较高，一般高于20000bps。

5.1.2 串行通信的方式

通常，串行数据传送是在两个通信设备之间进行的，按照数据传送的方向可分为3类：单工、半双工和全双工通信方式。

（1）单工方式（Simplex）。如图5-3（a）所示，A端为发送方，B端为接收方，数据仅能从A端发送至B端。

（2）半双工方式（Half Duplex）。如图5-3（b）所示，数据可以从A端发送到B端，也可以由B端发送到A端。不过同一时间只能完成一个方向的传送，其传送方向由收发控制开关K控制。

（3）全双工方式（Full Duplex）。如图5-3（c）所示，A和B通信设备双方既可同时发送，又可同时接收。在这种方式下，A、B两端都必须具有独立的发送器和接收器。

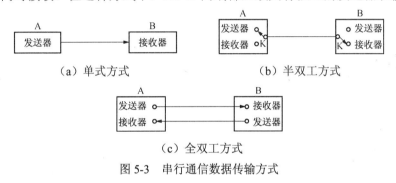

（a）单式方式   （b）半双工方式

（c）全双工方式

图5-3 串行通信数据传输方式

5.2 单片机串行通信接口

51单片机内含有一个可编程控制的全双工的串行通信接口。利用此串行通信接口可以方便地进行单片机之间双机通信、多机通信以及单片机与 PC 机之间的通信；可以方便地实现多机控制和分布式控制，使整个控制系统的效率和可靠性大为提高。本节主要介绍单片机串行口的硬件结构和工作方式。

5.2.1 单片机串行口的硬件结构

51单片机内含有一个全双工的通用异步接收器/发送器（Universal Asynchronous Receiver/Transmitter，UART），此串行通信口的结构如图5-4所示。串行口有两个独立的接收、发送缓冲器（SBUF），可同时发送和接收数据。由于串行口接收部分由输入移位寄存器和接收缓冲器构成了双缓冲结构，所以在接收缓冲器读出数据之前，串行口可以开始接收第二个字节。但是如果第二个字节已接收完毕，而第一个字节还没有读出，则将丢失其中一个字节。51单片机串行口除了用于数据通信之外，还可以非常方便地构成一个或多个并行 I/O

口，或实现串-并转换功能，用来驱动键盘或显示器。CPU 通过对 3 个特殊功能寄存器，即 SBUF、SCON 和 PCON 的控制，来实现对 UART 的控制，并通过两个独立的收发端口 RXD（P3.0）和 TXD（P3.1）来实现数据的接收和发送。

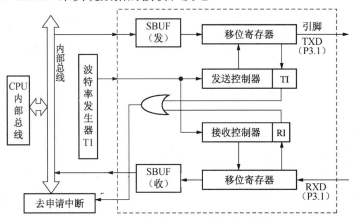

图 5-4　51 单片机串行通信口的结构

1．收发缓冲器（SBUF）

51 单片机的串行通信接口电路为用户提供了两个串行通信缓冲寄存器（SBUF）：一个称为发送缓存器，其用途是接收片内总线送来的数据，并将数据通过 TXD 引脚向外传送，发送缓冲器只能写不能读；另一个称为接收缓冲器，其用途是接收来自 RXD 引脚的数据，并将接收到的数据送往内部总线，接收缓冲器只能读不能写。因为这两个缓冲器一个只能写，一个只能读，所以共用一个地址 99H（实际的物理结构是两个寄存器）。

2．串行通信控制寄存器（SCON）

SCON 是 51 单片机的一个可位寻址的专用寄存器，用于串行数据通信的控制。单元地址为 98H，位地址为 98H～9FH。寄存器的位地址如表 5-1 所示。

表 5-1　SCON 的位地址和位符号

位地址	9FH	9EH	9DH	9CH	9BH	9AH	99H	98H
位符号	SM0	SM1	SM2	REN	TB8	RB8	TI	RI

SCON 各位的功能简述如下。

- SM0 和 SM1：串行口工作方式选择位，其功能如表 5-2 所示。
- SM2：允许通信方式 2 或方式 3 的多机通信控制位。在方式 2 或方式 3 中，若 SM2=1，且接收到的第 9 位数据（RB8）为 1 时，才将接收到的前 8 位数据送入接收 SBUF 中，并置位 RI，产生中断请求，否则丢弃前 8 位数据；若 SM2=0，则不论第 9 位数据是 1 还是 0，都将前 8 位数据送入接收 SBUF 中，并产生中断请求。采用方式 0 时，SM2 必须置 0。
- REN：允许接收位。当 REN=0 时，禁止接收数据；当 REN=1 时，允许接收数据。
- TB8：发送数据位 8。在方式 2 或方式 3 时，TB8 的内容就是待发送的第 9 位数据，其值由用户通过软件来设置。
- RB8：接收数据位 8。在方式 2 或方式 3 时，RB8 是接收的第 9 位数据。在方式 0

或方式 1 时，不使用 RB8。

- TI：发送中断标志位。在方式 0 时，发送完第 8 位数据后，该位由硬件置位。在其他方式下，在发送停止位之前，由硬件置位。因此，TI=1 表示帧发送结束，其状态既可供软件查询使用，也可请求中断。TI 必须由软件清 0。
- RI：接收中断标志位。在方式 0 时，接收完第 8 位数据后，该位由硬件置位。在其他方式下，在接收到停止位之前，由硬件置位。因此，RI=1 表示帧接收结束，其状态既可供软件查询使用，也可请求中断。RI 必须由软件清 0。

表 5-2 SM0、SM1 状态组合和对应工作方式

SM0	SM1	工 作 方 式	功　　能	波 特 率
0	0	方式 0	8 位同步移位寄存器	fosc/12
0	1	方式 1	8 位 UART	可变（T1 或 T2 溢出率/n）
1	0	方式 2	9 位 UART	fosc/64 或 fosc/32
1	1	方式 3	9 位 UART	可变（T1 或 T2 溢出率/n）

3. 电源控制寄存器（PCON）

PCON 不可位寻址，字节地址为 87H，主要是为 CHMOS 型单片机 80C51 的电源控制而设置的专用寄存器。此寄存器的位地址及其对应的功能如表 5-3 所示。

表 5-3 PCON 的位序和位符号

位序	D7	D6	D5	D4	D3	D2	D1	D0
位符号	SMOD	/	/	/	GF1	GF0	PD	IDL

SMOD 为波特率倍频选择位。在方式 1、2 和 3 时，串行通信的波特率与 SMOD 有关。当 SMOD=1 时，通信波特率乘 2；当 SMOD=0 时，通信波特率不变。GF1 等位的功能已于第 2 章中给出了说明。

5.2.2　串行口的工作方式

根据 SCON 中 SM0、SM1 的不同组合，51 单片机的串行通信口可以有 4 种工作方式，分别是方式 0、方式 1、方式 2 和方式 3，可分别用于不同的场合。下面分别对不同工作方式条件下的功能和特点作详细说明。

1. 工作方式 0

方式 0 是同步移位寄存器输入/输出工作方式。串行传送数据以 8 位为一帧（没有起始、停止、奇偶校验位），由 RXD（P3.0）端输出或输入，低位在前，高位在后。TXD（P3.1）端输出同步移位脉冲，波特率固定为单片机振荡频率（fosc）的 1/12，可以作为外部扩展的移位寄存器的移位时钟，因而串行口工作方式 0 常用于扩展外部并行 I/O 口。

工作方式 0 发送/接收数据的过程是这样的：SBUF 中的串行数据由 RXD 逐位移出/移入（低位在前，高位在后）。同时，TXD 输出同步移位时钟，其波特率是 fosc×（1/12），每送出/接收 8 位字节数据，TI/RI 自动置 1。TI/RI 需要用软件清 0。

串行口工作在方式 0 时，经常配合"串入并出"或"并入串出"移位寄存器一起使用，

以达到扩展一个并行口的目的。下面分别举例说明。

（1）方式0发送数据应用举例。

串行口可以外接串行输入/并行输出的移位寄存器，如 74LS164、CD4094 等，用以扩展并行输出口。扩展电路如图 5-5（a）所示。

执行指令 MOV SBUF, A 后，TXD 端输出的同步移位脉冲将 RXD 端输出的数据（低位在先）逐位移入 74LS164。将 8 位全部移完后，TI 由硬件自动置 1。如要再发送数据，必须先将 TI 清 0。利用此种工作方式，在外部可扩展一片至多片串入/并出的移位寄存器。

【例 5-1】采用查询方式发送数据。其程序如程序 5-1 所示。

【程序 5-1】

```
MOV    SCON, #00H     ；设定串行口方式0
MOV    SBUF, A        ；将置于A中的数据通过缓冲寄存器SBUF送出
JNB    TI, $          ；测TI位，等待数据发送完毕。当TI=1时，执行下一条语句
CLR    TI             ；清除发送中断标志，为下次发送作准备
```

注意，单片机复位后，SCON 被清 0，故复位后的默认工作方式是方式 0。

（2）方式0接收数据应用举例。

串行口外接并行输入/串行输出的移位寄存器，如 74LS165，就可以扩展并行输入口。扩展电路如图 5-5（b）所示。

由以上可见，工作方式 0 发送数据的条件是 TI=0，而接收数据的条件也是 TI=0，但须置位 REN=1（即允许接收数据）。当串行口定义为方式 0，并且 REN=1 时，便启动串行口以晶振频率 1/12 的波特率接收数据，引脚 RXD 为数据输入端，引脚 TXD 为同步移位脉冲信号输出端。当接收器接收到数据的第 8 位时，将中断标志 RI 置 1。

【例 5-2】假设数据已在 74LS165 中，则通过串行口用查询方式输入数据。其程序如程序 5-2 所示。

【程序 5-2】

```
MAIN:  MOV    SCON, #10H     ；置串行口方式0，允许接收
       JNB    RI, $          ；等待数据接收完毕
       MOV    A, SBUF        ；将缓冲寄存器SBUF接收到的数据送到A中
       CLR    RI             ；清中断接收标志RI，为下一次数据接收工作作准备
```

尽管在图 5-5 及其对应的示例中，串行口外部仅接了一个移位寄存器，但在实际应用中，可根据需要将多个芯片串接起来，充分发挥串行口扩展 I/O 的功能。

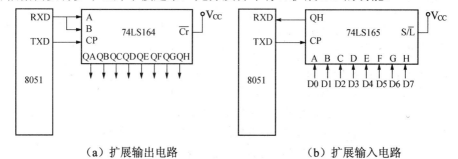

（a）扩展输出电路　　　　　　　　　（b）扩展输入电路

图 5-5　利用串行口扩展输入/输出接口

2. 工作方式1

方式1是波特率可变的10位异步通信方式。在工作方式1下,字符帧由1个起始位(0)、8个数据位和1个停止位(1)组成,其波特率是可变的,由定时器T1的计数溢出率决定。

工作方式1发送/接收数据的过程是:发送SBUF中的串行数据由TXD逐位移出,接收时串行数据从RXD逐位移入移位寄存器,接收完8位数据和停止位后,将数据存入SBUF,波特率可变。每送出/接收8位数据,TI/RI自动置1;TI/RI需要用软件清0。工作时,发送端自动添加一个起始位和一个停止位,接收端自动去掉一个起始位和一个停止位。发送/接收数据的条件与方式0相同。

对于串行通信口的工作方式1和方式3,其波特率通常由定时器T1或T2的溢出脉冲来确定。定时器T1用作波特率发生器时,波特率的计算公式表述如下:

$$波特率 = \frac{2^{SMOD}}{32} \cdot \frac{fosc}{12 \times [256 - (TH1)]}$$

定时器T2用作波特率发生器时,波特率的计算公式表述如下:

$$波特率 = \frac{定时器2溢出率}{16} = \frac{fosc}{32 \times [65536 - (RCAP2H, RCAP2L)]}$$

通常使定时器T1工作在方式2,以作波特率发生器,常用的波特率重装值如表5-4所示。由表可知,当选定表中特定的波特率时,要求产生单片机主频的晶振有特定的频率,如20MHz、11.0592MHz或6MHz等。

表5-4 定时器T1工作在方式2时作波特率发生器重装值

波特率/bps	fosc/MHz	SMOD	定时器1		
			C/$\overline{T}$	模 式	重 装 值
104.2k	20	1	0	2	FFH
19.2k	11.0592	1	0	2	FDH
9600	11.0592	0	0	2	FDH
4800	11.0592	0	0	2	FAH
2400	11.0592	0	0	2	F4H
1200	11.0592	0	0	2	E8H
110	6	0	0	2	72H

3. 工作方式2

方式2是固定波特率的11位异步接收/发送通信方式。此方式传送一帧信息需11位,包括一个起始位、8个数据位(低位在前,高位在后)、第9位数据(TB8/RB8)和一个停止位。

工作方式2发送/接收数据的过程类似于方式1,所不同的是比方式1增加了一位。方式2常被用于单片机间的多机通信。波特率固定为$fosc \times 2^{SMOD}/64$。

(1)方式2发送数据应用说明。

以方式2发送数据时,数据由引脚TXD输出。发送一帧信息需11位,其中第9位是SCON中的TB8。TB8可由软件置位或清0,可用作多机通信中的地址、数据标志或作为数据的奇偶校验位。每当CPU执行一条写入发送缓冲器的指令,如MOV SBUF,A,就启动发送器发送，发送完一帧信息，TI 即被置 1。

（2）方式 2 接收数据应用说明。

以方式 2 接收数据时，数据由引脚 RXD 输入，REN 被置 1 以后，接收器开始以接收时钟 16 倍的速率采样引脚 RXD 的电平，当检测到引脚 RXD 由高到低的负跳变时，就启动接收器接收，复位内部 16 位分频计数器，以实现同步。与方式 1 一样，计数器的 16 个状态把一位时间分成 16 等份，在每位时间的第 7、8、9 状态时，位检测器采样引脚 RXD 的值。若接收到的值不是 0，则起始位无效，并复位接收电路；当采样到引脚 RXD 从 1 到 0 的负跳变，确认起始位有效后，才开始接收本帧其余信息。接收完一帧信息后，只有在 RI=0 且 SM2=0，或 SM2=1 且接收到数据的第 9 位为 1 时，才把 8 位数据装入接收缓冲器，将数据第 9 位装入 SCON 中的 RB8，并置 RI 为 1；若不满足上述两个条件，接收到的信息将丢失。方式 2 接收数据波形如图 5-6 所示。

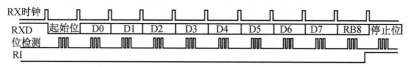

图 5-6　串行通信方式 2 接收数据波形

4．工作方式 3

方式 3 是可变波特率的 11 位异步接收/发送通信方式，与方式 2 的唯一区别是波特率机制不同，方式 3 的波特率为（2^{SMOD}/32）×（T1 的溢出率）。

5.2.3　串行通信波特率的计算

串行口的通信波特率反映了数据传输的速率，与串行传输数据的速率成正比。在 51 单片机串行口的 4 种工作方式中，方式 0 和方式 2 的波特率是固定的，而方式 1 和方式 3 的波特率是可变的，由定时器 T1 的溢出率（即 T1 溢出信号的频率）控制。

各种方式的通信波特率计算方式归纳如下。

- 方式 0：波特率固定为 fosc/12；其中，fosc 为系统主机晶振频率。
- 方式 2：波特率由 PCON 中的选择位 SMOD 来决定，可由下式表示。

$$波特率 =（2^{SMOD}/64）\times fosc$$

- 方式 1 和方式 3：波特率是可变的，由定时器 T1 的溢出率控制，可由下式表示。

$$波特率 =（2^{SMOD}/32）\times 定时器 T1 溢出率$$

- 定时器 T1 用作波特率发生器时，通常工作在方式 2，波特率可由下式计算。

$$波特率 = \frac{2^{SMOD}}{32} \cdot \frac{fosc}{12\times[256-(TH1)]}$$

5.3　单片机串行通信应用示例

利用单片机的串行通信接口可以方便地进行单片机之间双机通信、多机通信以及单片机与 PC 机之间的通信。下面通过实例分别介绍基于工作方式 0 的 I/O 口扩展、基于工作方式 1 的单片机之间的数据通信以及基于其他工作方式的多机通信编程和应用方法。

5.3.1　串行口工作方式 0 的应用

方式 0 是同步移位寄存器方式，在 5.2.2 节曾简要说明了利用串/并转换器件 74LS164 扩展单片机 I/O 口的方法。下面将详细给出单片机通过串行口外接 CMOS 移位寄存器 CD4094 实现扩展 I/O 输出口的示例，此示例用查询方式完成流水灯显示控制。

【例 5-3】要求用 51 单片机串行口外接 CD4094 扩展 8 位并行输出口，8 位并行口的各位都接一个发光二极管，要求发光二极管呈流水灯状态。

硬件电路连接如图 5-7 所示，其连接方式与图 5-5（a）相似，不同之处是，CD4094 含并行输出关闭控制端 STB。即当 STB=0 时，断开输出，8 个输出口呈高阻态。此控制端的好处是，如果在关闭输出的状态下串行传输数据，在数据传送结束后再打开输出控制，便不会像 74LS164 那样出现显示闪烁的现象。

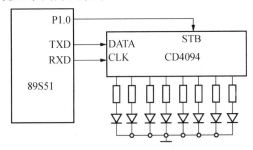

图 5-7　利用串行口扩展输出口控制流水灯的基本电路

控制程序如程序 5-3 所示，在开始通信之前，首先对控制寄存器 SCON 进行初始化。将 00H 送入 SCON，即设置工作方式 0。数据传送采用查询方式，通过查询 TI 的状态，来决定是否发送下一帧数据。为了显示没有闪烁现象，在发送数据前关闭并行输出开关（使 STB=0）。在串行接收数据时，通过查询 RI 来确定何时接收下一帧数据。

【程序 5-3】

```
          ORG   0000H
          MOV   SP, #60H
START:    MOV   SCON, #00H      ；置串行口工作方式0
          MOV   A, #80H         ；最高位灯先亮
OUT0:     CLR   P1.0            ；关闭并行输出
          MOV   SBUF, A         ；发送串行输出
OUT1:     JNB   TI, OUT1        ；检测发送结束标志TI
          CLR   TI              ；发送结束，清TI标志，以备下次发送
          SETB  P1.0            ；打开并行口输出，允许显示
          ACALL DELAY           ；调用延时子程序
          RR    A               ；循环右移
          SJMP  OUT0            ；循环
DELAY:    MOV   R7, #0FAH       ；延时子程序
D1:       MOV   R6, #0FAH
D2:       DJNZ  R6, D2
```

```
DJNZ      R7, D1
          RET
          END
```

5.3.2　单片机间双机通信

单片机之间的通信，除了采用相同的波特率外，通信双方还必须遵循相同的协议。如果采用简单的通信协议，可以自行设计，并按设计的协议编写通信程序。例如双机通信可采用中断方式或查询方式来实现，程序 5-2 即是一个用查询方式完成双单片机数据传输通信协议的程序示例。

【例 5-4】 两台单片机之间用串行通信方式 1 进行数据通信。实现的功能是，将 1 号单片机片内 RAM 中起始地址为 30H，长度为 16B 的数据块，发送到 2 号单片机中起始地址为 40H 的 RAM 中。设单片机时钟频率 fosc 为 11.0592MHz，对应的波特率设定为 2400bps，T1 工作在定时器方式 2。双机通信的硬件连接图如图 5-8 所示。

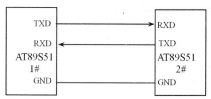

图 5-8　双机通信的基本电路连接

为确保数据正常传输，通信双方必须采用相同的数据格式和波特率。因此，需要对串行通信控制寄存器 SCON 和波特率发送器 T1 进行设置。

（1）设置串行通信控制寄存器（SCON）。

由于采用了方式 1、全双工通信、允许接收，所以于 SCON 中取（SM0 SM1）= 01、REN=1，其余有关多机通信的控制位 SM2、TB8、RB8 和接收/发送中断标志 TI、RI 都应清 0，因此 SCON=50H，基本设置如表 5-5 所示。

表 5-5　SCON 的基本设置

SCON	SM0	SM1	SM2	REN	TB8	RB8	TI	RI
位	0	1	0	1	0	0	0	0

（2）计算定时器 T1 的初值。

作为波特率发送器，定时器 T1 工作在方式 2，因此 TMOD=20H。根据波特率计算公式来计算 TH1 的初值如下（其中取 SMOD=0）：

$$(TH1) = 256 - \frac{2^{SMOD}}{32} \cdot \frac{fosc}{12 \times 2400} = 256 - \frac{1}{32} \cdot \frac{11.0592 \times 10^6}{12 \times 2400} = 256 - 12 = 244 = F4H$$

（3）确定通信协议。

当 1 号机发送数据时，先发送 C1 作为握手信号，2 号机收到后以 C2 作为应答信号，表示实现握手并同意接收数据。当 1 号机收到应答信号 C2 后，开始发送数据。每发送一个字节数据都要累加计算校验累加值，或称校验值。设数据块长度为 16 个字节，起始地址为 30H，一个数据块发送完毕后立即发送校验值。

2 号机负责接收数据并将其转存到数据缓冲区，起始地址为 40H，每接收到一个字节数便计算一次校验值，当收到一个数据块后，再接收 1 号机发来的校验值，并将其与 2 号机计算出的校验值进行比较。若两者相等，说明接收正确，2 号机回答 00H；若两者不等，说明接收有错，2号机回答0FFH，请求重发。1号机若接收到00H则结束发送。若接收到的答复非零，则重新发送数据。发送和接收数据的程序分别如程序5-4和程序5-5所示，程序流程图如图5-9所示。

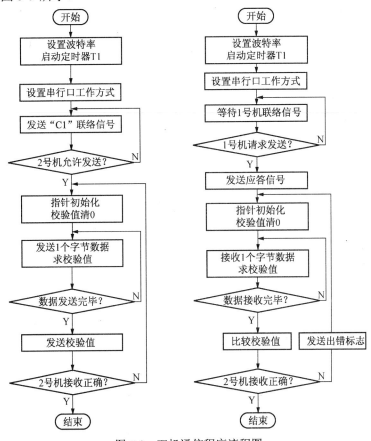

图5-9　双机通信程序流程图

【程序5-4】发送程序

```
            ORG     0100H
ASTART:     CLR     EA
            MOV     TMOD, #20H      ; 定时器1置为方式2
            MOV     TH1, #0F4H      ; 装载定时器初值，波特率为2400bps
            MOV     TL1, #0F4H
            MOV     PCON, #00H
            SETB    TR1             ; 启动定时器
            MOV     SCON, #50H      ; 设定串口方式1，且准备接收应答信号
ALOOP1:     MOV     SBUF, #0C1H     ; 发联络信号
            JNB     TI, $           ; 等待一帧发送完毕
            CLR     TI              ; 允许再发送
            JNB     RI, $           ; 等待2号机的应答信号
            CLR     RI              ; 允许再接收
            MOV     A, SBUF         ; 2号机应答后，读至A
            XRL     A, #0C2H        ; 判断2号机是否准备完毕
            JNZ     ALOOP1          ; 2号机未准备好，继续联络
```

```
ALOOP2:     MOV     R0, #30H        ; 2号机准备好，设定数据块地址指针初值30H
            MOV     R7, #10H        ; 设定数据块长度初值
            MOV     R6, #00H        ; 清校验累加值单元
ALOOP3:     MOV     SBUF, @R0       ; 发送一个数据字节
            MOV     A, R6
            ADD     A, @R0          ; 求校验累加值
            MOV     R6, A           ; 保存校验累加值
            INC     R0
            JNB     TI, $
            CLR     TI
            DJNZ    R7, ALOOP3      ; 整个数据块是否发送完毕
            MOV     SBUF, R6        ; 发送校验累加值
            JNB     TI, $
            CLR     TI
            JNB     RI, $           ; 等待2号机的应答信号
            CLR     RI
            MOV     A, SBUF         ; 2号机应答，读至A
            JNZ     ALOOP2          ; 2号机应答"错误"，转重新发送
            RET                     ; 2号机应答"正确"，返回
            END
```

【程序 5-5】接收程序

```
            ORG     0200H
BSTART:     CLR     EA
            MOV     TMOD, #20H
            MOV     TH1, #0F4H      ; 置初值F4H
            MOV     TL1, #0F4H
            MOV     PCON, #00H
            SETB    TR1
            MOV     SCON, #50H      ; 设定串口方式1，且准备接收
BLOOP1:     JNB     RI, $           ; 等待1号机的联络信号
            CLR     RI
            MOV     A, SBUF         ; 收到1号机信号
            XRL     A, #0C1H        ; 判断是否为1号机联络信号
            JNZ     BLOOP1          ; 不是1号机联络信号，再等待
            MOV     SBUF, #0C2H     ; 是1号机联络信号，发应答信号
            JNB     TI, $
            CLR     TI
BLOOP0:     MOV     R0, #40H        ; 设定数据块地址指针初值
            MOV     R7, #10H        ; 设定数据块长度初值
            MOV     R6, #00H        ; 清校验累加值单元
BLOOP2:     JNB     RI, $
            CLR     RI
            MOV     A, SBUF
            MOV     @R0, A          ; 接收数据转储
            INC     R0
            ADD     A, R6           ; 求校验累加值
            MOV     R6, A
            DJNZ    R7, BLOOP2      ; 判断数据块是否接收完毕
            JNB     RI, $           ; 完毕，接收1号机发来的校验累加值
```

```
            CLR     RI
            MOV     A，SBUF
            XRL     A，R6           ; 比较校验累加值
            JZ      END1           ; 校验累加值相等，跳至发正确标志
            MOV     SBUF，#0FFH    ; 校验累加值不相等，发错误标志
            JNB     TI，$           ; 转重新接收
            CLR     TI
            AJMP    BLOOP0
END1:       MOV     SBUF，#00H
            RET
            END
```

5.3.3 单片机多机通信

单片机串口的工作方式 2 和方式 3 常用于多机通信。如果采用主从式构成多机系统，多台从机就可以减轻主机的负担，构成廉价的分布式多机系统。主机和从机可以双向通信，而从机之间只有通过主机才能相互通信。寄存器 SCON 中的 SM2 为多机通信接口控制位。当串口以方式 2 或方式 3 接收数据时，若 SM2 为 1，则仅在接收到的第 9 位数据 RB8 为 1 时，才将数据装入 SBUF，置位中断请求标志 RI，即以中断方式请求 CPU 对数据进行处理；若 SM2 为 0，则在接收到一个数据后，不论第 9 位数据 RB8 是 0 还是 1，都将数据装入接收缓冲器 SBUF 中，并置位中断请求标志 RI。实现单片机多机通信主要需解决以下几方面的问题。

1. 硬件连接

多机通信的硬件连接示意图如图 5-10 所示，但实用的通信结构要复杂许多。单片机多机通信通常要求设置单片机的串行口工作在方式 2 或方式 3，采用总线型主从式结构来构成多机系统。多机系统包括一个主机，其余都是从机，要求从机服从主机的调度和支配。多机系统间的通信往往需要对信号进行光电隔离和电平转换等技术处理，或采用特定的通信标准。例如在实用多机应用系统中，常采用 RS-485 串行标准总线进行数据传输。

2. 通信协议

若以类似 5.3.2 节的数据块传送通信内容为例，并设主机接收指定从机的数据块，通常设置主机的 SM2 位为 0，所有从机的 SM2 位则置 1，处于接收地址帧状态。主机发送一地址帧，其中有 8 位是地址，第 9 位为 1 表示该帧为地址帧。所有从机收到地址帧后，都将接收的地址与本机的地址比较。对于地址相符的从机，使自身 SM2 位置 0（以便接收主机随后发来的数据帧），并把本站地址发回主机作为应答；对于地址不符的从机，仍保持 SM2=1，对主机随后发来的数据帧不予理睬。

参与通信的从机发送完数据后，要发送一帧校验累加值，并置第 9 位（TB8）为 1，作为从机数据传送结束的标志。

主机接收数据时要先判断数据接收标志（RB8），若接收帧的 RB8=0，则存储数据到缓冲区，并准备接收下一帧信息；若 RB8=1，表示数据传送结束，并比较此帧校验值，若正确，则回送正确信号 00H，此信号命令该从机复位（即重新等待地址帧）；若校验值出错，则发送 0FFH，命令该从机重新发送数据。

主机收到从机应答地址后，确认地址是否相符。如果地址不符，发复位信号（数据帧

中 TB8=1）；如果地址相符，则将 TB8 位清 0，并开始发送数据。

从机收到复位命令后回到监测地址状态（SM2=1），否则开始接收数据和命令。

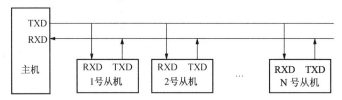

图 5-10　单片机主-从方式多机通信基本结构

5.3.4　单片机与 PC 机的通信

在自动控制系统中经常采用多机系统进行通信，在由 PC 机和单片机构成的分布式控制系统中，往往以 PC 机作为上位机主控系统，完成较为复杂的数据处理和对单片机下位机的监督管理，以及对下位机进行多机协调，而单片机主要执行 PC 上位机的命令，对来自微机串行口的命令进行操作，完成对被控对象的直接控制，并把被控对象的信息上传给上位机 PC。异步串行通信常被用于这类基于多机通信的控制系统。

【例 5-5】实现单片机与 PC 机的通信。单片机与 PC 机通信时，由于 PC 机采用的是 RS-232C 通信接口，这种通信接口要求单片机与 PC 机连接时要进行电平转换。对于采用 RS-232C 通信接口的控制系统，通信距离一般限制在数十米以内。为了增加通信传输距离，通常采用 RS-485 通信接口。

单片机与 PC 机的硬件连接电路示意图如图 5-11 所示。在 Windows 的环境下，能很容易地实现 PC 机与单片机之间的通信。

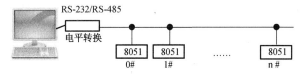

图 5-11　单片机与 PC 机的多机通信接口电路示意图

下位机单片机程序如程序 5-6 所示，上位机 PC 机程序（编程语言 VB）如程序 5-7 所示。

【程序 5-6】

```
          ORG    0300H
MAIN:     MOV    TMOD, #20H      ; 在11.0592MHz下，串行口波特率
          MOV    TH1, #0FDH      ; 9600bps，方式3
          MOV    TL1, #0FDH
          MOV    PCON, #00H
          SETB   TR1
          MOV    SCON, #0D8H
LOOP:     JBC    RI, RECEIVE     ; 接收到数据后立即发出去
          SJMP   LOOP
RECEIVE:  MOV    A, SBUF
          MOV    SBUF, A
SEND:     JBC    TI, SENDEND
```

```
                SJMP  SEND
SENDEND:        SJMP  LOOP
                END
```

【程序 5-7】

```
Sub Form_Load ()
    MSComm1.CommPort=2
    MSComm1.PortOpen=TURE
    MSComm1.Settings="9600, N, 8, 1"
End Sub
Sub command1_Click ()
    Instring as string
    MSComm1.InBufferCount=0
    MSComm1.Output="A"
    Do
    Dummy=DoEvents ()
    Loop Until (MSComm1.InBufferCount>2)
    Instring=MSComm1.Input
End Sub
Sub command2_Click ()
    MSComm1.PortOpen=FALSE
    UnLoad Me
    End  Sub
```

5.4 RS-232C 标准

串行通信所使用的 RS-232C 标准的全称是 EIA-RS-232C 标准，其中，EIA 代表美国电子工业协会（Electronic Industry Association），RS 代表推荐标准（Recommended Standard），232 是标识号，C 代表 RS-232 标注的最新一次修改（1969 年）。RS-232C 标准规定连接电缆和机械、电气特性、信号功能及传送过程，最初是为远程通信连接数据终端设备 DTE（Data Terminal Equipment）与数据通信设备 DCE（Data Communication Equipment）而制定的，现已在全世界范围被广泛采用。RS-232C 标准实际上已经是一种串行通信的总线标准。

5.4.1 RS-232C 标准串行通信接口

下面介绍 RS-232C 串行通信标准相关的接口机械特性和技术指标。

1. RS-232C 电气特性

EIA-RS-232C 对电气特性、逻辑电平和各种信号线功能都作了明确规定。在 TXD 和 RXD 引脚上电平定义：逻辑 1= -15V～-3V；逻辑 0=+3V～+15V。

在 RTS、CTS、DSR、DTR 和 DCD 等控制线上电平定义：信号有效= +3V～+15V；信号无效= -15V～-3V。

以上规定说明了 RS-232C 标准对应逻辑电平的定义。注意，介于-3V～+3V 之间的电压处于模糊区电位，此部分电压将使得计算机无法正确判断输出信号的意义，可能得到 0，也可能得到 1，如此得到的结果是不可信的，在通信时可能会出现大量误码，造成通信失败。因此，实际工作时，应保证传输的电平在+3～+15V 或-15V～-3V 之间。

显然，RS-232C 选择-15V～-3V 和+3V～+15V 这两个范围而不采用 TTL 逻辑电平（0V～5V）的原因，是为了提高抗干扰能力和增加传送距离。由于传号和空号状态用相反的电压表示，其间有至少 6V 的电位差，极大地提高了数据传输的可靠性。

2．RS-232C 的通信距离和速度

RS-232C 规定最大的负载电容为 2500pF，这个电容限制了数据传输距离和传输速率。由于 RS-232C 的发送器和接收器之间具有公共信号地（GND），属于非平衡电压型传输电路，未使用差分信号传输，因此不具备抗共模干扰的能力，共模噪声会耦合到信号中，在不使用调制解调器（MODEM）时，RS-232C 能够可靠地进行数据传输的最大通信距离为 15 米，对于远程情况，必须通过调制解调器进行远程通信连接或改为 RS-485 等差分传输方式。

在电子通信领域，通常用波特率来衡量调制解调器的速率。波特率是指数据信号对载波的调制速率，指的是信号被调制以后在单位时间内的波特数，即单位时间内载波参数变化的次数，是对信号传输速率的一种度量，通常以波特每秒（bps）为单位。波特率与比特率的关系是：比特率=波特率×单个调制状态对应的二进制位数。

现在个人计算机提供的串行通信接口的传输速度一般都可以达到 115200bps，甚至更高。标准串行通信口能够提供的传输速度主要有：1200、2400、4800、9600、19200、38400、57600、115200bps 等，在仪器仪表或工业控制场合，9600bps 是最常见的传输速度，在传输距离较近时，使用最高传输速度也是可以的。传输距离和传输速度成反比，适当地降低传输速度，可以延长 RS-232 的传输距离，提高通信的稳定性。

3．RS-232C 电平转换芯片及电路

RS-232C 规定的逻辑电平与一般微处理器、单片机的逻辑电平是不同的，例如 RS-232C 的逻辑 1 是以-15V～-3V 来表示的，而单片机的逻辑 1 是以 5V 表示的，S3C2410 的逻辑 1 则是用 3.3V 表示的。通信时必须把单片机的电平（TTL、CMOS 电平）转变为 RS-232C 电平，或者把计算机的 RS-232C 电平转换成单片机的 TTL 或 CMOS 电平。实现电平转换的芯片可以是分立器件，也可以是专用的 RS-232C 电平转换芯片。

4．RS-232C 连接器的机械标准

RS-232C 对连接器的机械标准、电缆长度和电气特性都有相应的规定。RS-232C 的连接器采用 DB-9（9 芯）和 DB-25（25 芯）两种插头插座规格（如图 5-12 和图 5-13 所示），其中包括 RXD（接收）、TXD（发送）和相应的控制信号以及电源线、地线等。

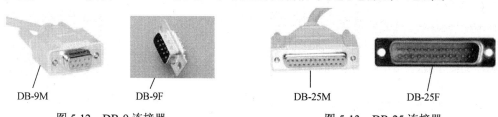

DB-9M　　　　　　　DB-9F　　　　　　　　DB-25M　　　　　　DB-25F

图 5-12　DB-9 连接器　　　　　　　　　图 5-13　DB-25 连接器

5．RS-232C 的主要串行通信信号

基于 DB-25 规格的串行总线标准定义了 25 条信号线，使用 25 个引脚的连接器，分为两个信道组，即主信道组和辅信道组。大多数微机系统仅使用主信道组的信号线（图 5-13）。而以图 5-12 的 DB-9F 接口为例，上排 5 针的引脚排序从左至右是 1～5；下排 4 针的引脚排序从左至右是 6～9。它们对应的功能说明列于表 5-6 中。

表 5-6　DB-9 规格 9 芯 RS-232C 信号引脚定义

引　　脚	定　　义	引　　脚	定　　义
1	数据载波检测（DCD）	6	数据装置就绪（DSR）
2	接收数据（RXD）	7	请求发送（RTS）
3	发送数据（TXD）	8	允许发送（CTS）
4	数据终端准备好（DTR）	9	振铃提示（RI）
5	信号地（SGND）		

RS-232C 标准中的许多信号是为通信业务联系或信息控制而定义的，除数据传送信号 TXD（发送数据）和 RXD（接收数据）外，其他主要信号有以下 3 类：

（1）调制解调器控制信号，RTS：请求发送、CTS：清除发送、DSR：数据通信设备准备就绪、DTR：数据终端设备准备就绪。

（2）定位信号，RXC：接收时钟、TXC：发送时钟。

（3）信号地（SG）和保护地（PG）。

5.4.2　RS-232C 标准与 TTL 标准之间的转换

如 5.4.1 节所述，EIA-RS-232C 标准是用正负电压来表示逻辑状态的，而 TTL 标准是以高低电平表示逻辑状态的，因此，为了能够同计算机接口或终端的 TTL 器件连接，必须在 EIA-RS-232C 与 TTL 电路之间进行电平和逻辑关系的变换。实现这种变换的方法可以用分离元件，也可以用集成电路芯片，如图 5-14（a）所示的 MAX232 就是一款常用的串行通信电平转换器件。

目前较广泛地使用集成电路转换器件，如 MC1488、75188 芯片可完成 TTL 电平到 EIA 电平的转换，而 MC1489、75189 芯片可实现 EIA 电平到 TTL 电平的转换。

为满足 EIA-RS-232 标准简化电路的连接，MAXIM 公司设计了 MAX202/MAX232A 接收/发送器，其中 MAX232 在 EIA-RS-232 标准串行通信接口中得到了广泛的应用，是双组 RS-232 接收/发送器，具有功耗低、工作电源为单电源（+5V）、外接电容仅为 0.1μF 或 1μF、采用双列直插封装形式、接收器输出为三态 TTL/CMOS 等优越性，且其价格较低，可在一般需要串行通信的系统中使用。MAX232 外围需要 4 个大容量电容，是内部电源转换所需电容，其取值均为 1μF/25V，宜选用钽电容，并且在布板中应尽量靠近芯片。MAX232 内部电路如图 5-14（b）所示。

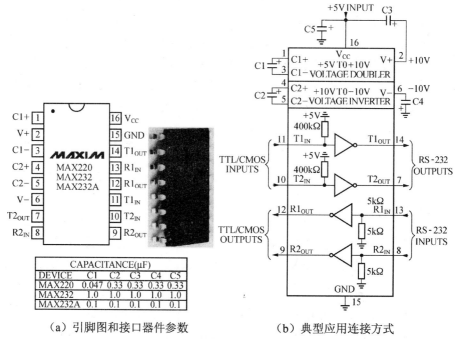

（a）引脚图和接口器件参数　　　　（b）典型应用连接方式

图 5-14　MAX232 的引脚图和典型应用

5.5　RS-485 串行通信

在自动测控系统中，通常采用微机作为上位机，单片机作为下位机的分布式结构，对分散在生产现场的各测控单元进行数据采集、测量、控制和管理等。若要求通信距离为数十米到上千米时，采用 RS-232C 通信标准，就难以满足系统性能要求。

对于较高的测控与通信要求，RS-232C 接口标准存在如下缺点：

（1）接口的信号电平值较高，易损坏接口电路的芯片，又由于与 TTL 电平不兼容，故需另加电平转换电路才能与 TTL 电路连接。

（2）传输速率较低，在异步传输时，波特率一般不能高于 20Kbps。

（3）接口使用一根信号线和一根信号返回线构成共地的传输形式，容易产生共模干扰，所以抗噪声干扰能力较弱。

（4）传输距离有限，最大传输距离标准值在数十米内。

针对 RS-232C 标准的不足，在远距离通信时最常用的是 RS-485 串行总线标准。RS-485 采用平衡发送和差分接收，因此具有抑制共模干扰的能力。加上总线收发器具有高灵敏度，能检测低至 200mV 的电压，故传输信号能在千米以外得到良好恢复。

5.5.1　RS-485 串行总线标准

RS-485 接口采用的是差分传输方式，各节点间的通信都是以一对（半双工）或两对（全双工）双绞线作为传输介质。根据 RS-485 的标准规定，接收器的接收灵敏度为±200mV，即接收端的差分电压大于或等于+200mV 时，接收器输出为高电平；小于或等于-200mV 时，接收器输出为低电平；介于±200mV 之间时，接收器输出为不确定状态。

RS-485 接口标准具有以下特点。

（1）RS-485 的电气特性：逻辑 1 是以两线间的电压差为+（2～6）V 来表示；逻辑 0 则是以两线间的电压差为-（2～6）V 来表示。显然其接口信号电平比 RS-232C 低了许多，这就不易损坏接口电路的芯片，而且该电平能与 TTL 电平兼容，可方便地与 TTL 电路接口。RS-485 有关的电气参数如表 5-7 所示。

（2）RS-485 接口标准的数据最高传输速率可达 10Mbps。

（3）RS-485 接口标准采用平衡驱动器和差分接收器的组合，抗共模干扰能力明显增强，即抗噪声干扰性能好。

（4）RS-485 接口标准的最大传输距离标准值为 4000 英尺，实际上可达 3000 米。此外 RS-232C 接口在总线上只允许连接一个收发器，即单站能力。而 RS-485 接口在总线上允许连接多达 128 个收发器，即具有多站能力。这样用户可以利用单一的 RS-485 接口方便地建立起设备通信网络。

表 5-7　RS-485 电气参数

项 目 名 称	参　　数	项 目 名 称	参　　数
工作模式	差动	最大输出短路电流	250mA
传输介质	双绞线	驱动器输出阻抗	54Ω
允许的收发器数	32～256 个节点	接收器输入灵敏度	±200mV
最高数据速率	100Mbps	接收器最小输入阻抗	12kΩ
最远传输距离	1200m	接收器输入电压范围	−7V～+12V
最小驱动输出电压	±1.5V	接收器输出逻辑 1	>200mV
最大驱动输出电压	±5V	接收器输出逻辑 0	<−200mV

5.5.2　RS-485 接口标准的半双工和全双工

RS-485 接口可连接成半双工和全双工两种通信方式。

半双工通信的专用芯片有 SN75176、SN75276、MAX485、MAX 1487、MAX1483 等；全双工通信的芯片有 SN75179、MAX488～MAX491、MAX1482 等。

1. 半双工通信电路

RS-485 标准若采用半双工工作方式，任何时候只能有一点处于发送状态，因此，发送电路必须由使能信号加以控制。RS-485 用于多点互连时非常方便，可以节省许多信号线。应用 RS-485 可以联网构成分布式系统，最多允许并联 32 台驱动器和 32 台接收器。TTL 到 RS-485 电平转换芯片是 SN75176，如图 5-15 所示，RS-485 半双工多机通信电路连接如图 5-16 所示。

2. 全双工通信电路

RS-422 是全双工通信方式，也就是说发送（Y、Z）与接收（A、B）是分开的，所以能够同时收发。RS-422 有时也称为全双工的 RS-485 或 RS-485 的全双工方式。TTL 到 RS-485/422 电平转换芯片 SN75179 如图 5-17 所示，总线式的 RS-485 全双工多机通信电路连接如图 5-18 所示。

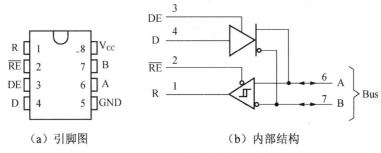

（a）引脚图　　　　　　　　（b）内部结构

图 5-15　RS-485 接口芯片 SN75176

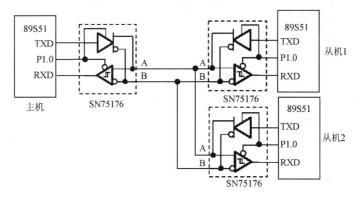

图 5-16　RS-485 半双工多机通信电路

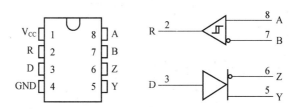

图 5-17　RS-485/422 接口芯片 SN75179

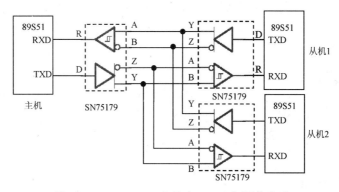

图 5-18　RS-485/422 主从全双工多机通信电路

思考练习题

1. 什么是串行异步通信，其一帧的格式是怎样的？

2. 什么是串行通信中的单工方式、半双工方式和全双工方式？

3. 串行数据传送的主要优点和用途是什么？

4. 简述串行口接收和发送数据的过程。

5. 51 单片机串行口有几种工作方式？如何选择和设定？各种方式可以如何应用？

6. 试述 51 单片机的多机通信原理。

7. 为什么定时/计数器 T1 用作串行口波特率发生器时，常采用方式 2？若已知时钟频率、通信波特率，如何计算其初值？

8. 某异步通信接口，其帧格式为 1 个起始位、7 个数据位、1 个奇偶校验位和 1 个停止位。当接口每分钟传送 1800 个字符时，计算通信波特率。

9. 若晶体振荡器频率为 12MHz，串行口工作于方式 1，波特率为 4800bps，写出 T1 作为波特率发生器的方式控制字和计数初值。

10. 试设计一个 8051 单片机的双机通信系统，并编写程序，将 A 机片内 RAM 40H～50H 的数据块通过串行口传送到 B 机的片内 RAM 60H～70H 中去。要求通信波特率为 4800bps，设系统时钟频率 fosc =11.0592MHz。

11. 以 51 单片机串行口按工作方式 1 进行串行数据通信。假设波特率为 1200bps，fosc= 11.0592MHz，以中断方式传送数据，试编写全双工通信程序。

12. 以 80C51 串行口按工作方式 3 进行串行数据通信。假定波特率为 9600bps，fosc = 11.0592MHz，以查询方式传送数据，试编写全双工通信程序。

13. 使用 AT89S51 的串行口按工作方式 1 进行串行数据通信，假定 fosc = 11.0592MHz，波特率为 2400bps，以中断方式传送数据，请编写全双工通信程序。

14. 使用 AT89S51 的串行口按工作方式 3 进行串行数据通信，假定波特率为 1200bps，第 9 数据位作奇偶校验位，以中断方式传送数据，请编写通信程序。

15. 甲、乙两台单片机利用串行口方式 1 通信，并用 RS-232C 标准传送方式，时钟频率为 6MHz，波特率为 1200bps。编制两机各自的程序，实现把甲机片内 RAM 50H～5FH 的内容传送到乙机片内 RAM 的相同单元。

16. 设计一个 AT89S51 单片机的双机通信系统，将甲机片外 RAM 3400H~3500H 的数据块通过串行口传送到乙机的片外 RAM 4400H～4500H 单元中去。假设波特率为 4800bps，fosc = 11.0592MHz，试编写全双工通信程序。

17. 试述 RS-232C 串行通信总线标准的特点。

18. 与 RS-232C 串行通信总线标准相比，RS-485 总线标准有何优点？

第 6 章　单片机基本扩展技术

尽管一片单片机，如 89S51，确实可以独立构成一个应用模块，即所谓最小系统，但在实际应用中，只用一片单片机便能实现设计目标的情况还是不多的，通常都需外接或扩展一些辅助器件，构成一个有实用意义的单片机系统，其实现方法即所谓接口技术或扩展技术。例如许多单片机应用系统要进行大量的数据采集和数据处理，当片内的数据存储器不够用时，则需在片外扩展不同类型的存储器；为了增加单片机的输入/输出端口规模，则需外接 I/O 扩展器件；为了加强人机对话功能，则需外接键盘和各类显示器；为了采集、处理模拟信号并发出相应的控制信号，则需外接不同技术指标的 A/D 和 D/A 转换器；为了控制不同应用目标的高速模块还可能外接 FPGA 等 PLD 器件等，都属于单片机接口技术的重要组成部分。

本章将主要介绍 51 单片机经典而十分常用的扩展技术以及一些传统的扩展模块。但考虑到更实用的现代电子技术，包括电子设计竞赛等实践项目的培训，单片机与 DAC/ADC 以及与 FPGA 的扩展技术将于第 7、8 章单独给出。

6.1　51 单片机最小系统

单片机是将计算机各主要部件集成在一个硅片上的微型计算机，如果按其片内有无程序存储器来分类，可以分为两类，一类是片内有程序存储器的单片机，另一类是片内无程序存储器的单片机。其中，8051、8751、89S51 型单片机内都含有 4KB 的片内程序存储器，而 8031 单片机则无片内程序存储器。当采用 8051、8751、89S51 单片机的用户程序超过 4KB 或采用 8031 无 ROM 型单片机时，就需要进行程序存储器的扩展。对于片内有 ROM 的单片机，其外围只需加少量元件就可以构成应用系统，而对于片内无 ROM 型的单片机，则必须在单片机的外部扩展程序存储器才能构成应用系统。

6.1.1　片内有 ROM 型单片机最小系统

用 8051/8751/89S51/89C51 等片内有 ROM 的单片机构成最小应用系统时，只要在单片机的外围接时钟电路和复位电路，单片机就可以工作了，其最小应用系统电路结构如图 6-1 所示。在图 6-1 中，单片机的上电复位电路由 R_0、C_0 组成，按键 K 可以手动复位，外接时钟电路由晶振和 C_1、C_2 组成。该最小系统的特点如下：

- 由于片外没有扩展存储器和外设，P0～P2 都可以作为 I/O 口使用。
- 片内数据存储器 RAM 有 128B，地址空间为 00H～7FH，没有片外数据存储器。
- 内部有 4KB 的 ROM，地址空间为 0000H～0FFFH，没有片外程序存储器，$\overline{EA}$ 应

接高电平。

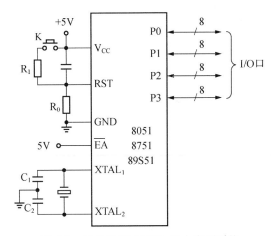

图 6-1　8051/8751/89S51 最小应用系统

6.1.2　片内无 ROM 型单片机最小系统

如 8031 类无 ROM 型单片机或虽然含有内部程序存储器（如 89S51 等），但仍需要外扩更大程序存储器的单片机，在构成最小单片机应用系统时，不仅要外接晶体振荡器和复位电路，还应在片外扩展程序存储器 ROM，这时 $\overline{EA}$ 应接低电平（此时即使含有内部 ROM 也不能使用）。由于地址总线为 16 位，可寻址范围达 2^{16}（即 64KB）。低 8 位地址 A7～A0 由 P0 口经地址锁存器提供，高 8 位地址 A15～A8 由 P2 口直接提供。由于 P0 口是地址、数据分时复用的端口，所以 P0 口输出的低 8 位地址必须用外部地址锁存器进行锁存，其扩展方式如图 6-2 所示。

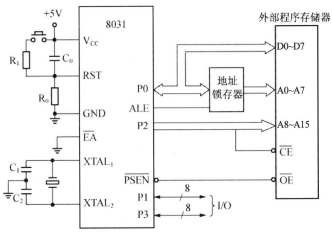

图 6-2　无 ROM 型单片机最小应用系统

由图 6-2 可知，此单片机最小系统中，P0、P2 口加地址锁存器构成了单片机的总线系统，使得单片机的 P0、P2 口专门用于产生地址信号和对存储器的读操作，于是可自由支配的 8 位 I/O 口只有 P1 和 P3 口。

6.1.3 单片机系统总线

为了使单片机能方便地与各种扩展器件连接，应将单片机的外部连接变为一般微型计算机的三总线结构形式，即地址总线、数据总线和控制总线，扩展后的系统总线结构如图 6-3 所示。51 系列单片机的三组总线由下列信号线组成：

（1）地址总线。地址总线为 16 位（A15～A0）。由 P2 口提供高 8 位地址线（A15～A8），此端口具有输出锁存的功能；由 P0 口提供低 8 位地址线（A7～A0）。由于 P0 口是地址、数据分时复用的端口，所以为了保存地址信息，需外加地址锁存器来锁存低 8 位的地址信息，一般采用 ALE 正脉冲信号。ALE 为高电平时地址信息送入锁存器，ALE 下降沿到来时锁存地址信息，所以从时序上看，使用 74LS373、74LS573 或 74HC373 作为地址锁存器最为合适。

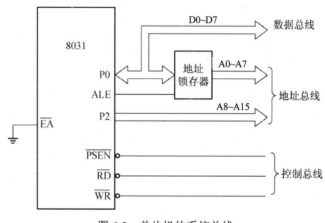

图 6-3 单片机的系统总线

（2）数据总线。由 P0 口提供 8 位数据总线（D7～D0）。P0 口是双向三态端口。

（3）控制总线。扩展系统时常用的控制信号有地址锁存信号 ALE、片外程序存储器取指令信号 $\overline{PSEN}$ 以及数据存储器 RAM 和外设接口共用的读 $\overline{RD}$ /写 $\overline{WR}$ 控制信号等。控制总线还包括由高位地址信号通过译码器件译码产生的片选信号。

6.2 存储器的扩展

如上所述，51 单片机地址总线的宽度为 16 位，片外可扩展的存储器最大容量为 64KB，地址范围为 0000H～FFFFH。由于程序存储器和数据存储器是通过不同的控制信号和指令（CPU 对 ROM 的读操作用 MOVC 指令，由 $\overline{PSEN}$ 控制；而对 RAM 的读/写操作用 MOVX指令，由 $\overline{RD}$ / $\overline{WR}$ 控制）进行访问，因此允许两者的地址空间重叠（即物理地址是独立的），所以片外可扩展的程序存储器与数据存储器都为 64KB。51 单片机对片内和片外 ROM 的访问使用相同的指令，内部 ROM 的选择由引脚 $\overline{EA}$ 来控制：当 $\overline{EA}$ 取低电平时，选择片外ROM；当 $\overline{EA}$ 取高电平时，选择内部 ROM。

6.2.1 单片机常用接口存储器的分类

常用的存储器分为随机存取存储器（Random Access Memory，RAM）和只读存储器（Read Only Memory，ROM）两大类，前者主要用于存放暂存数据，后者主要用于存放常数及固定程序代码。外部程序存储器一般由 EPROM、EEPROM 或 Flash 等存储器构成，在单片机开发装置中也可由 RAM 构成，以便对用户程序进行调试或修改。

只读存储器是由 MOS 管阵列构成的，以 MOS 管的接通或断开来存储二进制信息。按照程序要求确定 ROM 存储阵列中各 MOS 管状态的过程叫做 ROM 编程。根据编程方式的不同，ROM 可分为以下 4 种：

（1）掩膜 ROM。掩膜 ROM 简称为 ROM，其编程是由半导体制造厂家完成的，即在生产过程中进行编程。一般在产品定型后使用，可以降低成本。

（2）可编程 ROM（PROM）。PROM 芯片出厂时并没有任何程序信息，应用程序可由用户一次性编程写入，但只能编程一次。与掩膜 ROM 相比，有了一定的灵活性。

（3）可擦除 ROM （EPROM 或 EEPROM）。可擦除 ROM 芯片的内容可以由用户编程写入，并允许反复擦除重新写入。EPROM 为紫外线可擦除型 ROM，EEPROM 为电可擦除型 ROM。EEPROM 芯片每个字节可改写许多次，信息的保存期大于 10 年。这种芯片给计算机应用系统带来很大的方便，不仅可以修改参数，而且断电后能保存数据。这类器件有 EPROM 2764（8KB）、27512（64KB）和 EEPROM 2864（8KB）等。

（4）Flash ROM。Flash ROM 又称快闪存储器或快可擦写 ROM，是在 EPROM、EEPROM 的基础上发展起来的一种只读存储器，是非易失性、电可擦除型存储器。其特点是可快速在线修改存储单元中的数据，标准改写次数可达 10 万次（大大多于 EEPROM），而成本又比 EEPROM 低得多，因而可替代 EEPROM。Flash ROM 的读写速度都很快，存取时间可达 70ns。由于其性能比 EEPROM 要好，所以基本取代了 EEPROM。此外，由于它还能部分取代计算机硬盘，而被称为固体硬盘。

目前很多公司生产的以 MCS-51 为内核的单片机，在芯片内部都集成了规模不等的 Flash ROM，例如 ATMEL 公司生产的 AT89C51/89S51 片内有 4KB 的 Flash ROM、89C55 片内部有 20KB 的 Flash ROM。

6.2.2 程序存储器的扩展

在单片机应用系统中，如果应用程序比较大，单片机片内程序存储器容量不够用时，就需要进行外部程序存储器的扩展。在过去很长一段时间，单片机应用系统中常用 27 系列 EPROM 来扩展程序存储器。下面介绍 27 系列 EPROM 的主要特点，以及单片机用 EPROM 扩展程序存储器的连接方法。读者可以从中深入了解 51 单片机基于总线结构的扩展技术。

1. 常用的 27 和 27C 系列 EPROM

常用的 27 和 27C 系列 EPROM 有 2716/32/64/128/256/512 和 27C512 等，其容量分别为 2/4/8/16/32/64KB。27/27C 系列 EPROM 引脚排列情况如表 6-1 所示。

与表 6-1 所示 27 系列 EPROM 引脚相兼容的存储器有 28/28C 系列的 EEPROM，如

28C64、28C256 等；与表 6-1 的 EPROM 引脚大部分兼容的，有 32 脚双列直插型 EEPROM 和 Flash ROM。有代表性的器件是华邦公司的 W27 系列的 W27C010（128KB EEPROM）、W27C020、W27C040 等以及 W29 系列的 W29C010（128KB Flash ROM）、W29C020、W29C040 等。详细技术指标可查阅相关资料。

表 6-1　常用的 27/27C 系列 EPROM 引脚排列情况

左半部分引脚排列：

27512 / 27C512	27256 / 27C256	27128A / 27C128	2732A	2716
A15	V_{PP}	V_{PP}		
A12	A12	A12		
A7	A7	A7	A7	A7
A6	A6	A6	A6	A6
A5	A5	A5	A5	A5
A4	A4	A4	A4	A4
A3	A3	A3	A3	A3
A2	A2	A2	A2	A2
A1	A1	A1	A1	A1
A0	A0	A0	A0	A0
O0	O0	O0	O0	O0
O1	O1	O1	O1	O1
O2	O2	O2	O2	O2
GND	GND	GND	GND	GND

中间芯片（27C64）引脚图：左侧 1~14：V_{PP}、A12、A7、A6、A5、A4、A3、A2、A1、A0、O0、O1、O2、V_{SS}；右侧 28~15：V_{CC}、$\overline{PGM}$、NC、A8、A9、A11、$\overline{OE}$、A10、$\overline{CE}$、O7、O6、O5、O4、O3。

右半部分引脚排列：

2716	2732A	27128A / 27C128	27256 / 27C256	27512 / 27C512
		V_{CC}	V_{CC}	V_{CC}
		$\overline{PGM}$	A14	A14
V_{CC}	V_{CC}	A13	A13	A13
A8	A8	A8	A8	A8
A9	A9	A9	A9	A9
A11	A11	A11	A11	A11
$\overline{OE}$	$\overline{OE}$ /V_{PP}	$\overline{OE}$	$\overline{OE}$	$\overline{OE}$ /V_{PP}
A10	A10	A10	A10	A10
$\overline{CE}$	$\overline{CE}$	$\overline{CE}$	$\overline{CE}$	$\overline{OE}$
O7	O7	O7	O7	O7
O6	O6	O6	O6	O6
O5	O5	O5	O5	O5
O4	O4	O4	O4	O4
O3	O3	O3	O3	O3

2. EPROM 2764/27C64

EPROM 2764 是一种典型的紫外线可擦除 ROM。该芯片为双列直插式 28 引脚的标准芯片，容量为 8k×8 位，在 51 单片机中常用于扩展程序存储器。EPROM 2764 的引脚如图 6-4 所示，其引脚功能如表 6-2 所示。

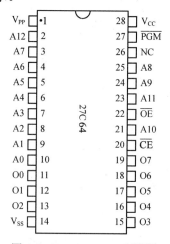

图 6-4　EPROM 2764 引脚图

表 6-2 EPROM 2764 引脚功能说明

名　称	功　能	名　称	功　能
A0～A12	地址输入	O0～O7	数据输出
$\overline{CE}$	芯片使能	V_{CC}	+5V 电源
$\overline{OE}$	输出使能	V_{SS}	地线
$\overline{PGM}$	编程使能	NC	不连接
V_{PP}	+25V 或+12V 编程电压		

3．EPROM 27128/27C128

EPROM 27128/27C128 芯片也为双列直插式 28 引脚的标准芯片，27128 的地址线有 14 位 A0～A13，数据线有 8 位 Q0～Q7，存储容量为 16KB。27128 的引脚如图 6-5 所示，其引脚功能如表 6-3 所示。

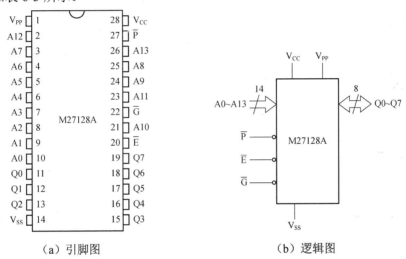

（a）引脚图　　　　　　　　　　（b）逻辑图

图 6-5 EPROM 27128 的引脚与逻辑图

表 6-3 EPROM 27128 引脚功能说明

名　称	功　能
A0～A13	地址输入
$\overline{CE}$	芯片使能
$\overline{OE}$	输出使能
$\overline{PGM}$	编程使能
V_{PP}	+25V 或+12V 编程电压
Q0～Q7	数据输出
V_{cc}	+5V 电源
V_{ss}	地线
NC	不连接

4．程序存储器的控制信号

51 单片机访问程序存储器时所用的控制信号如下：

- ALE：用于低 8 位地址锁存控制信号。
- $\overline{\text{PSEN}}$：片外程序存储器选通控制信号。常直接连接 EPROM 的 $\overline{\text{OE}}$ 脚。
- $\overline{\text{EA}}$：片内或外程序存储器访问的控制信号。当 $\overline{\text{EA}}$=1 时，允许访问片内程序存储器；当 $\overline{\text{EA}}$=0 时，允许访问片外程序存储器。

5. 程序存储器与单片机的连接

单片机在扩展程序存储器时，主要应解决单片机的地址总线、数据总线和控制信号线与 EPROM 的地址信号线、数据信号线、输出允许线和片选信号线的连接问题。以下将通过数则实例给予说明。

【例 6-1】 8031 单片机用 EPROM 2764 扩展 8KB 外部程序存储器的电路设计。

8031 是片内无 ROM 型单片机，扩展外部程序存储器时，控制端 $\overline{\text{EA}}$ 应接地，扩展电路如图 6-6 所示。在图 6-6 中，P0 口的输出分为两路，一路作为数据总线直接连 2764 的数据端口 D7～D0；另一路接地址锁存器 74LS373，用 ALE 正脉冲信号来锁存地址信息，输出地址信号的低 8 位（A7～A0）。P2 口提供高 8 位地址线（A15～A8），由于 2764 只有 13 条地址线，因此只需将 P2.0～P2.4 共 5 条地址线与 2764 的 A8～A12 相连。在控制信号线中，单片机的 $\overline{\text{PSEN}}$ 接程序存储器的输出允许端 $\overline{\text{OE}}$。$\overline{\text{EA}}$ 接地，允许单片机访问外部存储器，2764 的片选端 $\overline{\text{CE}}$ 也直接接地。

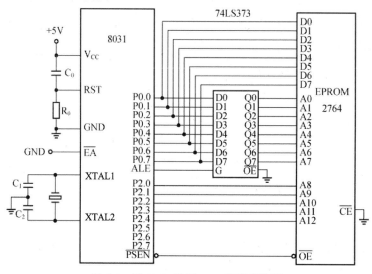

图 6-6　用 2764 扩展 8KB 程序存储器

【例 6-2】 单片机采用线选法的多片程序存储器的扩展电路设计。

采用线选法扩展存储器，扩展电路如图 6-7 所示。图 6-7 中使用 3 片 2764 扩展 24KB 的外部程序存储器。用 P2.7（地址位 A15）、P2.6（地址位 A14）、P2.5（地址位 A13）3 根高位的地址线，分别连接 3#、2#、1# 号 EPROM 2764 芯片的片选信号 $\overline{\text{CE}}$ 端，作为片选信号。当 P2.7（A15）、P2.6（A14）和 P2.5（A13）分别为低电平时，选中各自对应芯片。该扩展电路的各存储器地址分别为：

- 1#　EPROM：C000H～DFFFH　（P2.5=0 允许读数；P2.5=1 禁止）。
- 2#　EPROM：A000H～BFFFH　（P2.6=0 允许读数；P2.6=1 禁止）。

- 3# EPROM: 6000H~7FFFH （P2.7=0 允许读数；P2.7=1 禁止）。

线选法扩展程序存储器，省去了专用地址译码器，可降低硬件成本，译码电路也简单。但存在的缺点是存储器地址不连续，会出现地址重叠，浪费存储空间。在编程中要用跳转指令来实现跨区运行程序，给程序设计带来不便。

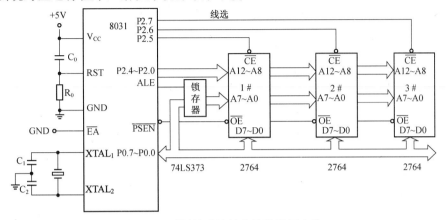

图6-7 采用线选法的存储器扩展电路

【例6-3】51 单片机采用地址译码器的多片程序存储器的扩展电路设计。

采用全译码法扩展存储器，扩展电路如图 6-8 所示。单片机 P0 口输出低 8 位地址，P2 口输出高 8 位地址。程序存储器 2764 的地址线为 13 位，其片内地址为 A0~A12，与单片机的 P0 和 P2 口的低位地址直接相连，高位地址 P2.7~P2.5（A15~A13）通过 3-8 译码器 74LS138 译码，译码后的输出选择信号连接 2764 的片选端 $\overline{CE}$。这样一来，单片机的所有地址线都参加了译码，这种地址译码方法称全地址译码。根据 74LS138 译码器的控制端可知，地址线与各片 EPROM 2764 芯片的对应关系如表 6-4 所示。由此可知，该存储器扩展电路的 3 片 EPROM 2764 的地址范围分别为：

- 1# EPROM 的地址范围是：0000H~1FFFH。
- 2# EPROM 的地址范围是：2000H~3FFFH。
- 3# EPROM 的地址范围是：4000H~5FFFH。

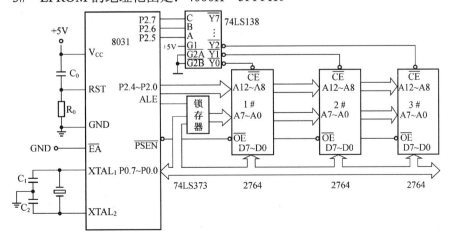

图6-8 全译码存储器扩展电路

表 6-4 地址线与各 EPROM 2764 的选通关系

端口名称	P2.7	P2.6	P2.5	P2.4	P2.3	P2.2	P2.1	P2.0	P0.7	P0.6	P0.5	P0.4	P0.3	P0.2	P0.1	P0.0
地址	A15	A14	A13	A12	A11	A10	A9	A8	A7	A6	A5	A4	A3	A2	A1	A0
1#	0	0	0	×	×	×	×	×	×	×	×	×	×	×	×	×
2#	0	0	1	×	×	×	×	×	×	×	×	×	×	×	×	×
3#	0	1	0	×	×	×	×	×	×	×	×	×	×	×	×	×

与线选法扩展存储器不同，采用全地址译码方法后，各存储体地址是连续的，也不会出现地址重叠现象。在本例中采用 3-8 译码器 74LS138 对高位地址 P2.7～P2.5 进行译码，输入 3 位地址信号可得到 8 个片选信号 Y7～Y0，每一个片选信号对应的地址范围是 8KB。因此在系统及成本允许的条件下，推荐使用这种全地址译码方法的程序存储器扩展方式。

随着存储器集成电路技术的进步，大容量存储器成本和售价的大幅降低，现今的单片机系统的外扩存储器通常只要一片即可，例如使用 27512/27C512（64KB），甚至 W27C020（256KB，EEPROM）等。由于销量大，所以其价格往往比 2764、2732 要便宜许多。所以以上示例中用到的存储器已无多少实用意义，但介绍的控制技术仍然十分有用。给出这些示例的主要目的是帮助读者熟悉 51 单片机的总线构建、总线扩展和使用方法，这种方法有时能有效地使用到其他功能模块的扩展中，例如并行 DAC/ADC 的扩展、FPGA 的扩展等。

【例 6-4】程序存储器 EEPROM 的单片机扩展电路设计。

在本例中，EEPROM 的 $\overline{WE}$ 端与单片机的 $\overline{WR}$ 相连，如图 6-9 所示。因此，单片机可以向存储器写入数据。EEPROM 的 $\overline{OE}$ 与单片机的 $\overline{RD}$ 和 $\overline{PSEN}$ 通过与门相连，这样一来，单片机既可用读程序存储器的指令，也可用读数据存储器的指令来访问存储器，显然，在这里，EEPROM 2864 既可以作为程序存储器使用，也可以当作数据存储器使用。存储器 2864 的地址范围为 0000H～1FFFH。

需要注意的是，不同厂家不同规格的 EEPROM 的写入时间不尽相同，图 6-9 所示的电路接法只适合于写入周期比较短的器件。对于写入周期较长的器件，可以用指令通过单片机的 I/O 口直接接 2864 的读写端。例如根据 EEPROM 器件的数据写入时序和写入速度，用指令 SETB P3.6/P3.7 或 CLR P3.6/P3.7 直接控制其编程。

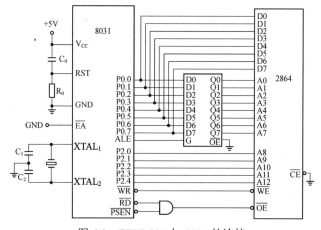

图 6-9 EEPROM 与 8031 的连接

6.2.3　随机存储器 RAM 的扩展

数据存储器也称为随机存取数据存储器。单片机的数据存储器分为片内数据存储器和外部数据存储器。MCS-51 片内 RAM 有 128B 或 256B，片外最多可扩展 64KB 的 RAM，构成两个地址空间。许多应用系统或数据采集和控制系统都需要使用较大的数据存储器空间，外部数据存储器的内容需要能够随机读出或写入，通常采用半导体静态随机存取存储器 SRAM 电路。下面简要介绍常用的 SRAM 和单片机扩展片外数据存储器的方法。

1．常用静态数据存储器芯片

目前，单片机应用系统常用的 SRAM 芯片有 6116、6264、62256、628128 等，其存储容量分别为 2KB、8KB、32KB、128KB。其中 6264 和 62256 的封装规格和引脚功能定义与 2764 和 27256 相似（见表 6-1 和图 6-4）；6264 与 2764 的不同之处是前者的第 27 脚是写允许，第 26 脚是片选 2，第 20 脚是片选 1；62256 与 27256 的不同之处是前者的第 27 脚是写允许，第 26 脚是地址线 A13，第 27 脚是地址线 A14，且只有第 20 脚一个片选控制端。至于 628128，是 32 脚封装，大部分引脚定义也与 28 脚存储器相同。

2．SRAM 6264 的组成特点

6264 是一种 8k×8 位的随机存取存储器，有 28 个引脚，双列直插式，单一+5V 电源，引脚分布与逻辑符号如图 6-10 所示。

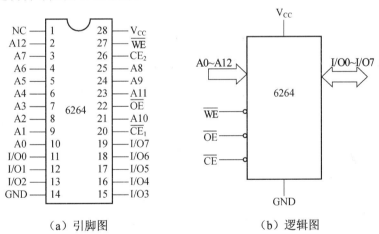

（a）引脚图　　　　（b）逻辑图

图 6-10　SRAM 6264 引脚图和逻辑图

6264 的控制信号、引脚功能和工作方式如下：

（1）引脚功能。A12～A0 是地址线输入口；I/O7～I/O0 是 8 位数据双向口；$\overline{CE_1}$ 是片选信号 1，低电平有效；CE2 是片选信号 2，高电平有效。通常情况下，CE2 固定接高电平，$\overline{CE_1}$ 接译码器输出的片选信号；$\overline{OE}$ 是数据输出允许信号，低电平有效，当 $\overline{CE_1}$=0，CE2=1，$\overline{OE}$=0 时，输出缓冲器打开，被寻址单元的内容才能被读出，否则数据输出端呈高阻态；$\overline{WE}$ 是写信号，低电平有效。

（2）6264 的工作方式。6264 的工作方式，其工作时序如表 6-5 所示。

表 6-5 6264 的工作方式

CE$_2$	$\overline{CE_1}$	$\overline{WE}$	$\overline{OE}$	方　式	功　能
1	0	0	0	禁止	不允许同时为低电平
1	0	1	0	读出	读出数据
1	0	0	1	写入	写入数据
1	0	1	1	选通	选通，输出高阻态
1	1	×	×	未选通	输出高阻态

（3）51 单片机访问外部数据存储器常用的控制信号。ALE 是地址锁存信号，用以实现对低 8 位地址的锁存；$\overline{WR}$ 是片外数据存储器写信号，对应单片机的 P3.6；$\overline{RD}$ 是片外数据存储器读信号，对应单片机的 P3.7。

3. 单片机外部数据存储器的扩展

51 系列单片机内有 128B 的 RAM 数据存储器，可以作为工作寄存器、堆栈、软件标志和数据缓冲器使用，单片机对内部 RAM 具有丰富的操作指令。对大多数控制性应用场合，内部 RAM 已能满足系统对数据存储器的要求。但对需要大容量数据缓存器的应用系统，如语音录入回放系统等，就需要在单片机外部扩展大容量的数据存储器才能满足要求。数据存储器用于存储现场采集的原始数据和运算结果等。

51 单片机扩展外部数据存储器时，主要考虑如何将单片机的控制信号 ALE、$\overline{WR}$、$\overline{RD}$、地址线与数据存储器连接的问题。在扩展单片 SRAM 时，应将单片机的 $\overline{WR}$ 引脚与 SRAM 的 $\overline{WE}$ 引脚连接；$\overline{RD}$ 引脚与存储器的 $\overline{OE}$ 引脚连接。ALE 信号的作用与外扩程序存储器的作用相同，用来锁存低 8 位地址。图 6-11 给出了单片机使用 6264 芯片扩展 8KB 数据存储器的电路。

图 6-11 中，6264 的 8 位数据线 D0～D7 直接接单片机的 P0 口，6264 的地址端口 A0～A7 接地址锁存器 74LS373 的输出口，A8～A12 接 P2 口。由于系统中只有一片 SRAM，6264 的片选信号 $\overline{CE}$ 可以直接接地。在此电路中，存储器的基本地址是 0000H～1FFFH，也可以是 2000H～3FFFH 等多个空间。这是由于高位地址未参加地址译码，因此会出现地址重叠现象，即一个存储单元有多个不同的地址。

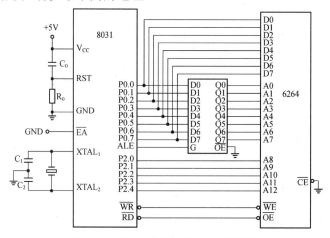

图 6-11 8031 单片机与 6264 的连接

如果系统中有多个存储器芯片，则各个芯片的片选端需接译码器的输出端，通过译码器来选择存储器芯片，对其进行相应的操作，改善地址重叠的问题。

4. 扩展数据存储器的软件调试方法

当单片机系统的数据存储器扩展电路设计完成后，有必要验证电路是否正确。常用的验证方法是将某些数据写入存储单元，然后读出并与写入的数据进行比较。如果一致，则表明系统的数据存储器硬件扩展电路连接正确。

单片机片内和片外的 RAM 访问指令是不同的，访问片内 RAM 用 MOV 指令，访问片外 RAM 用 MOVX 指令。验证片外 RAM 单个单元的参考程序如程序 6-1 所示，但最好是验证一个数据块。

【程序 6-1】

```
    MOV    DPTR, #ADRI    ; ADRI 为某单元地址
    MOV    A, #DATA       ; DATA 为验证数据
    MOVX   @DPTR, A       ; 写验证数据
    MOVX   A, @DPTR       ; 读验证数据
    XRL    A, #DATA       ; 验证数据比较
    JNZ    EROOR
    …                     ; 正确
EROOR: …                  ; 错误
```

【例 6-5】8031 单片机分别用两片 2764 和两片 6264 扩展外部程序存储器和外部数据存储器的电路设计。

用译码器 74LS138 对高位地址 P2.5～P2.7 进行译码，产生存储器的片选信号，硬件连接如图 6-12 所示。各存储器芯片的地址范围如表 6-6 所示，由此表可知，此扩展电路的两片 2764 和两片 6264 的地址分布是连续的，分别是：

- 1# EPROM 的地址范围是 0000H～1FFFH。
- 2# EPROM 的地址范围是 2000H～3FFFH。
- 3# SRAM 的地址范围是 0000H～1FFFH。
- 4# SRAM 的地址范围是 2000H～3FFFH。

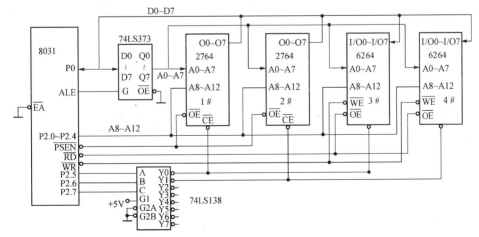

图 6-12 EPROM 和 SRAM 存储器扩展电路

表 6-6　地址线与各存储器选通关系

端口名称	P2.7	P2.6	P2.5	P2.4	P2.3	P2.2	P2.1	P2.0	P0.7	P0.6	P0.5	P0.4	P0.3	P0.2	P0.1	P0.0
地址	A15	A14	A13	A12	A11	A10	A9	A8	A7	A6	A5	A4	A3	A2	A1	A0
1#（Y0）	0	0	0	×	×	×	×	×	×	×	×	×	×	×	×	×
2#（Y1）	0	0	1	×	×	×	×	×	×	×	×	×	×	×	×	×
3#（Y0）	0	0	0	×	×	×	×	×	×	×	×	×	×	×	×	×
4#（Y1）	0	0	1	×	×	×	×	×	×	×	×	×	×	×	×	×

6.3　单片机并行 I/O 扩展

在单片机的实际应用中经常会遇到不同类型的开关信息、数字信息和控制信息的输入/输出，如开关、键盘、数码显示器等外部设备，单片机主机可以随时与这些外设进行信息交换。单片机最简单的 I/O 扩展可以使用 74 系列的 TTL 或 CMOS 电路模块来实现，使用此类电路进行扩展的原则是，输入单片机的接口模块必须有三态控制功能，如采用 8 位三态缓冲器 74LS244 和 74LS245 组成输入口；而由单片机输出的接口模块必须有锁存功能，如采用 8D 锁存器或 8D 触发器 74LS273、74LS373、74LS573、74LS374、74LS377 等组成输出口。

如图 6-13 所示是一种用 TTL 器件扩展简单 I/O 口的电路连接方法，图中 P2.0 分别与 $\overline{RD}$、$\overline{WR}$ 信号通过或门组合后作为输入口 74LS244 和输出口 74LS273 的片选控制及锁存信号。由于 P2.0 是高 8 位地址总线的最低位，所以单片机 I/O 口（P0 口）对应的输出和输入口的地址都是：1111 1110 1111 1111 B=FEFFH。

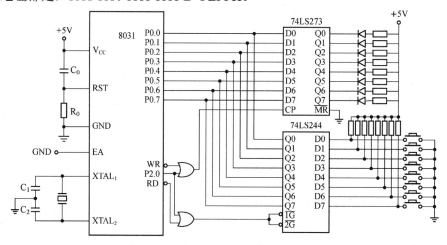

图 6-13　用 TTL 器件扩展简单 I/O 口

如果要向 74LS273 输出口输出数据，可以使用如下写外部 I/O 口的指令：

```
MOV     DPTR, #0FEFFH       ;将74LS273输出口地址送DPTR
MOV     A, #data            ;输出数据通过A送出
MOVX    @DPTR, A            ;将累加器A中数据送输出口
```

如果要从 74LS244 输入口读入数据，可以使用如下读外部 I/O 口的指令：

```
MOV     DPTR, #0FEFFH       ;将74LS244输入口地址送DPTR
MOVX    A, @DPTR            ;从输入口读入数据到累加器A
```

6.4　单片机键盘接口技术

键盘是微机应用系统中使用最广泛的一种数据输入设备。用户可以通过键盘向计算机输入指令、地址和数据。一般单片机系统中采用非编码键盘。非编码键盘是由软件来识别键盘上的闭合键，具有成本低、结构简单、使用灵活等特点，因此被广泛应用于单片机系统。在设计键盘接口时，需要特别注意解决以下几个问题：

- 开关状态的可靠输入，即如何准确辨认出键的按下或松开状态。
- 键盘状态的检测方法，即用何种软件方式了解或者阅读键的状态。
- 键盘编码方法，即如何辨别来自哪一个键的状态信息。

以下将对单片机常用的键盘电路进行分析，并介绍矩阵式键盘的编程方法。

6.4.1　按键抖动问题

组成键盘的按键类型有许多，通常有触点式和非触点式两类。单片机系统中应用的键盘多为机械触点式按键构成的。如在图 6-14（a）中，当开关 K 未被按下时，P1.0 输入为高电平，K 闭合后，P1.0 输入为低电平。由于按键是具有弹性的机械触点，闭合和断开的瞬间都会有抖动现象，这时 P1.0 输入端的波形大致如图 6-14（b）所示。在此情况下，每当按下和松开键一次，单片机从 P1.0 口读到的信息则是多次按键，且单片机能检测到的按键次数是不确定的。

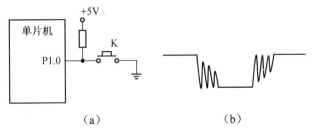

图 6-14　按键时的抖动情况

为了使 CPU 能正确地读出 P1.0 端口的状态，对每一次按键只作一次响应，就必须考虑如何从含大量抖动电平的信息中准确地识别出单次按键信息，即所谓按键去除抖动。常用的去抖动方法有两种：硬件方法和软件方法。单片机中常采用软件延时的方法来避开抖

动阶段，即第一次检测到键闭合时不执行相应的程序，而是执行一段延时 5ms～10ms 的延时程序。等到抖动的前沿消失后再次检测键的状态，若键仍然保持闭合状态，则确认为真正有键按下。而当检测到按键释放后，为了消除按键松开时的抖动，同样也要执行一段 5ms～10ms 的延时程序，等待松键抖动消失后才能转入该键的处理程序，进入主程序，从而保证当按键一次时，CPU 仅做一次相应的处理。

6.4.2 独立式按键接口和键盘消抖动程序编写

在单片机系统中，若所需按键数量少，可采用独立式键盘。每只按键接单片机的一条 I/O 线，通过对输入线的查询，即可识别出各按键的状态，具体电路如图 6-15 所示。图 6-15 中 4 个按键分别接在单片机 P0 口的 P1.0～P1.3 线上。若无按键按下时，P1.0～P1.3 口线上均输入高电平（单片机内部有上拉电阻）；当某键按下时，与其相连的 I/O 线将得到低电平输入。

键盘扫描程序流程如图 6-16 所示。查询方式的键盘扫描程序如程序 6-2 所示。K1～K4 为功能程序入口地址标号，其地址间隔应能容纳 JNB 跳转指令字节，PROC0～PROC3 分别为每个按键的功能程序。

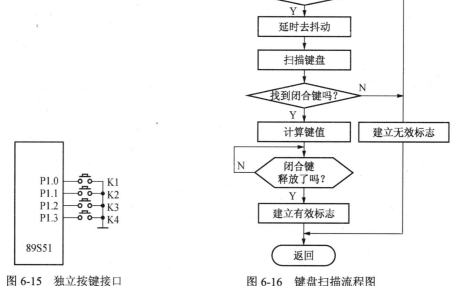

图 6-15 独立按键接口　　图 6-16 键盘扫描流程图

【程序 6-2】查询方式的键盘扫描程序

```
        MOV     P1, #0FFH    ; P1口锁存器置1，准备输入
NEXT:   MOV     A, P1        ; 键状态输入
        CPL     A            ; 累加器内容取反
        ANL     A, #0FH      ; 高4位置0，保护低4位数据
        JZ      NEXT         ; 累加器A若为0，判为无键，返回
        LCALL   DELAY        ; 有键闭合，调用延时程序，延时数毫秒
```

```
            MOV     A, P1           ; 继续检测是否有按键
            CPL     A               ; 累加器内容取反
            ANL     A, #0FH         ; 高4位置0, 保护低4位数据
            JZ      NEXT            ; A=0, 无键返回
            MOV     A, P1           ; 有键闭合, 读无抖动原始数据
            MOV     B, A            ; 保存数据
    KEY:    MOV     A, P1           ; 读键
            CPL     A               ; 取反
            ANL     A, #0FH
            JNZ     KEY             ; A不等于0, 键未松, 返回再测
            MOV     A, B            ; 键已松开, 以下判别键的具体位置
            JNB     ACC.0, SS1      ; 检测0号键是否按下, 若按下转SS1
            JNB     ACC.1, SS2      ; 检测1号键是否按下, 按下转SS2
            JNB     ACC.2, SS3      ; 检测2号键是否按下, 按下转SS3
            JNB     ACC.3, SS4      ; 检测3号键是否按下, 按下转SS4
            JMP     NEXT            ; 无键按下返回, 再顺次检测
    SS1:    LJMP    PROC0           ; 转向键功能程序
    SS2:    LJMP    PROC1
    SS3:    LJMP    PROC2
    SS4:    LJMP    PROC3
    PROC0:    …                     ; S1号键功能程序
            LJMP    NEXT            ; S1号键功能程序执行完返回
    PROC1:    …                     ; S2号键功能程序
            LJMP    NEXT            ; S2号键功能程序执行完返回
    PROC2:    …                     ; S3号键功能程序
            LJMP    NEXT            ; S3号键功能程序执行完返回
    PROC3:    …                     ; S4号键功能程序
            LJMP    NEXT            ; S4号键功能程序执行完返回
```

6.4.3　矩阵式键盘接口编程

当单片机的功能实现需要较多按键时, 通常把键排列成矩阵形式, 这样可以节省 I/O 口资源。

1. 矩阵式按键接口电路

如图 6-17 所示, 在矩阵式键盘中, 每条水平线和垂直线在交叉处不直接连通, 而是通过一个按键加以连接。这是一个 4×4 的矩阵式结构的键盘, 利用单片机的一个 8 位 I/O 端口 (如选择 P1 口) 就构成了 4×4=16 个按键的键盘, 是直接将 I/O 口线用于键盘连接的一倍。

在图 6-17 中, 用 89S51 单片机的 P1 口作为矩阵式键盘 I/O 口, 键盘的列线接到 P1 口的低 4 位, 键盘的行线接到 P1 口的高 4 位。列线 P1.0~P1.3 分别接有 4 个上拉电阻到电源线+5V, 并把列线 P1.0~P1.3 设置为输入线, 行线 P1.4~P.17 设置为输出线。4 根行线和 4 根列线形成 16 个相交点。当按键没有按下时, 所有的输入端都是高电平, 代表无键按下。行线输出的是低电平, 一旦有键按下, 则输入线电平就会被拉低, 这样, 通过读入输入线的状态即可得知是否有键按下。

为了提高单片机的 I/O 口的利用率, 安排了 4×4 键盘接口的 P1 口还能对其他控制电路

实现输出复用功能，例如在 P1 口上还能接 LED 或 LCD 显示器的相关端口。

2．矩阵式键盘的按键识别方法

确定矩阵式键盘上哪一个键被按下是采用行扫描法。所谓行扫描法又称逐行（或列）扫描查询法，是一种常用的按键识别方法。

为判断键盘中有无键按下，首先需将全部行线 Y0～Y3 置低电平，然后检测列线的状态。只要有一列的电平为低，则表示键盘中有键被按下，而且闭合的键位于低电平线与 4 根行线相交叉的 4 个按键之中。若所有列线均为高电平，则键盘中无键按下。

为了判断出闭合键所在的位置，在确认有键按下后，即可进入确定具体闭合键的过程。方法是：依次将行线置为低电平，即在置某根行线为低电平时，其他线为高电平。在确定某根行线位置为低电平后，再逐行检测各列线的电平状态。若某列为低，则该列线与置为低电平的行线交叉处的按键就是闭合的按键。

3．矩阵式键盘编程技术

键处理的程序流程如图 6-18 所示。在单片机中每一个键都有一个对应的处理子程序，得到闭合键的键码后，就可以根据键码，用 JMP　@A+DPTR 散转指令转到相应的键处理子程序，进行字符、数据的输入或命令处理。这样即可实现该键设定的功能。

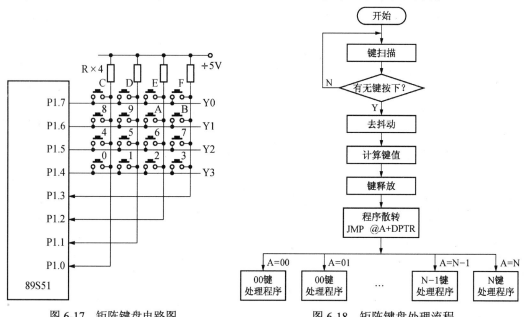

图 6-17　矩阵键盘电路图　　　　图 6-18　矩阵键盘处理流程

程序的具体步骤如下：

（1）检测当前是否有键被按下。如图 6-17 所示矩阵式键盘，检测的方法是若 P1.4～P1.7 输出全为 0，读取 P1.0～P1.3 的状态；若 P1.0～P1.3 全为 1，则无键按下，否则有键按下。

（2）去除键抖动。当检测到有键按下后，延时一段时间再做下一步的检测判断。

（3）识别闭合的键。若有键被按下，通过对键盘的行线进行扫描，识别出是哪一个键闭合。P1.7～P1.4 按以下 4 种数据组合方式依次输出：

（P1.7, P1.6, P1.5, P1.4）= 1 1 1 0，1 1 0 1，1 0 1 1，0 1 1 1

（4）计算键值。在每组行输出时读取 P1.0～P1.3，若全为 1，则表示这一行没有键闭合，否则有键闭合，由此得到闭合键的行值和列值，然后可采用计算法或查表法将闭合键的行值和列值转换成所定义的键值。

（5）去除键释放时的抖动。为了保证键每闭合一次，CPU 仅做一次处理，必须通过软件方式去除键释放时的抖动。

4．键盘扫描子程序

假定单片机系统中延时子程序为 DELAY，执行延时时间约 6ms，键盘扫描程序如程序 6-3 所示。

【程序 6-3】键盘扫描程序

```
SCAN:    MOV      P1, #0FH          ;检查是否有键闭合
         MOV      A, P1
         ANL      A, #0FH
         CJNE     A, #0FH, NEXT1    ;有，转到NEXT1
         SJMP     NEXT3
NEXT1:   ACALL    DELAY             ;延时，去抖动
         MOV      A, #0EFH          ;检测第一行
NEXT2:   MOV      R1, A
         MOV      P1, A
         MOV      A, P1
         ANL      A, #0FH
         CJNE     A, #0FH, KCODE    ;若有键闭合，则转计算键码
         MOV      A, R1             ;检测下一行
         SETB     C
         RLC      A
         JC       NEXT2
NEXT3:   MOV      R0, #00H          ;建立无效标志，R0=00H
         RET      ;返回
KCODE:   MOV      B, #0FBH          ;计算键码
NEXT4:   RRC      A
         INC      B
         JC       NEXT4
         MOV      A, R1
         SWAP     A
NEXT5:   RRC      A
         INC      B
         INC      B
         INC      B
         INC      B
         JC       NEXT5
NEXT6:   MOV      A, P1             ;检测键是否释放
         ANL      A, #0FH
         CJNE     A, #0FH, NEXT6
         MOV      R0, #0FFH         ;建立有效标志，R0=FFH
         MOV      A, B              ;键码放在累加器A中
         RET      ;返回
```

键盘扫描程序的运行结果是把闭合键的键码放在累加器 A 中，接下来的程序是根据键码转入对应的处理程序。

6.5 LED 显示器及其接口技术

显示器是单片机人机对话最常用的输出设备之一，常见的显示器有 LED 显示器、LCD 液晶显示器和 CRT 显示器等。由于 LED 和 LCD 显示器可显示数字、字符和系统的状态，且具有体积小、功耗低、与单片机接口方便等特点，所以在单片机应用系统中被广泛使用。

6.5.1 LED 数码显示器的结构

LED（Light Emitting Diode）的含义是发光二极管，常用于电子设备的电源指示和工作状态指示，用来显示数字和字符。LED 数码显示器是一种由 LED 发光二极管组合显示字符的显示器件，通常使用 8 个发光二极管，其中 7 个用于显示字符，一个用于显示小数点，故通常称之为七段数码显示器，其结构如图 6-19（a）所示。

LED 数码显示器有两种连接方式：

（1）共阴极接法。把发光二极管的阴极连在一起构成公共阴极，使用时公共阴极接地，每个发光二极管的阳极通过限流电阻与输入端相连，如图 6-19（b）所示。

（2）共阳极接法。把发光二极管的阳极连在一起构成公共阳极，使用时公共阳极接+5V，每个发光二极管的阴极通过限流电阻与输入端相连，如图 6-19（c）所示。

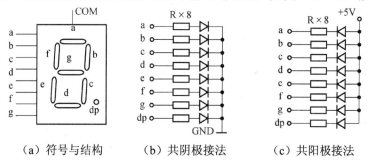

（a）符号与结构　　（b）共阴极接法　　（c）共阳极接法

图 6-19　七段 LED 数码管的结构

为了显示字符，要为 LED 显示器提供显示段码（或称字形代码）对应的电平组合，组成显示字符的 7 个段，再加上一个小数点位，共计 8 段。因此提供给 LED 显示器的显示段码恰为一个字节。若数据总线的 8 位数据 D7～D0 与数码管的 8 段 dp、g、f、e、d、c、b、a 各段的对应关系如表 6-7 所示，则由上述对应关系组成的七段数码显示器字形码表如表 6-8 所示。

表 6-7　数据位与数码管各段的对应关系

数据位	D7	D6	D5	D4	D3	D2	D1	D0
显示段	dp	g	f	e	d	c	b	a

表6-8　七段 LED 显示器字形码

显示字形	共阳极段码	共阴极段码	显示字形	共阳极段码	共阴极段码
0	C0H	3FH	9	90H	6FH
1	F9H	06H	A	88H	77H
2	A4H	5BH	b	83H	7CH
3	B0H	4FH	C	C6H	39H
4	99H	66H	d	A1H	5EH
5	92H	6DH	E	86H	79H
6	82H	7DH	F	8EH	71H
7	F8H	07H	灭	FFH	00H
8	80H	7FH	P	8CH	73H

6.5.2　单片机与 LED 数码管的接口电路设计

LED 数码管的显示方式有静态显示和动态显示两种。

所谓静态显示就是当数码管显示某一个字符时，相应的发光二极管一直处于发光或熄灭状态。由于每一个数码管都与一个 8 位并行口相连，故在同一时刻内每个数码管显示的字符可以各不相同。静态显示具有显示程序简单、亮度高、CPU 工作效率高等优点。由于静态显示在不改变显示内容时无须 CPU 去干预，所以节约了 CPU 的时间。其缺点是显示位数较多时占用 I/O 口线多，相应的硬件电路较复杂，成本也高。当然使用一些变通的方法是可以解决 I/O 口占用多的问题的，例如 6.5.4 节将要介绍的利用串口通信实现静态显示的方法。

动态显示是采用扫描方式，轮流点亮 LED 数码管的各个位（即各个数码管）。通常将多个数码管的段选线并联在一起，用一个 8 位 I/O 口控制，各个数码管的位选线（数码管的公共端）由另外的 I/O 口控制。这样可以通过控制公共端是否有效，逐个循环点亮各位显示器。由于人眼具有视觉暂留效应，虽然在任一时刻只有一位数码管被点亮，但因为每个数码管点亮的时间间隔很短（约 1ms），看起来是在同时显示。

在单片机应用系统中，为了节省硬件资源，常采用动态扫描显示法，且字形码可由软件产生。如图 6-20 所示是一个 8 位动态显示电路原理图。在图 6-20 中，单片机扩展了两片 74LS273 作为并行输出口，分别用于锁存字形码和位选码，扩展连接了 8 位 LED 数码管，数码管的各段选信号线并联连接在一起。图中的锁存信号 CS1 用于锁存来自总线的输出 LED 数码显示器的段选信号；而锁存信号 CS2 用于锁存来自总线的用于控制 LED 数码显示器的位选信号。显然，若要在这些显示器上各显示不同的字符，必须采用动态扫描法。利用人眼视觉的残留效应，使其看起来就好像在同时显示不同字符一样。

事实上，图 6-20 所示的电路在实用中显示效果不一定好，主要是因为驱动不够且亮度不均匀。由图 6-20 可见，对数码管的段和位的驱动都是 74LS237。假设采用共阴数码管，对于某一数码管，在任一时刻输入的 8 个段的电流，都由 74LS237 的 8 个输出端提供，然而由此数码管输出的电流只能由负责位控的 74LS237 的一个端口接纳。由于 74LS237 每一个输出端口的驱动和接受电流的强度是额定的，且基本相同，这样一来，负责位控的74LS237的各端口的驱动能力将显得严重不足，这将导致两个不良后果：

（1）由于公共端驱动能力弱，显示亮度不够。

（2）由于公共端驱动能力弱，在显示过程中公共端的电流基本恒定，而当同一数码管显示不同数码时，即当不同数量的段发光时，每一发光段对应的二极管获得的电流是不一致的。这就导致显示不同数码值的亮度是不同的。例如显示"1"一定比显示"8"要亮许多。为此，必须在图 6-20 所示的位控电路中，在每一个数码管的公共端插入一个电流驱动元件。最常用的驱动元件是三极管，如 9012、9013 等为了凸显图 6-20 所示电路的工作原理，未将更合理的驱动电路画出。

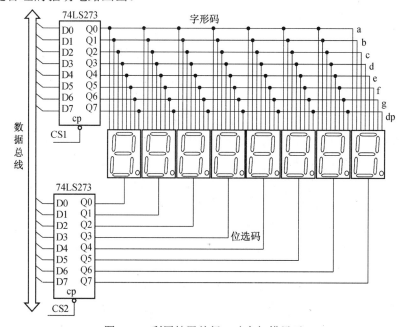

图 6-20　利用扩展并行口动态扫描显示

6.5.3　键盘、LED 显示器组合接口电路设计

在单片机应用系统中键盘和显示器常常同时存在，因此可以把键盘扫描程序和显示程序配合起来使用。通常的做法是把显示程序作为键扫描程序的延时子程序，这样既可以省去一个专门的延时子程序，提高了单片机工作效率，又能保证显示器正常工作。

1. 硬件电路设计

单片机扩展两片 74LS273 和一片 74LS244 构成键盘、显示器组合接口电路，如图 6-21 所示，图中设置了 20 个键，6 个共阴极 LED 数码显示器。段选码由 74LS273 构成的端口 1 提供，位选码由以同样方式构成的端口 2 提供；键盘的行输入由 74LS244 构成的端口 3 提供；列输出端口与显示器的位选输出共用，行输出由 Q0～Q4 提供。显然，由于键盘与显示器共用了端口 2，比单独接口更加节省 I/O 口。

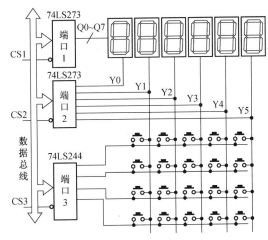

图 6-21　矩阵键盘显示器组合接口电路

2. 程序设计

这里假设 LED 采用动态显示、软件译码；键盘采用逐列扫描查询工作方式。由于键盘与显示器做成了一个接口电路，因此在软件中综合考虑键盘查询与动态显示，键盘消抖的延时子程序可用显示子程序替代。键盘扫描和 LED 数码管动态显示程序如程序 6-4 所示，其中的显示缓存区占片内 RAM 地址为 70H～77H。

其实图 6-21 与图 6-20 所示的电路一样，也都存在驱动问题，解决方案留给读者思考。

【程序6-4】键盘扫描和 LED 数据管动态显示程序

```
MAIN:    MOV      R1, #70H         ; 显示缓存区清0
         CLR      A
         MOV      R2, #8
QD0:     MOV      @R1, A
         INC      R1
         DJNZ     R2, QD0
         MOV      79H, #70H        ; 显示缓存地址
         MOV      7AH, #0FEH       ; 显示缓存位地址
         MOV      20H, #00
KK:      LCALL    DIR              ; 调用显示子程序
         LCALL    KS               ; 调用判别是否有键按下子程序
         JZ       KK               ; 没有键按下转到KK处
         ACALL    K2               ; 调用键识别子程序
         JNB      00H, KK          ; 判别是否找到键值
         MOV      A, R3            ; 键散转处理
         RL       A                ; 序号×2
         CLR      00H
         MOV      DPTR, #TBB       ; 散转表首地址
         JMP      @A+DPTR          ; 散转

TBB:     AJMP     KW1              ; 转到键1处理程序
         AJMP     KW2              ; 转到键2处理程序
         AJMP     KW3              ; 转到键3处理程序
         ...
```

```
            AJMP        KW20            ;转到键20处理程序
KW1:        ...                         ;键1处理程序
            AJMP        KK
KW2:        ...                         ;键2处理程序
            AJMP        KK
KW3:        ...                         ;键3处理程序
            AJMP        KK
            ...
KW20:                                   ;键20处理程序
            AJMP        KK
```

6.5.4　串行 I/O 口扩展技术

在 5.2.2 节曾提到利用串行口工作在方式 0，可将片内串行口扩展成并行 I/O 口。在这种方式中，串行口可用作同步移位寄存器，其波特率是固定的，即 fosc/12。数据由 RXD 端（P3.0）输入/输出，同步移位时钟由 TXD 端（P3.1）输出。每执行一条发送或接收指令，将发送或接收 8 位数据，低位在前，高位在后。这样既不占用片外 RAM 的地址，又节省了端口资源，是一种经济实用的 I/O 口扩展方法。其实这也是一种静态数码显示模式，在一定程度上要优于 6.5.2 节介绍的扫描式数码管显示电路模式。

1. 用 74LS165 扩展并行输入口电路设计

74LS165 是 8 位并入/串出移位寄存器。当移位/置入端（$S/\overline{L}$）由高到低跳变时，并行输入端的数据被置入寄存器；当 $S/\overline{L}=1$ 且时钟禁止端（第 15 脚）为低电平时，允许时钟输入，这时在时钟脉冲的作用下，数据将由 S_{IN} 到 Q_H 方向移位。利用该器件可方便地扩展输入口。如图 6-22 所示是采用两片 74LS165 扩展两个 8 位并行输入口的接口电路。

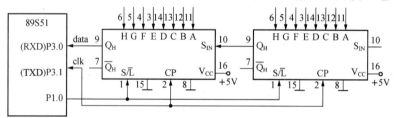

图 6-22　利用 74LS165 扩展并行输入口

TXD（P3.1）作为移位脉冲输出端，该端连接两片 74LS165 的移位脉冲输入端 CP；RXD（P3.0）作为串行输入端，该端与 74LS165 的串行输出端 Q_H 相连；P1.0 用来控制 74LS165 的移位，与 $S/\overline{L}$ 相连；74LS165 的时钟禁止端（15 脚）接地，即允许时钟输入。当 $S/\overline{L}=0$ 时，数据并行置入；当 $S/\overline{L}=1$ 时，数据串行移位。

当扩展多个 8 位输入口时，可将两芯片的首尾（Q_H 与 S_{IN}）相连。程序 6-5 是一个从 16 位扩展口读入 10 组数据（每组两个字节）的子程序，其运行结果可把读取的数据转存到内部 RAM 50H 开始的单元中。

【程序 6-5】串行口扩展并行输入口程序

```
MOV     R7, #10     ;设置读入组数
MOV     R0, #50H    ;设置内部RAM数据区首址
```

```
START:  CLR   P1.0          ; 并行置入数据，S/L̄=0
        SETB  P1.0          ; 允许串行移位，S/L̄=1
        MOV   R1, #02H      ; 设置每组字节数，即外扩74LS165的个数
RXDATA: MOV   SCON, #10H    ; 设串行口方式0，允许接收，启动接收过程
WAIT:   JNB   RI, WAIT      ; 未接收完一帧，循环等待
        CLR   RI            ; 清RI标志，准备下次接收
        MOV   A, SBUF       ; 读入数据
        MOV   @R0, A        ; 送至RAM缓冲区
        INC   R0            ; 指向下一个地址
        DJNZ  R1, RXDATA    ; 未读完一组数据，继续
        DJNZ  R7, START     ; 10组数据未读完重新并行置入
        RET
```

2. 用74LS164扩展为静态数码显示电路设计

单片机的串行口工作在方式0移位寄存器方式，74LS164是8位串入/并出的移位寄存器，电路连接如图6-23所示，用74LS164扩展两个8位并行输出端口。显示数据时，串行数据由单片机的P3.0（RXD）送出，同步移位时钟脉冲由P3.1（TXD）送出。在移位时钟脉冲的作用下，串行口发送缓冲器SBUF中的数据按先后顺序逐位地移入74LS164移位寄存器中，于是两片74LS164的并行输出口将并行输出移入的数据，分别驱动两个LED数码管显示数据。

图6-23所示的电路是一个典型的静态数码管显示方案，而且可以容易地扩展为多个数码显示接口电路。程序6-6是将单片机中RAM缓冲区40H、41H的内容经串行口由74LS164并行输出，送LED数码管显示的子程序。

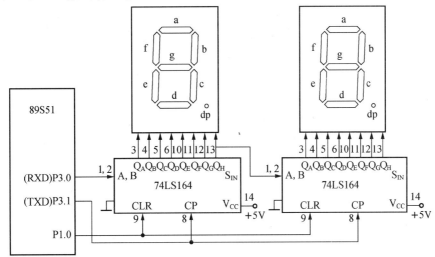

图6-23　利用74LS164的扩展实现静态数码管显示

【程序6-6】串行口静态输出显示程序

```
START:  MOV   R7,   #02H    ; 设置要发送的字节个数
        MOV   R0,   #40H    ; 设置地址指针
        MOV   SCON, #20H    ; 设置串行口为方式0
SEND:   MOV   A,    @R0     ; 取发送数据
```

```
            MOV    SBUF,   A        ;启动发送数据
WAIT:       JNB    TI,     WAIT     ;一帧数据未发送完，循环等待
            CLR    TI               ;清除发送中断标志TI
            INC    R0               ;取下一个数
            DJNZ   R7,     SEND     ;循环
            RET                     ;返回
```

3．用串行口实现数码管动态扫描显示

在利用串行口方式 0 扩展 I/O 口的静态显示方案中，外接多片 74LS164 移位寄存器，每一个移位寄存器可以驱动一个 LED 七段数码管。这种方式的程序设计比较简单，但是硬件的成本却较高。若采用串行口动态扫描显示可以进一步简化电路，降低硬件成本（当然单片机的工作效率将有所下降）。

这种方案也是选择串行口工作在方式 0，片外串接两片移位寄存器 74LS164，其中一片负责输出字形码，另一片负责输出位选码。显示数据时，每一位数据的显示需向串行口输出两个字节，前一个字节是位选码，后一个字节是字形码。由于移位寄存器本身具有输出锁存功能，显示数据输出后，可调用延时子程序。对 8 个数码管依次轮流显示，即可实现对 8 个 LED 数码管进行动态扫描显示。

6.5.5　利用串行口实现键盘/显示器接口

当 8031 的串行口未作它用时，使用其来外扩键盘/显示器是一个很好的接口设计方案。设定 8031 的串口工作于方式 0，在串行口外接 74LS164，构成键盘/显示器的硬件接口电路，如图 6-24 所示。图 6-24 中，8 个 74LS164 用作 8 段数码输出端口，74LS164（8）作为 16 个键盘的列输出端口。P3.4、P3.5 用作键输入线，P3.3 用作同步脉冲输出控制线。这也是一种静态显示方式，其优点是亮度好、无闪烁、CPU 不必频繁地为显示服务，因而主程序可不必扫描显示器；另外，主程序软件设计简单，使单片机有更多的时间处理其他事务。程序 6-7 和程序 6-8 分别是单片机显示控制子程序和键盘扫描子程序。

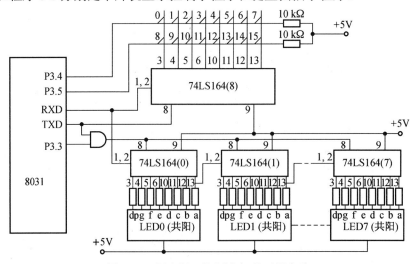

图 6-24　用串行口控制键盘/显示器电路

【程序6-7】串行输出静态显示子程序

```
DIR:     SETB    P3.3              ; 开放显示输出
         MOV     R2，#08H          ; 送出的段码个数，R2为段码个数计数器
         MOV     R0，#7FH          ; 7FH～78H为显示缓冲区
DIR1:    MOV     A，@R0            ; 取出待显示的数
         ADD     A，#0DH           ; 加偏移量
         MOVC    A，@A+PC          ; 查段码表TAB，取出段选码数据
         MOV     SBUF，A           ; 输出段选码
DIR2:    JNB     TI，DIR2          ; 1个字节的段码是否输出完
         CLR     TI                ; 完，清中断标志
         DEC     R0                ; 指向下一个数据单元
         DJNZ    R2，DIR1          ; 段码计数器R2是否为0，不为0，则继续送段码
         CLR     P3.3              ; 返回
         RET
TAB:     DB      0C0H,0F9H,0A4H,0B0H,99H,92H,82H,0F8H,80H,90H
                                   ; 0～9
         DB      88H,83H,0C6H,0A1H,86H,8EH,0BFH,8CH,0FFH
                                   ; A～F，—，P，"暗"
```

【程序6-8】键盘扫描子程序

```
KEY1:    MOV     A，#00H
         MOV     SBUF，A           ; 扫描键盘74LS164（8）的输出为00H，使所有列线为0
KL0:     JNB     TI，KL0           ; 串行输出完否
         CLR     TI                ; 清0中断标志
KL1:     JNB     P3.4，PK1         ; 第一行键中是否有闭合键。如果有，跳PK1进行处理
         JB      P3.5，KL1         ; 在第二行键中是否有闭合键
PK1:     ACALL   DL10              ; 调用延时10ms子程序DL10
         JNB     P3.4，PK2         ; 是否抖动引起的
         JB      P3.5，KL1         ; 不是抖动引起的
PK2:     MOV     R7，#08H          ; 判别是哪一个键按下
         MOV     R6，#0FEH
         MOV     R3，#00H
         MOV     A，R6
KL5:     MOV     SBUF，A
KL2:     JNB     TI，KL2           ; 等待串行口发送完
         CLR     TI
         JNB     P3.4，PKONE       ; 是第一行某键否
         JB      P3.5，NEXT        ; 是第二行某键否
         MOV     R4，#08H          ; 第二行键中有键被按下
         AJMP    PK3
PKONE:   MOV     R4，#00H          ; 第一行键中有键被按下
PK3:     MOV     SBUF，#00H        ; 等待键释放
KL3:     JNB     TI，KL3
         CLR     TI
KL4:     JNB     P3.4，KL4
         JNB     P3.5，KL4
         MOV     A，R4             ; 键释放，取得键码
         ADD     A，R3
         RET
NEXT:    MOV     A，R6             ; 判断下一列键是否按下
```

```
          RL       A
          MOV      R6, A
          INC      R3
          DJNZ     R7, KL5     ; 8列键都检查完否
          AJMP     KEY1        ; 扫描完毕，开始下一个扫描周期
DL10:     MOV      30H, #0AH   ; 延时10ms子程序（设fosc =6MHz）
DL:       MOV      31H, #0FFH
DL1:      DJNZ     31H, DL1
          DJNZ     30H, DL
          RET
```

由于 74LS164 无并行输出控制端，因而在串行输入过程中，其输出的状态会不断变化，对于视觉来说，会有闪烁感。对此，如果仅是用作数码显示控制，只要提高串行时钟频率，即提高单片机主频频率即可解决（12MHz 足够）问题。但在某些应用场合，要求串行输入结束后再稳定输出数据，则可选择具有输出允许控制端 STB 的 CD4094。对于 CD4094，当 STB=1 时，打开输出控制门，实现并行输出。

6.6 LCD 液晶显示器接口技术

液晶显示器以其微功耗、体积小、显示内容丰富等诸多优点，在袖珍式仪表和低功耗应用系统中得到越来越广泛的应用。目前市面上用于单片机的 LCD 主要有 16 字×2 行（1602）、16 字×4 行（1604）、20 字×4 行（2004）和 40 字×4 行（4004）等的字符模组。这些液晶模块虽然显示的字数各不相同，但是都具有相同的输入/输出界面，基本能兼容，可互换使用。本节将介绍字符型液晶模块与单片机 89S51 的典型接口技术以及编程方法。

6.6.1 LCM 1602 简介

两行 16 个字符的 LCM 1602 液晶模块是一种用 5×7 点阵图形来显示字符的液晶显示器，属于 16 字×2 行类型。下面重点介绍此液晶模块的使用方法。

LCM 1602 的正反面外形如图 6-25 所示。

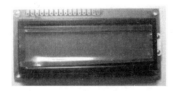

图 6-25 LCM 1602 液晶模块

为了使用点阵型 LCD 显示器，必须有相应的 LCD 控制器、驱动器来对 LCD 显示器进行扫描、驱动，以及一定空间的 ROM 和 RAM 来存储写入的命令和显示字符的点阵。目前往往将 LCD 控制器、驱动器、RAM、ROM 和 LCD 显示器集成于一个模块，供用户使用，称为液晶显示模块（LCM），如图 6-25 所示的 LCM 1602 液晶显示模块。

LCM 1602 液晶模块内部的字符发生存储器（CGROM）已经存储了 128 个不同的点阵字

符图形，如表 6-9 所示，这些字符有阿拉伯数字、日文假名、个别中文字、英文字母的大小写和常用的符号等，每一个字符都有一个固定的代码。其中最上一行是高 4 位代码，左侧一列是低 4 位代码。例如大写 Q 的代码是 01010001。按此编码方式，使用时只要向 LCM 送入相应的代码数据即可显示出所需的信息（可以查阅有关资料以获得更完整的代码表）。

如果要显示字符，需要先输入显示字符地址，也就是告诉模块在哪里显示字符，如表 6-10 所示是 LCM 1602 的内部显示 RAM 地址。用户可以根据表 6-10 安排需要显示的字符出现在液晶屏幕上的准确位置。第一行的显示地址应为：80H +"显示位置"；第二行的显示地址应为：C0H+"显示位置"。

例如需要在液晶的右下角显示字母 M，则根据表 6-10，其显示位置的地址是"CFH"；再根据表 6-9 获得 M 的字符代码"0100 1101"= D4H；最后根据表 6-11 获得液晶显示器的控制指令，编写好相应的程序，就能通过单片机与液晶显示器接口的通道，将所需显示的字符显示在显示器特定的位置上了。

液晶显示模块是一个慢速显示器件，所以在执行每条指令之前一定要确认模块的工作状态，即测定其是否忙的标志数据，若处于忙阶段，则输入数据或指令失效。

表 6-9　LCM 1602 字符代码表

LOW 4BIT ＼ High 4BIT	MSB 0000	0010	0011	0100	0101	0110	0111
LSB XXXX0000	RAM（1）		0	@	P	`	P
XXXX0001	（2）	!	1	A	Q	a	q
XXXX0010	（3）	"	2	B	R	b	r
XXXX0011	（4）	#	3	C	S	c	s
XXXX0100	（5）	$	4	D	T	d	t
XXXX0101	（6）	%	5	E	U	e	u
XXXX0110	（7）	&	6	F	V	f	v
XXXX0111	（8）	'	7	G	W	g	w
XXXX1000	（1）	(	8	H	X	h	x
XXXX1001	（2）	)	9	I	Y	i	y
XXXX1010	（3）	*	:	J	Z	j	z
XXXX1011	（4）	+	;	K	[	k	{
XXXX1100	（5）	,	<	L	¥	l	l
XXXX1101	（6）	–	=	M	]	m	}
XXXX1110	（7）	.	>	N	^	n	→
XXXX1111	（8）	/	?	O	?	o	←

表 6-10　LCM 1602 的内部显示地址

显示位置	1	2	3	4	5	6	7	8	9	10	11	12	13	14	15	16
第一行	80	81	82	83	84	85	86	87	88	89	8A	8B	8C	8D	8E	8F
第二行	C0	C1	C2	C3	C4	C5	C6	C7	C8	C9	CA	CB	CC	CD	CE	CF

由于预先集成了完善的控制电路，这类液晶显示器使用起来十分方便，只要向 LCM 送入相应的命令和数据即可实现显示所需信息的目的。

表 6-11 是 LCM 1602 的控制指令表。其读写操作、屏幕和光标的操作都是通过指令编程来实现的。表中的 RS 为寄存器选择，高电平时选择数据寄存器，低电平时选择指令寄存器，RW 为读写信号线，高电平时进行读操作，低电平时进行写操作。当 RS 和 RW 共同为低电平时可以写入指令或者显示地址，当 RS 为低电平 RW 为高电平时可以读忙信号，当 RS 为高电平 RW 为低电平时可以写入数据。

表 6-11　LCM 1602 指令表

指令	功　能	指　令　码										说　　明
		RS	R/W	DB7	DB6	DB5	DB4	DB3	DB2	DB1	DB0	
1	清屏	0	0	0	0	0	0	0	0	0	1	清除屏幕，置 AC 为 0，光标回位
2	光标返回	0	0	0	0	0	0	0	0	1	*	DDRAM 地址为 0，显示回原位，DDRAM 内容不变
3	设置输入方式	0	0	0	0	0	0	0	1	I/D	S	设置光标移动方向并指定显示是否移动
4	显示开关	0	0	0	0	0	0	1	D	C	B	设置显示开或关 D、光标开关 C、光标所在字符闪烁 B
5	移位	0	0	0	0	0	1	S/C	R/L	*	*	移动光标及整体显示，同时不改变 DDRAM 内容
6	功能设置	0	0	0	0	1	DL	N	F	*	*	设置接口数据位数 DL、显示行数 L、字符字体 F
7	CGRAM 地址设置	0	0	0	1	ACG						设置 CGRAM 地址。设置后发送接收数据
8	DDRAM 地址设置	0	0	1	ADD							设置 DDRAM 地址。设置后发送接收数据
9	忙标志/读地址计数器	0	1	BF	AC							读忙标志 BF 标志正在执行内部操作并读地址计数器内容
10	CGRAM/DDRAM 数据写	1	0	写数据								从 CGRAM 或 DDRAM 写数据
11	CGRAM/DDRAM 数据读	1	1	读数据								从 CGRAM 或 DDRAM 读数据
说明		I/D=1：增量方式；I/D=0：减量方式；S=1：移位 S/C=1：显示移位；S/C=0：光标移位 R/L=1：右移；R/L=0：左移 DL=1：8 位；DL=0：4 位 N=1：2 行；N=0：1 行 F=1：5×10 字体　F=0：5×7 字体 BF=1：执行内部操作；BF=0 可接收指令											DDRAM：显示数据 RAM CGRAM：字符发生器 RAM ACG：CGRAM 地址 ADD：DDRAM 地址及光标地址 AC：地址计数器，用于（DDRAM 和 CGRAM）

此外，液晶的 E 端是使能端，当 E 端由高电平跳变成低电平时，液晶模块执行命令。

对于表 6-11：

（1）指令 1 和指令 2 的功能分别是清显示和光标复位。

（2）指令 3 的功能是光标和显示模式设置，其中，I/D：光标移动方向，高电平右移，低电平左移；S：屏幕上所有文字是否左移或者右移。高电平表示有效，低电平则无效。

（3）指令 4 的功能是显示开关控制，其中，D：控制整体显示的开与关，高电平表示开显示，低电平表示关显示；C：控制光标的开与关，高电平表示有光标，低电平表示无光标；B：控制光标是否闪烁，高电平闪烁，低电平不闪烁。

（4）指令 5 的功能是光标或显示移位，其中，S/C：高电平时移动显示的文字，低电平时移动光标。

（5）指令 6 的功能是设置命令，其中，DL：高电平时为 4 位总线，低电平时为 8 位总线；N：低电平时为单行显示，高电平时双行显示；F：低电平时显示 5×7 的点阵字符，高电平时显示 5×10 的点阵字符。

（6）指令 7 的功能是字符发生器 RAM 地址设置。

（7）指令 8 的功能是 DDRAM 地址设置。

（8）指令 9 的功能是读忙信号和光标地址，其中，BF：忙标志位，高电平表示忙，此时模块不能接收命令或者数据；低电平表示不忙。

（9）指令 10 和指令 11 的功能分别是写数据和读数据。

6.6.2 LCM 1602 模块应用举例

LCM 1602 采用标准的 16 脚接口，其中 V_{SS} 接地，V_{DD} 接 5V 正电源；V0 为液晶显示器对比度调整端，接正电源时对比度最弱，接电源地时对比度最高，对比度过高时会产生阴影，使用时可以通过一个 10K 的电位器调整对比度，如图 6-26 所示。LEDA 和 LEDK 为背光电源，LEDA 接 5V 正电源，LEDK 接 GND。D0～D7 为 8 位双向数据线。

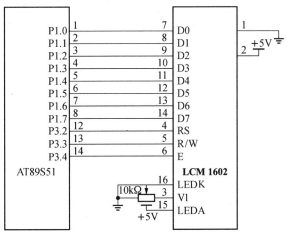

图 6-26 LCM 1602 与单片机的连接

LCM 1602 与单片机的连接如图 6-26 所示。LCM 1602 液晶显示器的数据口接单片机 P1

口，控制端接 P3.2～P3.4。其中，寄存器选择信号端 RS 接 P3.2、读写信号端 R/W 接 P3.3、使能信号端 E 接 P3.4。

在液晶模块接收指令前，单片机必须先确认模块内部处于非忙碌状态，即读取 BF 标志时，BF 需为 0 方可接收新的指令。如果在送出一个指令前不准备检查 BF 标志，那么在前一个指令和这个指令中间必须延迟一段较长的时间，即等待前一个指令确实已经执行完成。后一种方式比较好，因为这时单片机的端口全部呈现输出状态，而液晶显示器的所有端口都呈输入状态，于是单片机的 P1 口还可以复用于其他目的，如接一个 4×4 的 16 键键盘。

使用 LCM 1602 之前必须初始化，初始化可通过复位来完成其过程，主要包括：（1）清屏；（2）功能设置；（3）开/关显示设置；（4）输入方式设置。程序在开始时对液晶模块功能进行了初始化设置，约定显示格式。显示字符时光标是自动右移的，无须人工干预，每次输入指令都先调用判断液晶模块是否忙的子程序，然后输入显示位置的地址，最后输入要显示的字符的 ASCII 码。

示例程序如例 6-6 所示，硬件连接如图 6-26 所示。程序在 LCM l602 显示器的第一行、第五列开始显示"Hello"；在第二行、第三列开始显示"You are welcome"。

【例 6-6】LCM 1602 显示程序示例。

```
RS          BIT     P3.2                ; 定义RS为P3.2
R_W         BIT     P3.3                ; 定义R/W为P3.3
E           BIT     P3.4                ; 定义E为P3.4
DB0_7       EQU     P1                  ; 数据口DB0-7接P1
; -------------------------------------------------------
            ORG     0000H               ; 程序地址0000H开始存放
            SJMP    START               ; 跳到标记START处执行程序
            ORG     30H                 ; 程序从地址0030H开始
START:      MOV     SP, #60H            ; 设定MCS-51堆栈指针，从61H开始存放
            LCALL   Initial             ; 调用LCM的初始化程序
            LCALL   CLS                 ; 调用清除显示器的子程序
            MOV     A, #10000100B       ; 显示地址从第1行第5列开始
            LCALL   Write_COM           ; 调用写指令码子程序
            MOV     DPTR, #STR1         ; 将第1行字串的起始地址存入DPTR
            LCALL   STRING              ; 调用PRSTRING子程序，将字串显示到LCM
            MOV     A, #11000010B       ; 显示地址移到第2行第3列
            LCALL   Write_COM           ; 调用写指令码子程序
            MOV     DPTR, #STR2         ; 将第2行字串的起始地址存DPTR
            LCALL   STRING              ; 调用PRSTRING子程序，将字串显示到LCM
LOOP:       SJMP    LOOP                ; 程序无限循环
STR1:       DB " Hello", 00H           ; 在LCM第1行显示字串"Hello"
STR2:       DB " You are welcome ", 00H; 在LCM第2行显示字串"You are welcome"
                                        ; Initial初始化子程序
Initial:    MOV     A, #00111000B       ; 设置8位格式，2行，5×7字型
            LCALL   Write_COM           ; 调用写指令码子程序
            MOV     A, #00001110B       ; 显示器开，光标开，不闪烁
            LCALL   Write_COM           ; 调用写指令码子程序
            MOV     A, #00000110B       ; 文字不动，光标自动右移
            LCALL   Write_COM           ; 调用写指令码子程序
            RET
```

```
; CheckBusy检测LCM忙子程序
CheckBusy:    PUSH    ACC             ; 将累加器ACC的内容放到堆栈内
ChkLop:       CLR     E               ; 设定E=0，禁止LCM读模式
              SETB    R_W             ; 设定R/W=1，选择读模式
              CLR     RS              ; 设定RS=0，选择指令寄存器IR
              SETB    E               ; 将E设定为1，使能LCM
              MOV     A, DB0_7        ; 由P1读出LCM的状态信息存入ACC中
              CLR     E               ; 将E设定为0
              JB      ACC.7, ChkLop   ; 判断LCM的位BF是否为1，若等于1
                                      ; 表示LCM忙，CPU跳到CheckBusyLoop继续等待
              POP     ACC             ; 将累加器ACC内容从堆栈区取出
              LCALL   DELAY           ; 调用延迟子程序，延时约数毫秒
              RET                     ; 返回主程序
; Write_COM写命令子程序。将ACC中命令输入到LCM的IR指令寄存器
Write_COM:    LCALL   CheckBusy       ; 调用CheckBusy子程序确定LCM可以执行指令
              CLR     E               ; 设定E=0，禁能LCM
              CLR     R_W             ; 设定R/W=0，选择写模式
              CLR     RS              ; 设定RS=0，选择指令寄存器IR
              SETB    E               ; 将E设定为1，使能LCM
              MOV     DB0_7, A        ; 将存在ACC内的指令码经由P1输出到LCM
              CLR     E               ; 将E设定为0，MCS-51向LCM存取数据后，
                                      ; 必须将LCM的E脚输出0，让LCM禁能（Disable）
              RET                     ; 返回主程序
; WriteLCDData子程序。将ACC内的数据输入到LCM的DR数据寄存器
WriteLCDData: LCALL   CheckBusy       ; 调用CheckBusy子程序，确定LCM可以执行指令
              CLR     E               ; 设定E=0，禁能LCM
              CLR     R_W             ; 设定R/W=0，选择写模式
              SETB    RS              ; 设定RS=1，选择数据寄存器DR
              SETB    E               ; 将E设定为1，使能LCM
              MOV     DB0_7, A        ; 将存在ACC内的指令码经由P1输出到LCM
              CLR     E
              RET                     ; 返回主程序
; CLS子程序。清除LCM的显示字幕
CLS:          MOV     A, #01H
              LCALL   Write_COM
              RET
; STRING写字符串子程序。将一个字符显示在LCM，字串首地址要存入DPTR，字串必须以00H结束
STRING:       PUSH    ACC
LOOP1:        CLR     A
              MOVC    A, @A+DPTR
              JZ      END_PR
              LCALL   WriteLCDData
              INC     DPTR
              SJMP    LOOP1
END_PR:       POP     ACC
              RET
; DELAY子程序。所延迟的时间约为2.5ms；延时时间约为R6*（500μs）
DELAY:        MOV     R6, #5
D1:           MOV     R7, #248
              DJNZ    R7, $
```

```
DJNZ    R6，D1
RET
END
```

6.7　单片机串行总线扩展技术

目前常用的微机与外设之间进行数据传输的串行总线主要有 I²C 总线、SPI 总线和 SCI 总线。其中 I²C 总线以同步串行 2 线方式进行通信（一条时钟线，一条数据线），SPI 总线则以同步串行 3 线方式进行通信（一条时钟线，一条数据输入线，一条数据输出线），而 SCI 总线以异步方式进行通信（一条数据输入线，一条数据输出线）。这些总线至少需要两条或两条以上的信号线。近年来，美国的达拉斯（Dallas）半导体公司推出了一项特有的单总线（1-Wire Bus）技术，该技术采用单根信号线，既可传输时钟，又能传输数据，而且数据传输是双向的，因而这种单总线技术具有线路简单、硬件开销少、成本低廉、便于总线扩展和维护等优点。

6.7.1　单总线及单总线器件

单总线仅定义有一根信号线，时间信息和数据均经该信号线传递。每个单总线器件都具有唯一的 64 位 ROM 码，主机可根据它来区分挂在同一总线上的不同单总线器件。单总线器件可以采用寄生电源供电或外部电源供电。单总线适用于单主机系统，能够控制一个或多个从机设备。主机可以是微控制器，从机可以是单总线器件，它们之间的数据交换只通过一条信号线。当只有一个从机设备时，系统可按单节点系统操作；当有多个从设备时，系统则按多节点系统操作。如图 6-27 所示是单总线多节点系统的示意图。

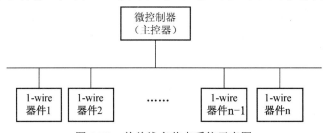

图 6-27　单总线多节点系统示意图

通常把挂在单总线上的器件称为单总线器件。单总线器件内一般都配置了控制、收/发、存储等电路模块。为了区分不同的单总线器件，厂家生产时都要刻录一个 64 位的二进制 ROM 代码，以标志其 ID 号。

目前，单总线器件主要有数字温度传感器（如 DS18B20）、A/D 转换器（如 DS2450）、门标、身份识别器（如 DS1990A）、单总线控制器（如 DS1WM）等。

单总线只有一根数据线，系统中的数据交换、控制都在这根线上完成。设备（主机或从机）通过一个漏极开路或三态端口连至该数据线，这样允许设备不发送数据时释放总线，以便其他设备使用，其内部等效电路如图 6-28 所示，单总线要求外接一个约 47kΩ 的上拉电阻。当总线闲置时，状态为高电平。

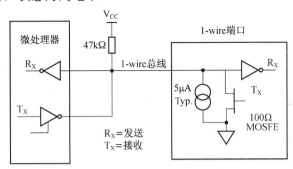

图 6-28 单总线接口示意图

主机和从机之间的通信通过以下 3 个步骤来完成：

（1）初始化 1-wire 器件。

（2）识别 1-wire 器件。

（3）交换数据。

由于两者是主从结构，只有主机呼叫从机时，从机才能应答，因此主机访问 1-wire 器件都必须严格遵循单总线命令序列：初始化、ROM 命令、功能命令。如果出现序列混乱，1-wire 器件不会响应（搜索 ROM 命令，报警搜索命令除外）。

单总线器件要严格遵循通信协议，以保证数据的完整性。1-wire 协议定义了几种信号类型，包括复位脉冲、应答脉冲、写 0、写 1、读 0 和读 1 时序。

所有的单总线命令序列（初始化、ROM 命令、功能命令）都是由这些基本的信号类型组成的。这些信号，除了应答脉冲外都是由主机发出同步信号，并且发出的所有命令和数据都是字节的低位在前。初始化时序包括主机发送的复位脉冲和从机发出的应答脉冲。主机通过拉低单总线至少 480μs，以产生 TX 复位脉冲，然后释放总线，并进入 RX 接收模式。当主机释放总线，总线由低电平跳变为高电平时产生一上升沿，单总线器件检测到这个上升沿后，延时 15～60μs，接着便通过拉低总线 60～240μs，以产生应答脉冲。主机接收到从机应答脉冲后，说明有单总线器件在线，然后就开始对从机进行 ROM 命令和功能命令操作。

单总线传递写 1、写 0 和读时序的过程为：在每一时序中，总线只能传输一位数据。所有的读写时序至少需要 60μs，且每两个独立的时序之间至少需要 1μs 的恢复时间。读写时序均起始于主机拉低总线后。在写时序中，主机拉低总线后保持至少 60μs 的低电平再向单总线器件写 0。单总线器件又在主机发出读时序时才向主机传送数据，所以当主机向单总线器件发出数据命令后，必须马上产生读时序，以便单总线能传输数据。在主机发出读时序之后，单总线器件才开始在总线上发送 0 或 1，若单总线器件发送 1，则保持总线高电平，若发送 0，则拉低总线。单总线器件发送之后，保持有效时间，因而，主机在读时序期间必须释放总线，并且必须在 15μs 之中采样总线状态，从而接收到从机发送的数据。

6.7.2 单总线温度传感器 DS18B20

Dallas 公司的 DS18B20 数字温度计（如图 6-29 所示）提供 9 位温度读数，指示器件的温度测量范围为-55℃～+125℃。信息经过单线接口送入 DS18B20 或从 DS18B20 送出，因此从微处理器到 DS18B20 仅需连接一条数据线。读、写和完成温度变换所需的电源可以由数据线本身提供，而不需要外部电源，适合于恶劣环境的现场温度测量，如环境控制、设备或过程控制、测温类消费电子产品等。

图 6-29　DS18B20 数字温度计外形示意图

由于每一个 DS18B20 有唯一的序列号（Silicon serial number），因此多个 DS18B20 可以存在于同一条单线总线上。这便允许在许多不同的地方放置此测温器件，并连于一条总线上。此特性的应用范围还包括 HVAC 环境控制，建筑物、设备或机械内的温度检测，以及过程监视和自动控制中的温度检测。

1．DS18B20 的主要特点概述

DS18B20 具有以下特点：

- 独特的单线接口，只需一个接口引脚即可通信。
- 多点（Multidrop）能力使分布式温度检测应用得以简化。
- 不需要其他附加元件。
- 可用数据线供电，不需备份电源。
- 测量范围从-55℃～+125℃，增量值为 0.5℃。
- -10℃～+85℃间测量误差在±0.5℃以内。
- 9～12 位分辨率可编程控制，以数字值方式读出温度。
- 12 位精度时温度转换时间是 750ms（最大）。
- 用户可定义的、非易失性的温度告警设置。
- 应用范围包括恒温控制、工业系统、消费类产品、温度计或任何热敏系统。

2．DS18B20 的组成结构与工作原理

DS18B20 的组成结构框图如图 6-30 所示。DS18B20 含有 3 个主要数字部件：64 位激光 ROM、温度传感器及非易失性温度报警触发器 T_H 和 T_L。

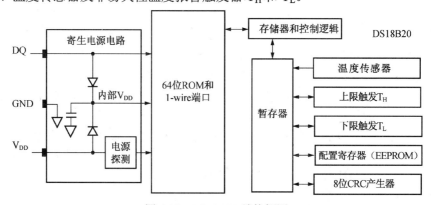

图 6-30　DS18B20 结构框图

器件通过单线通信线汲取能量：在信号线处于高电平期间把能量存储在内部电容中，当信号线处于低电平期间，消耗电容上的电能工作，直到高电平到来再给寄生电源（电容）充电。DS18B20 也可用外部 5V 电源供电。

DS18B20 依靠一个单线端口通信。在单线端口条件下，必须先建立 ROM 操作协议才能进行存储器和控制操作。因此，控制器必须首先提供下面 5 个 ROM 操作命令之一：（1）读 ROM；（2）匹配 ROM；（3）搜索 ROM；（4）跳过 ROM；（5）报警搜索。

这些命令对每个器件的激光 ROM 部分进行操作。在单线总线上挂有多个器件时，可以区分出单个器件，同时可以向总线控制器指明有多少器件或是什么型号的器件。成功执行完一条 ROM 操作序列后，即可进行存储器和控制操作，控制器可以提供 6 条存储和控制操作指令中的任一条。

一条控制操作命令指示 DS18B20 完成一次温度测量。测量结果放在 DS18B20 内部的暂存器中，用一条读暂存器内容的存储器操作命令可以把暂存器中的数据读出。温度报警触发器 T_H 和 T_L 各由一个 EEPROM 字节构成。如果没有对 DS18B20 使用报警搜索命令，这些寄存器可以作为一般用途的用户存储器使用。对 T_H 和 T_L 进行写入时可以用一条存储器操作命令，对这些寄存器的读出需要通过暂存器。所有数据都是以最低有效位在前的方式进行读写。

DS18B20 的控制操作命令如表 6-12 所示。

表 6-12 DS18B20 命令集

指　　令	说　　明	约定代码	发出约定代码后单总线的操作
温度变换	启动温度变换	44h	读温度忙状态
读暂存存储器	从暂存存储器读字节	BEh	读 9 字节数据
写暂存存储器	写字节至暂存存储器地址 2 和 3 处 T_H 和 T_L 温度触发器	4Eh	写数据至地址 2 和地址 3 的两个字节
复制暂存存储器	把暂存存储器复制入非易性存储器，仅地址 2 和地址 3	43h	读复制状态
重新调出 E^2	把存储在非易失性存储器内的数值重新调入暂存存储器温度触发器	E3h	读温度"忙"状态
读电源	发 DS1820 电源方式的信号至主机	B4h	读电源状态

3. DS18B20 与单片机的接口与编程

在单片机系统中使用 DS18B20 非常方便，下面给出单总线器件 DS18B20 在 51 单片机系统中的应用实例（例 6-7）。访问单总线网络上的器件包括 3 个步骤：初始化命令、传送 ROM 命令、传送 RAM 命令。

【例 6-7】DS18B20 应用程序示例。

```
;  FLAG1 ：标志位，为"1"时表示检测到DS18B20 ；  DQ ：  DS18B20的数据总线接脚
;  TEMPER_NUM ：保存读出的温度数据
;  本程序仅适合单个DS18B20和51单片机的连接，晶振为12MHz左右
TEMPER_L    EQU      36H        ;检测温度低位存储单元
```

```
        TEMPER_H      EQU     35H             ; 检测温度高位存储单元
        FLAG1         BIT     F0              ; 标志，若FLAG1=1，DS1820存在
        TEMPER_NUM    EQU     37H             ; 显示温度存储单元
        DQ            BIT     P3.6            ; 压缩BCD格式
        LED           BIT     P1.4
        MAIN1:        LCALL   INIT_1820       ; 调用DS18B20初始化程序
                      LCALL   RE_CONFIG       ; 重写暂存存储器设定值
                      LCALL   GET_TEMPER      ; 读出转换后的温度值
                      LCALL   TEMPER_COV      ; 温度数据转换成BCD码
        ;             LCALL   DSPLAY_TMP      ; 显示温度数据
                      LJMP    MAIN1           ; 循环
        ; DS18B20初始化程序
        INIT_1820:    SETB    DQ
                      NOP
                      CLR     DQ
                      MOV     R0, #0A0H
        TSR1:         DJNZ    R0, TSR1        ; 延时
                      SETB    DQ
                      MOV     R0, #0A0H
        TSR2:         JNB     DQ, TSR3
                      DJNZ    R0, TSR2
                      LJMP    TSR4            ; 延时
        TSR3:         SETB    FLAG1           ; 置标志位，表示DS1820存在
                      LJMP    TSR5
        TSR4:         CLR     FLAG1           ; 清标志位，表示DS1820不存在
                      LJMP    TSR7
        TSR5:         MOV     R0, #0A0H
        TSR6:         DJNZ    R0, TSR6        ; 延时
        TSR7:         SETB    DQ
                      RET
        ;   重新写DS18B20暂存存储器设定值
        RE_CONFIG:    JB      FLAG1, RE_CONFIG1 ; 若DS18B20存在，转RE_CONFIG1
                      RET
        RE_CONFIG1:   MOV     A, #0CCH        ; 发SKIP ROM命令
                      LCALL   WRITE_1820
                      MOV     A, #4EH         ; 发写暂存存储器命令
                      LCALL   WRITE_1820
                      MOV     A, #00H         ; T_H（报警上限）中写入00H
                      LCALL   WRITE_1820
                      MOV     A, #00H         ; T_L（报警下限）中写入00H
                      LCALL   WRITE_1820
                      MOV     A, #1FH         ; 选择9位温度分辨率
                      LCALL   WRITE_1820
                      RET
        ;   读出转换后的温度值
        GET_TEMPER:   SETB    DQ              ; 定时入口
                      LCALL   INIT_1820
                      JB      FLAG1, TSS2
                      RET                     ; 若DS18B20不存在则返回
        TSS2:         MOV     A, #0CCH        ; 跳过ROM匹配
```

```
             LCALL    WRITE_1820
             MOV      A，#44H              ；发出温度转换命令
             LCALL    WRITE_1820
             LCALL    INIT_1820
             MOV      A，#0CCH             ；跳过ROM匹配
             LCALL    WRITE_1820
             MOV      A，#0BEH             ；发出读温度命令
             LCALL    WRITE_1820
             LCALL    READ_18200
             MOV      TEMPER_NUM，A        ；保存读出的温度数据
             RET
；  写DS18B20的程序
WRITE_1820： MOV      R2，#8
             CLR      C
WR1：        CLR      DQ
             MOV      R3，#6
             DJNZ     R3，$
             RRC      A
             MOV      DQ，C
             MOV      R3，#23
             DJNZ     R3，$
             SETB     DQ
             NOP
             DJNZ     R2，WR1
             SETB     DQ
             RET
；读DS18B20的程序，从DS18B20中读出两个字节的温度数据
READ_18200： MOV      R4，#2              ；将温度高位和低位从DS18B20中读出
             MOV      R1，#TEMPER_L       ；低位存入36H（TEMPER_L）
RE00：       MOV      R2，#8              ；高位存入35H（TEMPER_H）
RE01：       CLR      C
             SETB     DQ
             NOP
             NOP
             CLR      DQ
             NOP
             NOP
             SETB     DQ
             MOV      R3，#7
             DJNZ     R3，$
             MOV      C，DQ
             MOV      R3，#23
             DJNZ     R3，$
             RRC      A
             DJNZ     R2，RE01
             MOV      @R1，A
             DEC      R1
             DJNZ     R4，RE00
             RET
；对从DS18B20中读出的温度数据进行转换
```

```
TEMPER_COV:     MOV     A, #0F0H
                ANL     A, TEMPER_L         ; 舍去温度低位中小数点后的四位
                SWAP    A                   ; 温度数值
                MOV     TEMPER_NUM, A
                MOV     A, TEMPER_L
                JNB     ACC.3, TEMPER_COV1  ; 四舍五入取温度值
                INC     TEMPER_NUM
TEMPER_COV1:    MOV     A, TEMPER_H
                ANL     A, #07H
                SWAP    A
                ORL     A, TEMPER_NUM
                MOV     TEMPER_NUM, A       ; 保存变换后的温度数据
                LCALL   BIN_BCD
                RET
; 对十六进制的温度数据转换成压缩BCD码
BIN_BCD:        MOV     A, TEMPER_NUM
                MOV     B, #10
                DIV     AB
                SWAP    A
                ORL     A, B
                MOV     TEMPER_NUM, A
                RET
                END
```

6.7.3　单片机红外串行通信

红外通信号系统主要是由红外发射装置、红外接收装置及单片机等基本模块组成的数字系统（如图 6-31 所示）。发射器件采用红外线发光二极管，如图 6-32（a）所示。接收装置采用一体化红外线接收器，其外形如图 6-32（b）所示。它是一种集红外线接收、带通滤波、选频放大、整形于一体的集成电路，不需要其他任何外接元件，就能完成从红外线接收到解调输出 TTL 兼容电平信号的所有工作。

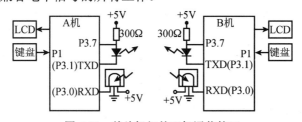

图 6-31　单片机红外双机通信接口

此模块在没有收到红外信号时输出高电平，当收到红外信号时输出低电平。红外线通信数据传输波形如图 6-33 所示。目前常用的红外发光二极管发出的红外线波长为 940mm，常用的载波频率为 37.9kHz。

为了能够实现单片机之间的红外通信，要求发射端单片机产生频率为 37.9kHz 的载波信号，并将串行通信的数字信号调制到载波信号上，通过红外发光二极管发射出去。接收端单片机用一体化红外线接收器将调制信号解调后还原成数字信号。从图 6-33 波形可以看

出，调制波形与解调后的波形正好反机，即当发射数据为"1"或"空"时，输出为低电平，无调制波输出；而当发射数据为"0"时，有调制波输出。

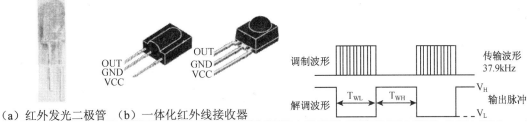

（a）红外发光二极管　（b）一体化红外线接收器

图 6-32　红外线发射器/接收器　　　　　　图 6-33　红外通信调制/解调波形

为了产生载波信号，可以利用单片机的定时器 T0 工作在方式 2，具有自动重复功能。通过对系统时钟信号分频，在 T0 的中断服务程序中对 P3.7 求反，即可在 P3.7 输出 37.9kHz 的载波信号（图 6-31）。

为了实现双向导步通信，需要在单片机中设置通信波特率发生器。为此要求通信双方需采用相同的波特率，利用单片机 T1 工作在方式 2，作为波特率发生器，产生串行通信收发所需的移位脉冲的时钟信号。

信号调制的实现方法是这样的：红外发光二极管的正端接收 P3.7 输出的载波信号，负端接收 TXD（P3.0）串行通信数据输出口。当 TXD 输出逻辑"1"（高电平）时，红外发光二极管截止，无调制信号输出；而当 TXD 输出逻辑"1"（低电平）时，红外发光二极管导通，发射出 37.9kHz 的红外线调制信号，这样就可以通过红外发光二极管发射调制后的数字信号。单片机 I/O 口的输出电流非常有限，在载波信号输出端 P（3.1）外接 300Ω 的上拉电阻，来提高红外发光二级管的正向导通电流，可以增加红外发射功率。

思考练习题

1．80C51 单片机的控制总线信号有哪些？各信号的作用如何？

2．80C51 单片机的存储器的组织采用何种结构？存储器地址空间如何划分？各地址空间的地址范围和容量如何？在使用上有何特点？

3．当单片机应用系统中数据存储器 RAM 地址和程序存储器 EPROM 地址重叠时，是否会发生数据冲突，为什么？

4．试以 STC89C51 为主机，用两片 2764 扩展 16KB ROM，画出电路连接图。

5．设计用 STC89C51 扩展 16KB SRAM 和 32KB ROM 的电路图，并说明存储器的地址范围。

6．指出常用 I/O 接口芯片的特性和用途。

7．键盘的扫描方式有哪些？

8．利用单片机串行口扩展 24 个发光二极管和 8 个按键，要求画出电路图并编写程序，使 24 个发光二极管按照不同的顺序发光（发光的时间间隔为 1s）。

9．说明电路图 6-34 的工作原理，并编写此电路的数码管控制与显示程序。

10．某单片机系统中用 P0 口驱动共阴极 LED 数码管的笔画段，用 P2.0～P2.5 通过反相驱动电路驱动 0～5 位，请画出电路图，并编写显示子程序，将显示缓冲器 50H～55H 内的 6 个十进制数字显示一遍。已知 0 的显示代码为 3FH，且有延时子程序 Delay 可供调用。

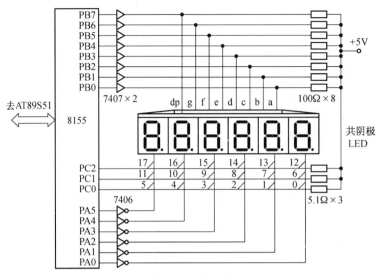

图 6-34　题 9 图

11．51 单片机在应用中，P0 口和 P2 口是否可以直接作为输入/输出连接开关、指示灯等外围设备，为什么？

12．七段 LED 显示器有动态和静态两种显示方式，这两种显示方式要求 80C51 系列单片机如何安排接口电路？

13．说明电路图 6-35 的工作原理，并编写此电路的数码管控制显示程序。

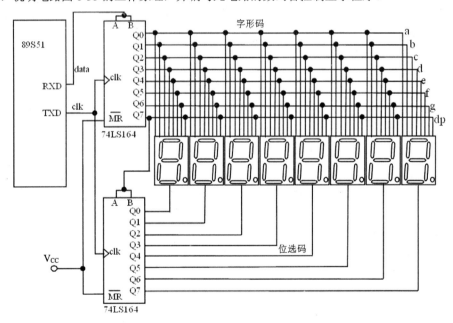

图 6-35　题 13 图

14．七段 LED 数码管有动态和静态两种显示方式，这两种显示方式的本质区别是什么？

15．试设计用 89S51 单片机与 24 个键盘连接的接口电路，并编写用 T0 定时器定时，每隔 100ms 读一次键盘，并将其读的键值存入单片机片内 RAM 60H 开始的单元中的程序。

16．设计一个 89S51 单片机与液晶 LCM 1602 和 4×4 16 键键盘接口的电路，并编写程序，实现

4 位十进制数相加减的功能，由键盘输入数据和控制加减，由 LCM 1602 液晶屏显示数据输入和计算结果。

17．设计一个 89S51 单片机与液晶 LCM 1602、DS18B20、蜂鸣器、4×4 16 键键盘接口的电路，并编写程序，实现温度测量和显示功能。而且由键盘输入温度上、下限报警数据，温度脱离上、下限后即报警。

18．两台单片机之间通过红外线相互通信。按动单片机小键盘，可以在本机的 LCM 1602 的发送区显示键号。通过红外线无线传输，对方单片机接收信息后可以在接收区显示接收到的信息，请分别编写两台单片机的应用程序。

19．用一台单片机外接 DS18B20 测温，通过红外发射测温数据，在另一台单片机的 LCM 1602 上显示温度数据，请分别编写两台单片机的应用程序。实验模块可使用附录 B 中的 B.3 节的模块 B25。

附录 B 中的 B.2 的 KX_DN5/7 实验系统演示示例（含实验指导 pdf/PDF 课件）；

/MCU_TECH/ULRED/TX_2/。

第7章 单片机扩展 DAC 和 ADC

考虑到模数转换器（ADC）和数模转换器（DAC）作为单片机功能扩展器件的特殊性以及其在单片机应用系统中的重要地位，对单片机与 ADC/DAC 的接口技术单独设置一章进行考察；此外还考虑到在前期课程中，即在数字电子技术课程中已对 ADC 和 DAC 的基本概念和原理作了初步介绍，故本章的重点是介绍单片机与 ADC/DAC 的接口技术及对应的程序设计方法，对 ADC 和 DAC 的结构和原理仅作简要介绍。

ADC 和 DAC 的种类繁多，用途各异，技术指标差别也很大，在介绍单片机与 ADC/DAC 接口技术的有限篇幅中，究竟选择什么类型的器件是一个值得深究的问题。对此，本书的标准是：（1）经典（如 ADC0809、DAC0832）；（2）实用和常用（如目前常用于 DSP 功能扩展、便携式仪器仪表等）；（3）对单片机编程有一定挑战性（串行接口类型）；（4）为第 8 章实验的延伸作铺垫。另外，无论对于单片机还是第 8 章将要介绍的 FPGA，并行数据和控制端口的 ADC/DAC 的接口技术都比较简单（但并不等于其在单片机接口技术中没有用处），故于本章基本不作介绍。

读者还应特别注意，对于本章介绍的多数 ADC 和 DAC，尽管都已给出了其单片机接口方法和对应的控制程序示例，但并不代表推荐读者在实际使用中按此方法去使用这些器件。因为只要关注一下这些 ADC 和 DAC 的转换速度指标就会发现，很少有单片机能充分利用这些优秀的技术指标，而这个问题的最佳解决方法则是利用第 8 章给出的单片机与 FPGA 的扩展技术。

7.1 DAC 基本原理和重要参数

DAC（D/A 转换器）的结构有多种形式，如脉冲调幅或调宽式、梯形电阻网络式、R-2R 梯形网络式等。采用最多的是 R-2R 梯形网络结构 DAC，一般称其为 T 型电阻网络 D/A 转换器，基本结构如图 7-1 所示，主要部件是电阻网络、电子开关及基准电源等。DAC 端口输入的 8 位数字信号首先传送到数据锁存器中，然后由模拟电子开关把数字信号的高低电平变成对应的电子开关状态。当数字量某位为 1 时，电子开关就将基准电压源 V_{REF} 接入电阻网络的相应支路；若数字量为 0，则将该支路接地。各支路的电流信号经过电阻网络加权后，由运算放大器求和并变换成电压信号，作为 DAC 的输出。

T 型电阻解码网络 D/A 转换器有电压相加型和电流相加型两种。图 7-1 所示是集成 D/A 转换器中广泛使用的电流相加型的电路结构，从图中可见，网络中只有 R 和 2R 两种电阻，各节点电阻都接成 T 型，故称为 T 型电阻解码网络。各位开关由各位二进制代码控制，当输入数据代码 a_i 为 1 时，开关接运算放大器求和点（虚地点）；当代码 a_i 为 0 时，开关接地。因此，不论开关是何连接情况，网络中各支路的电流是不变的，从电阻网络各节点向右看和向下看的等效电阻都是 2R，经节点向右和向下流的电流相等，向下每经过一个节点就进行一次对等分流。因此，此网络实际上是一个按二进制规律分流的分流器。整个网络的等效输入电阻为 R，基准电压 V_{REF} 供出的总电流为：

$$I=V_R/R$$

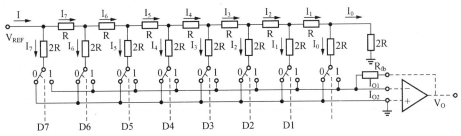

图 7-1　D/A 转换原理图

经 2R 电阻流向开关的各分流为：

$$I_1=I/2^1；\quad I_2=I/2^2；\quad \cdots；\quad I_{n-1}=I/2^{n-1}；\quad I_n=I/2^n$$

这些电流是流向求和点还是流向地，取决于开关的连接方式，也就是取决于输入的数字量各位的代码是 1 还是 0。因此，流向求和点的电流 I_Σ 由下式确定：

$$I_\Sigma=a_1I_1+a_2I_2+\cdots+a_nI_n$$
$$=(a_1/2^1+a_2/2^2+\cdots+a_n/2^n)I=D/2^n\cdot I$$

输出电压为：

$$V_O=-I_f\cdot R_f=-I_\Sigma\times R_f=-D/2^n\times V_{REF}$$

从上式可见，转换器的输出电压 V_O 正比于数字量 D，负号表示输出电压的极性与基准电压 V_{REF} 相反。

有关 D/A 转换器的技术性能指标有很多，例如绝对精度、相对精度、线性度、输出电压范围、温度系数、输入数字代码种类（二进制或 BCD 码）、分辨率和建立时间等。在实际应用中，读者应根据单片机系统既定的技术指标选择合适的 DAC 芯片。

以下简要介绍 DAC 两个最重要的技术指标：

（1）分辨率。分辨率是 D/A 转换器对输入量变化敏感程度的描述。D/A 转换器的分辨率定义为：当输入数字量发生单位数码变化时，即 1 LSB 位产生一次变化时所对应输出模拟量的变化量。对于线性 D/A 转换器来说，分辨率 Δ 与输入数字量输出位数 n 的关系为（其中 V_{REF} 满幅度输出值）：

$$\Delta=\frac{V_{CC}}{2^n-1}$$

（2）建立时间。建立时间是描述 D/A 转换速率快慢的一个重要参数，是指输入数字量变化后，模拟输出量达到终值误差 ±1/2LSB（最低有效位）时所经历的时间。根据建立时间的长短，把 D/A 转换器分成以下 5 档。

① 超高速：<100ns。

② 较高速：100ns～1μs。

③ 高速：1μs～10μs。

④ 中速：10μs～100μs。

⑤ 低速：≥100μs。

7.2 DAC 器件接口技术

从数据传输方式看，DAC（D/A 转换器）的接口形式有两类，即并行传输方式和串行传输方式。下面介绍几种不同类型和不同技术指标的常用 D/A 转换器的使用方法。

7.2.1 8 位 D/A 转换器 DAC0832

DAC0832 是分辨率为 8 位的并行接口 D/A 转换器，其片内带有两个寄存器，一个是输入数据寄存器，另一个是 DAC 寄存器，输出电流建立稳定时间为 1μs，功耗为 20mW。DAC0832 的引脚与结构框图如图 7-2 所示。

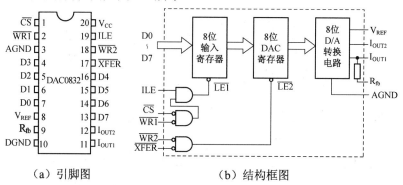

（a）引脚图　　　　　　（b）结构框图

图 7-2　DAC0832 的引脚与结构框图

DAC0832 是一款十分经典的 DAC 器件，在数字电子技术等多种普通教材中都有介绍，其详细的引脚功能在此就不再赘述了。

DAC0832 内部由 3 部分电路组成，其中的 8 位输入寄存器用于存放来自数据端口的二进制数，使此输入数字量得到缓冲和锁存，由 LE1 加以控制；8 位 DAC 寄存器用于存放待转换数字量，由 LE2 控制；8 位 D/A 转换电路由 8 位 T 型电阻网络和电子开关组成，电子开关受 8 位 DAC 寄存器控制输出，T 型电阻网络能输出和数字量成正比的模拟电流。因此，DAC0832 通常需要外接运算放大器才能输出模拟电压。

DAC0832 可以利用控制信号 $\overline{WR1}$、$\overline{WR2}$、ILE、$\overline{XFER}$ 构成 3 种不同的工作方式：

（1）直通方式。$\overline{WR1}$ ＝ $\overline{WR2}$ ＝0 时，数据可以从输入端经两个寄存器直接进入 DAC。

（2）单缓冲方式。两个寄存器之一始终处于直通，即 $\overline{WR1}$ =0 或 $\overline{WR2}$ =0，另一个寄存器处于受控状态。

（3）双缓冲方式。两个寄存器均处于受控状态。这种工作方式适用于要求多路模拟信号同时输出的应用场合。

下面简要介绍 51 单片机与 DAC0832 的接口方式及使用方法。

1. 单缓冲方式

单缓冲方式适用于只有一路模拟量输出或几路模拟量非同步输出的情形，方法是控制数据锁存器和 DAC 寄存器同时接收数据或者只用数据锁存器，而把 DAC 寄存器接成直通方式。51 单片机与 DAC0832 连接成单缓冲方式的电路如图 7-3 所示。图中运算放大器 A2 的作用是把运算放大器 A1 的单极性输出变为双极性输出。例如，当 V_{REF} =+5V 时，A1 的电压输出范围为-5V～0V；当 V_a=0V 时，V_b=-5V；当 V_a=-2.5V 时，V_b=0V；当 V_a=-5V 时，V_b=+5V。因此 V_b 的输出范围为-5V～+5V。

V_b 与参考电压 V_{REF} 的关系为：

$$V_b = \frac{数字量-128}{128} \times V_{REF}$$

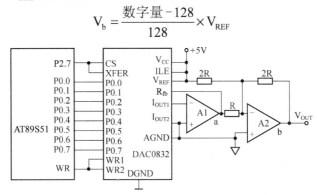

图 7-3　DAC0832 与 AT89S51 单片机的单缓冲连接

利用下列指令可将 DATA 数据送 D/A 转换器进行转换。

```
MOV     DPTR, #7FFFH      ; D/A 转换器的地址为7FFFH
MOV     A, #DATA          ; 待转换数据DATA送A累加器
MOVX    @DPTR, A          ; A中的数据输出到D/A转换器
```

【例 7-1】DAC0832 与单片机采用单缓冲方式连接，电路如图 7-3 所示。运放 A1、A2 构成双极性输出电路，编程使 DAC0832 输出-5V～+5V 的锯齿波，程序如程序 7-1 所示。

【程序 7-1】

```
        ORG     0000H
        LJMP    START
        ORG     0030H
START:  MOV     DPTR, #7FFFH    ; DAC0832端口地址
        MOV     A, #00H         ; 转换初值
NEXT:   MOVX    @DPTR, A        ; 累加器Acc数据送D/A转换
        INC     A               ; A中的数据加1
        NOP                     ; 延时
        NOP
        AJMP    NEXT            ; 循环
        END
```

2. 双缓冲方式

双缓冲方式适用于要求多个 DAC0832 同步输出的情形，方法是先分别将转换数据输入到数据锁存器，再同时控制这些 DAC0832 的 DAC 寄存器以实现多个 D/A 转换同步输出。如图 7-4 所示为多个 DAC0832 与 AT89S51 单片机的双缓冲连接方式示意图。

在进行 D/A 转换时，通过地址译码器输出的片选信号 $\overline{CS1}$、$\overline{CS2}$、…、$\overline{CSn}$ 分别选通各路 D/A 的输入寄存器，将各路 D/A 转换数据进行锁存，然后选通公共的片选信号 $\overline{XFER}$，将之前送入输入寄存器中的数据同时送到 DAC 寄存器进行转换，这样就可以使各路 DAC

同时输出新的转换信号。

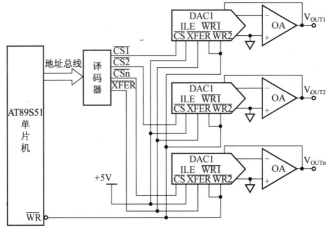

图 7-4　多路 DAC0832 与 AT89S51 双缓冲连接

7.2.2　SPI 串行 DAC TLV5637 与单片机的接口

TLV5637 是 TI 公司生产的一款 10 位电压输出型 DAC，串行输入接口，双通道 DAC 输出，转换时间是 1μs，含可编程内部精密参考电压基准。

TLV5637 的引脚命名如图 7-5 所示。该器件的 3 个串行信号线：SCLK、DIN 和 $\overline{CS}$ 构成 SPI（Serial Peripheral Interface）接口通信线，故其支持对 TI 公司的 TMS320 的 DSP 系列的 SPI、QSPI 和 Microwire 串行标准接口。图 7-5 中，OUTA 和 OUTB 分别是两路模拟信号输出口，REF 是参考电平输入口。

如图 7-6 所示是 TLV5637 和 SPI 接口的连接示意图。从图中可以看出，主控器件通过 SPI 接口向 TLV5637 进行写操作。图 7-7 是 TLV5637 的 SPI 接口时序图，如图所示，TLV5637 的数据采样是在 SCLK 时钟的上升沿发生，而且该器件只支持 16 位的数据格式。

图 7-5　TLV5637 引脚图　　　　图 7-6　TLV5637 与 SPI 口的连接

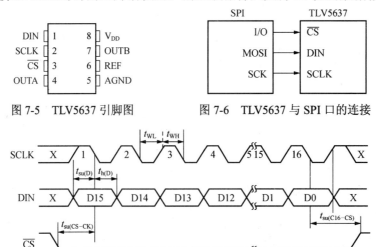

图 7-7　TLV5637 的 SPI 接口时序图

TLV5637 的 16 位数据格式如表 7-1 所示。

表 7-1　TLV5637 的 16 位数据格式

位序	15	14	13	12	11	10	9	8	7	6	5	4	3	2	1	0
位符号	R1	SPD	PWR	R0	12 个数据位											

在 16 位的数据格式中包含两个部分：编程位和数据位。SPD 为速度控制位，1 表示快速，0 表示慢速；PWR 为功率控制位，1 表示掉电模式，0 表示工作模式；R1 和 R0 为寄存器选择位。如表 7-2 所示是 TLV5637 的寄存器写入选择。

表 7-2　TLV5637 的寄存器写入选择

R1	R0	寄 存 器
0	0	写数据到通道 B 和缓冲区
0	1	写数据到缓冲区
1	0	写数据到通道 A 并更新通道 B
1	1	写控制寄存器

表 7-2 中的写控制寄存器用于设置参考电压。利用数据位的低两位表示参考电压的相关信息。其中，"00" 和 "11" 表示参考电压取自外部，"01" 表示参考电压为 1.024 V，"10" 表示参考电压为 2.048 V。输出电压的幅度由下式决定：

$$V_{OUT} = 2 \times REF \times \frac{Code}{1000H}$$

其中，Code 为所写入的电压数据值，REF 为所设定的参考电压。此外，在写入电压数据时，12 位的数据只保持高 10 位有效，低 2 位可以忽略。

如果选择控制字寄存器，则 12 位数据的最低两位 D1 和 D0，即 REF1 和 REF0 可通过编程来确定参考电压源。如果选择内部参考电压，则定义如表 7-3 所示。

表 7-3　确定参考电压

REF1	REF0	参 考 电 压
0	0	外部参考电压
0	1	1.024V
1	0	2.048V
1	1	外部参考电压

【例 7-2】TLV5637 与 51 单片机接口的 D/A 转换。其参考子程序如程序 7-2 所示。

【程序 7-2】

```
CS        EQU     P2.2        ; 引脚定义
CLK       EQU     P2.1        ; AT89S51的P2口与TLV5637接口
Din       EQU     P2.0        ; P2.0，P2.1，P2.2分别与CS，CLK，Din连接
;---------------------------------------------------
D_A0:     MOV     P2，#0FFH    ; TLV5637转换程序
          CLR     CS          ; 启动D/A芯片CS=0
          CALL    DL_3        ; 延时
          MOV     A，#090H     ; 设参考电压为1.024V
```

```
        CALL    B_SEND      ; 调用字节发送程序, 发送高8位
        MOV     A, #02H
        CALL    B_SEND      ; 发送控制字的低8位
        SETB    CS          ; 发送结束 CS̄ =1
        CALL    DL_3
        CLR     CS          ; 启动D/A芯片 CS̄ =0
        CALL    DL_3
        MOV     A, #13H     ; 设DAC B输出值为1FFH
        CALL    B_SEND      ; 高8位送缓冲区BUFFER
        MOV     A, #0FCH
        CALL    B_SEND      ; 低8位送缓冲区BUFFER
        SETB    CS          ; 发送结束 CS̄ =1
        CALL    DL_3
        CLR     CS          ; 启动D/A芯片 CS̄ =0
        CALL    DL_3
        MOV     A, #0C2H    ; 设DAC A为0FFH
        CALL    B_SEND      ; 高8位送到通道A并更新通道B
        MOV     A, #00H
        CALL    B_SEND0     ; 低8位送到通道A并更新通道B
        SETB    CS          ; 发送结束 CS̄ =1
        RET                 ; 返回
; 字节发送子程序
; 将A累加器中的8位数据通过Din发送出去
B_SEND:     MOV     R2, #08H    ; 循环计数器R2初值为8
B_SEND1:    SETB    CLK
            MOV     C, ACC.7    ; 发送1位数据
            MOV     Din, C
            RL      A
            CLR     CLK         ; 向CLK引脚输出1个移位脉冲
            DJNZ    R2, B_SEND1 ; 循环8次
            RET

DL_3:       MOV     R6, #06H    ; 延时子程序
DL_2:       NOP
DJNZ        R6,     DL_2
RET
```

7.3 ADC 器件接口技术

A/D 转换器应根据被测信号的不同特性和检测精度等技术要求来进行选择。本节将介绍几种常用的 A/D 转换器及其与单片机的接口方法。

7.3.1 A/D 转换器的性能指标

衡量 A/D 转换器的主要技术指标有分辨率、转换速率与转换时间、量化误差、线性度等。

（1）分辨率。分辨率是指输出数字量变化一个相邻数码所需输入模拟电压的变化量。

A/D 转换器的分辨率定义为满刻度电压与 2^n 之比值，其中 n 为 ADC 的位数。

例如，具有 12 位分辨率的 ADC 能分辨出满刻度的 $1/2^{12}$ 或满刻度的 0.0245%。一个 10V 满刻度的 12 位 ADC 能够分辨输入电压变化的最小值为 2.4mV，而 3 位半的 A/D 转换器（满字为 1999），其分辨率为满刻度的 1/1999×100%=0.05%。

（2）转换速率与转换时间。转换速率是指 A/D 转换器每秒钟转换的次数。转换时间是指完成一次 A/D 转换所需的时间（包括稳定时间）。转换时间是转换速率的倒数。

（3）量化误差。有限分辨率 A/D 的阶梯状转移特性曲线与理想无限分辨率 A/D 的转移特性曲线（直线）之间的最大偏差称为量化误差。通常是一个或半个最小数字量的模拟变化量，表示为 1 LSB、1/2 LSB。

（4）线性度。实际 A/D 转换器的转移函数与理想直线的最大偏差。不包括量化误差、偏移误差（输入信号为零时，输出信号不为零的值）和满刻度误差（满度输出时，对应的输入信号与理想输入信号值之差）这 3 种误差。

（5）量程。量程是指 A/D 能够转换的电压范围，如 0～5V，-10V～+10V 等。

（6）其他指标。内部/外部电压基准、失调（零点）温度系数、增益温度系数以及电源电压变化抑制比等性能指标。

A/D 转换器的类型可以分为直接转换型和间接转换型，具体的分类情况如图 7-8 所示。输出数据的方式有并行输出方式和串行输出方式。并行输出方式通常通过系统总线方式将 A/D 转换器与单片机接口，连线较多，数据传输较快；而串行输出方式使得单片机通过 I/O 口与 A/D 转换器连接，连线少，使用方便，且 A/D 转换器的体积也较小。

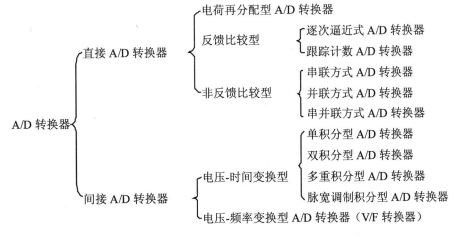

图 7-8　A/D 转换器的类型

7.3.2　并行 ADC 器件 ADC0809 的接口技术

ADC0809 是典型的逐次逼近型并行接口 A/D 转换器，其引脚和内部结构如图 7-9 所示。下面介绍其基本结构和使用方法。

逐次逼近式 ADC 主要由结果寄存器、比较器和控制逻辑等部件组成，其工作原理是，采用对分搜索逐位比较的方法逐步逼近，利用数字量试探地进行 D/A 转换，再比较判断，从而实现 A/D 转换。

将 ADC 中的 D/A 转换器的输出从二进制数据的最高位起，依次逐位置 1，与待转换的模拟量进行比较，若前者小于后者，则该位置 1 并保留下来，若前者大于后者，则该位清 0；然后再照此比较下一位，直至最低位。最后得到转换结果，即 A/D 转换的值。

此类 A/D 转换的特点是，转换速度较快（其比较次数等于 ADC 的位数），通常在数微秒至数百微秒数量级；若被转换的模拟量变化较快，则需要加采样保持电路；若被转换的模拟量幅度过小，则需要加信号放大等前级处理电路。

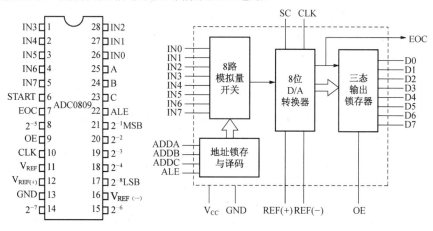

（a）ADC0809 引脚图　　　　（b）内部结构示意图

图 7-9　ADC0809 内部结构与引脚分布

ADC0809 的主要技术指标如下：

- DIP28 封装的 CMOS 低功耗器件，分辨率为 8 位，误差 1LSB。
- 转换时间约 100μs（设转换时钟输入频率为 640kHz）。
- 有 8 个可供选通的模拟信号输入通道。
- +5V 单一电源，采用单一电源+5V 供电时量程为 0～+5V。
- 无须零位或满量程调整，使用 5V 或采用经调整模拟间距的电压基准工作。
- 带有锁存控制逻辑的 8 通道多路输入模拟开关。
- 带锁存器的三态数据输出，由 OE 信号控制。
- 转换结束标志信号是 EOC，可查询 EOC 是否为 1 或由 EOC 申请中断。

ADC0809 的 8 路模拟量输入通道是 IN7～IN0，一次只能选通其中的某一路进行转换，选通的通道由 ALE 上升沿时送入的 C、B、A 引脚信号决定。C、B、A 地址与选通的通道间的关系如表 7-4 所示。

表 7-4　C、B、A 地址与通道间的关系

C	B	A	被选通的通道
0	0	0	IN0
0	0	1	IN1
0	1	0	IN2
0	1	1	IN3
1	0	0	IN4

续表

C	B	A	被选通的通道
1	0	1	IN5
1	1	0	IN6
1	1	1	IN7

ADC0809 的典型应用如图 7-10 所示（将在第 8 章中介绍由单片机扩展的 FPGA 直接控制 ADC0809 的示例）。由于 ADC0809 输出含三态锁存，所以其数据输出可以直接连接至 51 单片机的数据总线 P0 口。可通过外部中断或查询方式读取 A/D 转换结果。

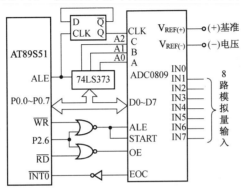

图 7-10　ADC0809 与单片机接口电路图

【例 7-3】设 ADC0809 与 51 单片机的硬件连接如图 7-10 所示，要求采用中断方法，进行 8 路 A/D 转换，并将 IN0～IN7 转换结果分别存入片内 RAM 的 40H～47H 地址单元内。其程序如程序 7-3 所示。

【程序 7-3】

```
        ORG     0000H
        LJMP    MAIN                ; 转主程序
        ORG     0003H               ; 中断服务入口地址
        LJMP    INT0F               ; 中断服务
        ORG     0030H
MAIN:       MOV     R0, #40H        ; 内部数据指针指向30H单元
        MOV     BDPTR, #0BFF8H      ; 指向P2.6口，且选通IN0（低3位地址为000）
        SETB    IT0                 ; 设置下降沿触发
        SETB    EX0                 ; 允许INT0中断
        SETB    EA                  ; 开总中断允许
        MOVX    @DPTR, A            ; 启动A/D转换
        LJMP    $                   ; 等待转换结束中断
```

中断服务程序如下：

```
INT0F:  MOVX    A, @DPTR            ; 读取A/D转换结果
        MOV     @R0, A              ; 存结果
        INC     R0                  ; 内部指针下移
        INC     DPTR                ; 外部指针下移，指向下一路
        CJNE    R0, #48H, NEXT      ; 未转换完8路，继续转换
        CLR     EX0                 ; 关中断允许
        RETI                        ; 中断返回
```

```
NEXT:   MOVX    @DPTR,A      ；启动下一路A/D转换
        RETI                 ；中断返回，继续等待下一次
        END
```

7.3.3　串行 ADC 器件 MAX187/189 的接口技术

相比于并行接口的 ADC，串行 ADC 的主要优势是，引脚数少（常见的仅 8 个引脚或更少）、集成度高（基本上无须外接其他辅助器件）、易于数字隔离、易于芯片升级、廉价等。但缺点是速度相对较低，且对单片机的速度和接口要求较高，以致许多单片机不适用于控制此类 ADC（将在第 8 章中给出解决方案）。

MAX187/189 是 MAXIM 公司生产的具有 SPI（Serial Peripheral Interface）串行总线接口的 12 位逐次逼近式（SAR）A/D 转换芯片，其主要特点是：

- 12 位逐次逼近式串行 A/D 转换。
- 转换速率为 75kHz，转换时间为 8.5μs。
- 单一+5V 供电，输入模拟电压为 0～5V。
- DIP8 引脚封装，外接元件简单，使用方便。

MAX187 与 MAX189 的区别在于，MAX187 具有内部基准，无须外部提供基准电压，MAX189 则需外接电压基准。

MAX187/189 芯片引脚如图 7-11 所示，各引脚的功能如下。

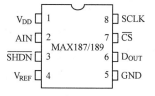

图 7-11　MAX187/189 引脚图

- V_{DD}：工作电源，+5V±5%。
- GND：模拟和数字地。
- V_{REF}：参考电压输入。
- $\overline{CS}$：片选输入。
- AIN：模拟电压输入，范围为 0～V_{REF} 或 0～4.096 V（MAX187）。
- $\overline{SHDN}$（Shut Down）：关闭控制信号输入，提供三级关闭方式，即待命低功耗状态（电流仅 10μA），通过设置可以选择允许使用内部基准或禁止使用内部基准。
- D_{OUT}：串行数据输出，在串行脉冲 SCLK 的下降沿数据变化。
- SCLK：串行时钟输入，最大允许频率为 5MHz。

使用 MAX187/189 进行 A/D 转换时的主要步骤如下：

（1）启动 A/D 转换，等待转换结束。当 $\overline{CS}$ 输入低电平时，即启动 A/D 转换，此时 D_{OUT} 引脚输出低电平，充当传递转换结束信号的作用。当 D_{OUT} 输出变为高电平时，说明转换结束（在转换期间，SCLK 不允许送入脉冲）。

（2）串行读出转换结果。从 SCLK 端输入读出时钟，每输入一个脉冲，D_{OUT} 引脚上输出一位数据，数据输出的顺序为先高位后低位，在 SCLK 信号的下降沿，数据更新，在 SCLK 的上升沿，数据稳定。在 SCLK 信号为高电平期间从 D_{OUT} 引脚上读数据。需要特别注意的是，MAX187/189 的片选在转换和读出数据期间必须始终保持低电平。

MAX187/189 与 51 单片机的连接电路如图 7-12 所示。其中，P1.7 控制片选，P1.6 输入串行移位脉冲，P1.5 作为接收串行数据端口。

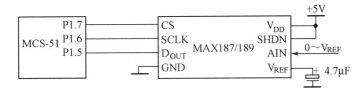

图 7-12 MAX187/189 与 51 单片机的连接图

　　MAX187 外接 4.7μF 退耦电容激活内部电压基准，接+5V 电源允许使用内部基准。

　　电路的工作流程是：清 P1.7，启动 MAX187 开始 A/D 转换；读 P1.5，等待转换结束；当 P1.5 变高时，转换结束；从 P1.6 引脚发串行脉冲，从 P1.5 引脚逐位读取数据。

　　由于 51 单片机外接晶振通常为 12MHz，即便是执行一条单周期指令也需 1μs，所以发送 SCLK 时无须延时。

　　【例 7-4】根据图 7-12 所示的 MAX187 与 51 单片机连接的电路图，将 MAX187 转换结果存入 31H、30H 单元，右对齐，31H 存高位（高 4 位补 0）。其程序如程序 7-4 所示。

　　【程序 7-4】

```
            HIGH    EQU 31H
            LOW     EQU 30H
            ORG     0000H
START:              MOV HIGH, #00
            MOV     LOW, #00      ; 将转换结果单元清除
            CLR     P1.6          ; 启动A/D转换
            CLR     P1.7
            JNB     P1.5, $       ; 等待转换结束
            SETB    P1.6          ; SCLK上升沿
            MOV     R7, #12       ; 置循环初值12
LP:         CPL     P1.6          ; 发SCLK脉冲
            JNB     P1.6, LP      ; 等待SCLK变高
            MOV     C, P1.5       ; 将数据存到C
            MOV     A, LOW
            RLC     A
            MOV     LOW, A
            MOV     A, HIGH
            RLC     A
            MOV     HIGH, A       ; 将取到的数据位逐位移入结果保存单元
            DJNZ    R7, LP
            SETB    P1.7          ; 结束
            RET
            END
```

7.3.4 串行精密 ADC 器件 ADS1100 的接口技术

　　ADS1100 是具有自校准功能的 16 位精密 A/D 转换器，使用可兼容的 I^2C 串行接口，在 2.7V～5.5V 的单电源下工作。以电源作为基准电压，转换按比例进行。有单次和连续两类数据转换模式，而且体积小、功耗低，是嵌入式仪器仪表高分辨率采样测量电路的理想 A/D

转换芯片。ADS1100 的封装为小型 SOT23-6，引脚与结构如图 7-13 所示。

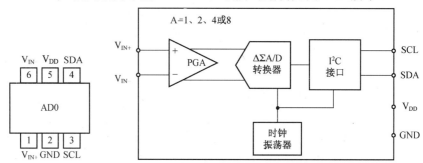

图 7-13　ADS1100 的引脚与结构

ADS1100 可每秒采样 8、16、32 或 128 次进行转换；片内可编程的增益放大器 PGA 提供高达 8 倍的增益，允许对较微弱的信号进行测量，并且具有高分辨率。在单周期转换方式中，ADS1100 在一次转换之后自动掉电，在空闲期间极大地减少了电流消耗。

ADS1100 为需要高分辨率测量的应用而设计，在这种应用中，空间和电源消耗是首要考虑的问题，典型应用包括便携式仪器、工业过程控制和小型发送器等。

ADS1100 的主要技术指标和特点如下：

- 完整的数据采集系统和小型 SOT23-6 封装内部系统时钟。
- 16 位无漏失码，连续的自校准，单周期转换。
- INL：满标度是量程的 0.0125%（最大值）。
- 可编程增益放大器，增益=1、2、4 或 8，低噪声 4Vp-p。
- I^2C TM 接口，可编程的数据速率 8SPS～128SPS。

ADS1100 是一个全差分 16 位自校准 $\varDelta$-Σ 型模/数转换器，接口简单，控制方便，由一个带有可调增益的 $\varDelta$-Σ 模/数转换器内核、一个时钟发生器以及一个 I^2C 接口组成。以下将对 ADS1100 的各组成部分以及使用方法作出说明。

（1）A/D 转换方式。ADS1100 的模/数转换器内核由一个差分开关电容 $\varDelta$-Σ 调节器和一个数字滤波器组成。此调节器测量正模拟输入和负模拟输入的电压差，并将其与基准电压相比较。在 ADS1100 中，基准电压即电源电压。数字滤波器从调节器接收高速位流，并输出一个代码，该代码是一个与输入电压成比例的数字。

（2）输出码计算。输出码是一个标量值（除电路削波以外），与两个模拟输入端的压差成比例。输出码限定在一定数目范围内，该范围取决于代表输出码所需的位数，而 ADS1100 的代表输出码所需的位数又取决于数据速率。

（3）ADS1100 的读操作时序。ADS1100 的读操作时序如图 7-14 所示。首先在 SCL 为高电平时，SDA 出现一个下降沿启动 I^2C 总线，然后发送的第一个字节就是 ADS1100 的地址，其中第 8 位为读写方向位（"1"表示接收 ADS1100 的数据，"0"表示发送数据给 ADS1100）。ADS1100 接收到字节信号后要返回一个应答信号，建立主从握手成功后，若是进行读操作，ADS1100 依次发送输出寄存器高位字节、低位字节和方式寄存器字节数据，单片机每收到一个字节都要返回一个应答信号，也可只读一个字节，若多于 3 个字节，后面收到的将是 FFH。

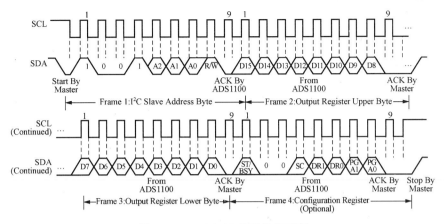

图 7-14　ADS1100 的读操作时序

（4）ADS1100 的写操作时序。用户可写新的内容至配置寄存器，但不能更改输出寄存器的内容。为此，要对 ADS1100 寻址进行写操作，并对 ADS1100 写入一个字节，这个字节将被写入到配置寄存器中。向 ADS1100 写入多个字节是无效的，ADS1100 将忽略第一个字节以后的任何输入字节，并且它只对第一个字节作出应答，ADS1100 的写操作时序如图 7-15 所示。ADS1100 的工作方式由配置寄存器中各位决定，如表 7-5 所示。其中的第 7 位 ST/BSY 是单次 A/D 转换模式控制位，置 1 启动一次转换，置 0 无意义；第 4 位的 SC 控制转换方式，置 1 为单次转换模式，置 0 是连续转换模式；第 3、2 位决定转换速率，即当 DR1、DR0 分别等于 00、01、10、11 时，数据速率分别取 128、32、16、8SPS；第 1、0 位控制增益，即当 PGA1、PGA0 分别等于 00、01、10、11 时，增益分别取 1、2、4、8。

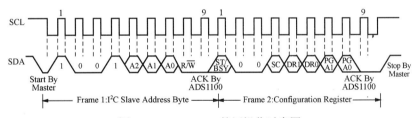

图 7-15　ADS1100 的写操作时序图

表 7-5　工作方式配置寄存器

位数	7	6	5	4	3	2	1	0
名称	ST/BSY	0	0	SC	DR1	DR0	PGA1	PGA0

下面是 51 单片机控制 ADS1100 示例程序。

【例 7-5】如图 7-16 所示的 ADS1100 与 51 单片机连接的电路图，其中 SCL 与单片机的 P2.2 连接，SDA 与 P2.0 连接，电路的控制程序如程序 7-5 所示。

Vin+	1	6	Vin-	--0V
GND	2	5	V_{DD}	--+5V
P2.2--SCL	3	4	SDA	--P2.0

图 7-16　单片机控制 ADS1100 接口图

【程序 7-5】

```
SDA        EQU        P2.0          ; ADS1100的数据I/O脚
SCL        EQU        P2.2          ; ADS1100的时钟信号
```

```
A_D:        CALL        I2C_START       ; 启动ADS1100
            MOV         A, #10010001B   ; 发送ADS1100地址91H（读操作）
            CALL        BSEND           ; 调发送子程序
            NOP
            NOP
            MOV         R3, #3          ; 读入3个字节
            MOV         R0, #30H        ; 存储指针R0=30H
A_D2:       LCALL       BREAD           ; 调用读1字节子程序
            DJNZ        R3, A_D2
            RET
BREAD:      MOV         R2, #08H        ;  循环初值R2=8
L_RD0:      CLR         A
L_RD:       CLR         SCL             ; 发送1个移位脉冲
            CALL        DL5
            MOV         C, SDA          ; 读入1位数据
            SETB        SCL
            NOP
            RLC         A               ; 数据送累加器A，并左移1位
            DJNZ        R2, L_RD        ; 循环8次
            MOV         @R0, A          ; 保存数据
            INC         R0              ; 修改存储器指针
            CLR         SCL             ; ACK 主控器件应答
            CALL        DL5
            CLR         SDA
            CALL        DL5
            SETB        SCL
            CALL        DL5
            CLR         SCL
            CALL        DL5
            SETB        SDA
            CALL        DL5
            RET
BSEND:      MOV         R2, #08H        ; 发送子程序，1字节8位
SENDA:      CLR         SCL
            CALL        DL5
            RLC         A               ; 左移一位
            MOV         SDA, C          ; 写一位
            CALL        DL5
            SETB        SCL
            CALL        DL5
            DJNZ        R2, SENDA       ; 是否写完8位
            CLR         SCL             ; 应答信号
            SETB        SCL
            CALL        DL5
            RET
I2C_START:  SETB        SDA             ; 启动ADS1100
            CALL        DL5
            SETB        SCL
            CALL        DL5
            CLR         SDA
```

```
            CALL      DL5
            CLR       SCL
            CALL      DL5
            RET
I2C_STOP:   CLR       SDA                    ; I²C停止子程序
            CALL      DL5
            CLR       SCL
            CALL      DL5
            SETB      SCL
            CALL      DL5
            SETB      SDA
            RET
DL5:        MOV       R6, #05H               ; 延时子程序
DL5_1:      NOP
            DJNZ      R6, DL5_1
            RET
```

7.3.5 串行高速 ADC 器件 ADS7816 的接口技术

ADS7816 是一种 12 位、200kHz 转换速率的 A/D 转换器。它具有自动关闭电源时的低功耗工作方式、同步串行接口、采用差分输入的模拟信号以及可编程的参考电压和分辨率。其参考电压可改变范围是 100mV～5V；可改变的分辨率范围是 24μV～1.22mV。此外，它还有低功耗、自动断电、体积小等特点，因此是使用电池供电系统以及远程和/或隔离的数据采集的理想选择，也适用于要求大量信号同时进行采集的应用系统 ADS7816 提供 3 种封装形式：8pin-PDIP、8pin-SOIC、8pin-MSOP 封装。

1．ADS7816 的技术指标和主要特点

ADS7816 的技术指标和主要特点如下：

- 串行接口，200kHz 的采样率，差分输入。
- 微功耗，200kHz 和 12.5kHz 时分别是 1.9mW 和 150mW，掉电时最大电流 3mA。
- 8pin-PDIP、SOIC 和 MSOP 封装。

2．ADS7816 的结构与工作时序

ADS7816 的引脚与结构如图 7-17 所示。ADS7816 的工作时序如图 7-18 所示，在此时序图中，串行时钟 DCLOCK 用于同步数据转换，每位转换后的数据在 DCLOCK 的下降沿开始传送。因此，从 D_{OUT} 引脚接收数据时，可在 DCLOCK 的下降沿期间进行，也可以在 DCLOCK 的上升沿期间进行。

通常情况下，采用在 DCLOCK 的上升沿接收转换后的各位数据流。$\overline{CS}$ 的下降沿用于启动转换和数据变换，其有效后的最初 1.5～2 个转换周期内，ADS7816 采样输入信号，此时输出引脚 D_{OUT} 呈高阻态。DCLOCK 的第二个下降沿后 D_{OUT} 使能，并输出一个时钟周期的低电平的无效信号。在随后的 12 个 DCLOCK 周期中，D_{OUT} 输出转换结果，其输出数据的格式是最高有效位（B11 位）在前。当最低有效位（B0 位）输出后，若 $\overline{CS}$ 变为高电位，则一次转换结束。若 $\overline{CS}$ 仍保持为低电平，则在随后的时钟周期中，D_{OUT} 将以最低有效位

在前的格式重复输出转换后的数据，其中第二次重复输出的最低有效位不再出现（与前一输出周期的最低有效位重叠），当最高有效位（B11 位）重新出现后，以后的时钟序列对 ADS7816 不产生影响，仅当 $\overline{CS}$ 由高变为低后，ADS7816 才启动下一个新的转换。

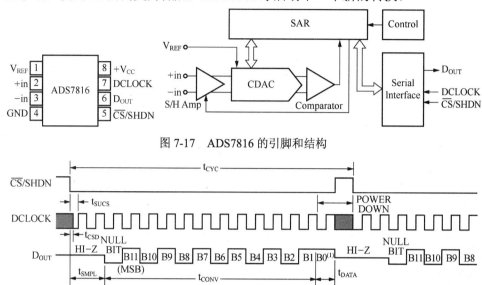

图 7-17　ADS7816 的引脚和结构

图 7-18　ADS7816 的工作时序

3. ADS7816 与单片机的接口及示例程序

虽然 51 单片机没有标准的 SPI 接口，但却可以用软件来模拟 SPI 时序。从 ADS7816 的工作时序可以看出，当 $\overline{CS}$ 有效后，过 1.5～2 个时钟周期，D_{OUT} 使能并输出一个时钟周期的低电平的无效数据位，此后的 12 个时钟周期中，每个 DCLOCK 的下降沿，D_{OUT} 输出对应位的有效数据位。

【例 7-6】如图 7-19 所示的 ADS7816 与 51 单片机连接的电路图，其中 CLK 与单片机的 P2.2 连接，D_{OUT} 与 P2.0 连接，$\overline{CS}$ 与 P2.3 连接。单片机的汇编程序如程序 7-6 所示。

图 7-19　单片机控制 ADS7816 接口图

【程序 7-6】

```
CS       EQU      P2.3            ; ADS7816的片选
SCL      EQU      P2.2            ; ADS7816的时钟信号
DOUT     EQU      P2.0            ; ADS7816的数据I/O脚
AD_START:                        ; ADS7816 A/D转换子程序
         MOV      P2,  #0FFH      ; 启动A/D
         MOV      R0,  #30H       ; 设置存储器指针
         CLR      CS              ; 片选信号有效
         SETB     CLK             ; 时钟信号高电平
         MOV      R2,  #03H       ; 产生3个CLK脉冲
LP_1:    CLR      CLK
         NOP
```

```
        SETB    CLK
        DJNZ    R2, LP_1            ; 循环
        MOV     R2, #04H            ; 读高4位A/D结果
        LCALL   LP_2               ; b11～b8
        MOV     R2, #08H            ; 读低8位A/D结果b7～b0
LP_2:   CLR     A                  ; 累加器A清0
LP_3:   CLR     CLK                ; 时钟信号低电平
        MOV     C, Dout            ; 读入1位A/D转换数据
        SETB    CLK                ; 时钟信号高电平
        RLC     A                  ; 读入数据循环左移到A累加器
        DJNZ    R2, LP_3           ; 循环
        MOV     @R0, A             ; 保存结果
        INC     R0                 ; 修改存储器指针
        SETB    CS                 ; 关闭片选信号
        RET                        ; 子程序返回
```

7.3.6　高速微功耗串行 ADC 器件 TLV2541 的接口技术

TLV2541/2/5 是高性能的 12 位低功耗 CMOS 系列模/数转换器。TLV254x 系列产品在单端 2.7V～5.5V 的电源电压下工作，器件带有单通道、双通道或单通道伪差分（Single Pseudo Differential）输入，每个器件均有一个片选 $\overline{\text{CS}}$ 端，一个串行时钟 SCLK 和一个串行数据输出 SDO。这为最常用的微处理器提供了一个三线接口、SPI 接口。若与 DSP 连接，会以一个帧同步信号 FS 来标示所有器件的 $\overline{\text{CS}}$ 端或者 TLV2541 的 FS 端上的串行数据帧的开始。 TLV2541/2/5 的设计允许它们在极低的功耗下工作，而且以自动掉电的方式使其微功耗特点得到进一步增强，该系列产品可以为带有 SCLK 的微处理器提供一个高速串行链接，其速率可高达 20MHz。TLV254x 系列产品使用内置的振荡器作为转换时钟，可提供 3.5μs 的转换时间。TLV2541 的引脚图和结构图如图 7-20 所示，表 7-6 给出了各引脚的功能说明。 TLV254x 的技术指标和主要特点如下：

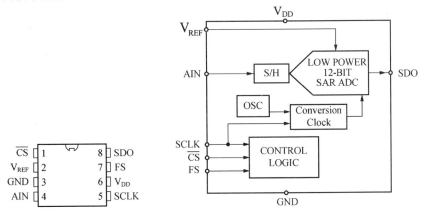

图 7-20　TLV2541 引脚图和结构图

- 小型 8 引脚 MSOP 和 SOIC 封装，内置转换时钟。
- SFDR：85 dB f_i= 20kHz；INL/DNL：最大±1 LSB SINAD 72dB。

- 可兼容 SPI/DSP 的串行接口，带自动掉电的低功耗。
- 单端电源电压 DC2.7V～5.5V，带 500kHz 带宽的轨对轨的模拟输入。
- 工作电流：2.7V 电压时 1mA，5V 电压时 1.5mA。
- 自动掉电：2.7V 电压时 2μA，5V 电压时 5μA。

表 7-6 TLV2541 引脚功能说明

名　称	I/O	说　明
AIN	I	模拟输入通道
$\overline{CS}$	I	片选端。$\overline{CS}$ 还可用作 FS 引脚，如果 TLV2541 被连接到 DSP 专用串行端口，则该引脚也可接地
FS	I	DSP 帧同步输入。串行数据帧开始的指示端，若该引脚未用，则连接到 V_{DD}
GND	I	对内部电路的地
SCLK	I	输入串行时钟。该引脚从主机处理器接收串行 SCLK
SDO	O	<ul><li>用于 A/D 转换结果的三态串行输出端。SDO 保持高阻抗直到 $\overline{CS}$ 的下降沿或 FS 的上升沿，这取决于何者先发生。输出的格式是最高有效位在前</li><li>在 FS 未用（在 $\overline{CS}$ 的下降沿期间 FS＝1）时，在 $\overline{CS}$ 的下降沿之后，最高有效位发送至 SDO 引脚，并且在 SCLK 的第一个下降沿期间输出的数据有效</li><li>在 $\overline{CS}$ 和 FS 都被使用（在 $\overline{CS}$ 的下降沿期间 FS＝0）时，在 $\overline{CS}$ 的下降沿之后最高有效位发送至 SDO 引脚。当 $\overline{CS}$ 保持为低电平时，在 FS 上升后最高有效位在 SDO 上发送，输出数据在 SCLK 的第一个下降沿有效（通常与一个有效的 FS 一起使用，该 FS 是从一个带专门串行端口的 DSP 发出的）</li></ul>
V_{DD}	I	正电源电压
V_{REF}	I	外部基准输入

以下讨论 TLV2541 的工作时序和工作方式。

1. 控制和时序

TLV2541 的工作时序如图 7-21 所示。图中 TLV2541 通过 $\overline{CS}$ 和 FS 控制或仅通过 FS 控制进行数据交换。TLV2541 取样周期的开始有如下 3 种方式：

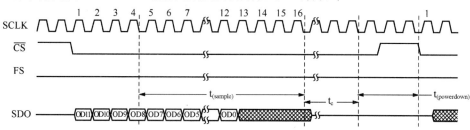

图 7-21　TLV2541 通过 $\overline{CS}$ 和 FS 控制或仅通过 FS 控制

（1）由 $\overline{CS}$ 端（$\overline{CS}$ 的下降沿期间 FS＝1）控制。$\overline{CS}$ 的下降沿是工作周期的开始，在 $\overline{CS}$ 为低电平后，最高有效位应在 SCLK 的第一个下降沿被读取，输出数据在 SCLK 的上升沿变化。这通常用于带有 SPI 接口的微控制器（例如 DSP 处理器）。微控制器的 SPI 接口应被编程为 CPOL=0，涉及地线的串行时钟和 CPHA=1 在串行时钟的下降沿数据有效，在 $\overline{CS}$ 变为高电平以后，在 SCLK 上需要一次下降沿转变。

（2）由 FS 端（$\overline{\text{CS}}$ 端保持低电平）控制。在 FS 的上升沿后发送最高有效位。FS 的下降沿是周期的开始，在 FS 变为低电平后，最高有效位应在 SCLK 的第一个下降沿被读出，这是 ADC 为 DSP 串行端口上的唯一器件时的典型配置。

（3）由 $\overline{\text{CS}}$ 和 FS 控制。在 $\overline{\text{CS}}$ 的下降沿发出最高有效位，FS 的下降沿是取样周期的开始。在 FS 变为低电平后，最高有效位应在 SCLK 的第一个下降沿被读取，输出数据在 SCLK 的上升沿改变该配置。

2．取样时序

转换器的取样时间为 12 个持续的 SCLK 脉冲。在转换器接收到 $\overline{\text{CS}}$ 端上一个从高到低的跳变（对 TLV2541，则为 FS 端上一次从高到低的跳变）之后，该取样时间从接收到第 5 个 SCLK 开始。

3．A/D 转换

TLV2541/2/5 在第 16 个 SCLK 的下降沿之后开始，用 3.5μs 完成转换。在 $\overline{\text{CS}}$ 或 FS 的上升沿之前必须保证有足够的转换时间以避免使转换过早地结束。但应注意，在取样之间应留有足够的时间，以避免过早地终止周期。这种情况会在 $\overline{\text{CS}}$ 的一次上升跳变中发生，如果转换没有完成，在一个取样周期期间发送的 SDO 数据是上一个周期所取样本转换的结果。

【例 7-7】如图 7-22 所示的 TLV2541 与 51 单片机连接的电路图，其中 SCLK 与单片机的 P2.3 连接，FS 与 P2.2 连接，SDO 与 P2.0 连接。单片机的汇编程序如程序 7-7 所示。

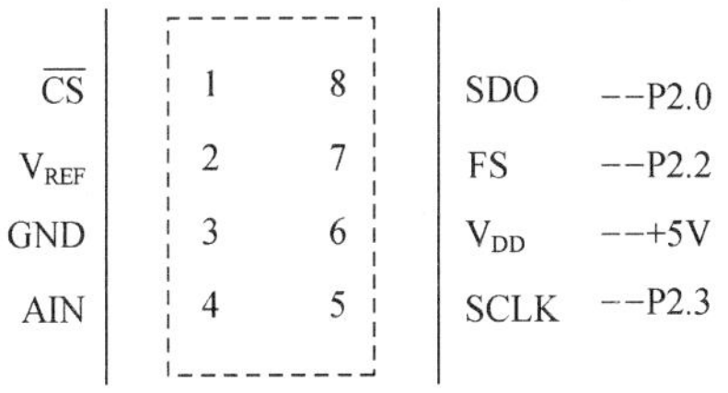

$\overline{\text{CS}}$	1	8	SDO	--P2.0
V_{REF}	2	7	FS	--P2.2
GND	3	6	V_{DD}	--+5V
AIN	4	5	SCLK	--P2.3

图 7-22　单片机控制 TLV2541 接口图

【程序 7-7】

```
FS          EQU     P2.2              ; TLV2541的选通信号
CLK         EQU     P2.3              ; TLV2541的时钟信号
DOUT        EQU     P2.0              ; TLV2541的数据输出信号
                                      ; TLV2541 A/D转换程序
AD_START:                             ; 启动A/D
                    MOV  R0，#30H      ; 设置存储指针
            SETB    FS                ; 允许TLV2541工作
            CLR     A                 ; A累加器清0
            CALL    DL_1              ; 延时
            SETB    CLK
            NOP
            NOP
            MOV     R2，#04H           ; 读高4位A/D结果
            LCALL   SPI_1             ; b11～b8
            MOV     R2，#08H           ; 读低8位A/D结果
            LCALL   SPI_1             ; b7～b0
            SJMP    L_SMP             ; 转取样程序
SPI_1:      CLR     CLK               ; 产生1个移位脉冲
            SETB    CLK
            MOV     C，Dout            ; 读入1位A/D转换数据
            CLR     FS
```

```
                    RLC     A           ; 转换数据循环左移入A累加器
                    DJNZ    R2, SPI_1   ; 位读入循环
                    MOV     @R0, A      ; 保存A/D转换数据
                    INC     R0          ; 修改存储指针
                    RET                 ; 子返回程序f
        L_SMP:      MOV     R2, #08H    ; 取样总周期>16个CLK
                    CALL    SMP         ; 调用产生脉冲子程序
                    SETB    FS
                    MOV     R2, #3      ; 取样周期结束
        SMP:        CLR     CLK         ; 产生1个时钟脉冲
                    SETB    CLK
                    DJNZ    R2, SMP     ; 脉冲周期循环
                    RET                 ; 子程序返回
    ; 延时子程序
        DL_1:       MOV     R6, #05H    ; Delay1
        DL_10:      DJNZ    R6, DL_10
                    RET
```

7.3.7 双通道 A/D 转换芯片 ADC0832 的接口技术

ADC0832 是美国国家半导体公司生产的一种 8 位分辨率、串行通信接口、双通道 A/D 转换芯片，其内部电源输入与参考电压复用，使得芯片的模拟电压输入范围在 0～5V 之间。芯片转换时间约为 32μs，转换速度快且稳定性能强。独立的芯片使能输入，使多器件挂接和处理器控制变得更加方便。通过 DI 数据输入端，可以方便地实现通道功能的选择。

ADC0832技术指标和主要特点如下：

- 8 位分辨率，双通道 A/D 转换，一般功耗仅为 15mW。
- 输入/输出电平与 TTL/CMOS 相兼容，5V 电源供电时输入电压在 0～5V 之间。
- 工作频率为 250kHz，转换时间为 32μs。
- 8P、14P-DIP（双列直插）、PICC 多种封装。
- 商用级芯片温宽为 0℃～+70℃，工业级芯片温宽为-40℃～+85℃。

ADC0832 芯片的引脚命名如图 7-23 所示，其中，$\overline{CS}$ 是片选使能，低电平使能有效；CH0 和 CH1 分别是模拟输入通道 0 和 1，也可作为差分信号 IN+/IN-输入口使用；GND 是参考 0 电位（地）；D1 是数据信号输入口；D0 是转换数据输出口；CLK 是芯片工作时钟输入口；V_{CC}（V_{REF}）是电源输入及参考电压输入（复用）口。

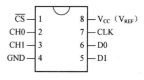

图 7-23 ADC0832 引脚图

通常情况下 ADC0832 与单片机连接需要 4 条数据线，分别连接 $\overline{CS}$、CLK、D0、D1。但由于 D0 端与 D1 端在通信时并未同时有效并与单片机的接口是双向的，所以电路设计时也可以将 D0 和 D1 并联在一根数据线上使用。

图 7-23 是 ADC0832 的工作时序图，根据此图，可以用单片机控制 ADC0832 的转换过程。当 ADC0832 未工作时，其 $\overline{CS}$ 输入端应为高电平，此时芯片禁用，CLK 和 D0/D1 的电

平可为任意值。当要进行 A/D 转换时，须先将 $\overline{CS}$ 使能端置低电平，并且保持低电平直到转换完全结束。

参考时序图图 7-24，单片机控制 ADC0832 的启动和转换的步骤如下：

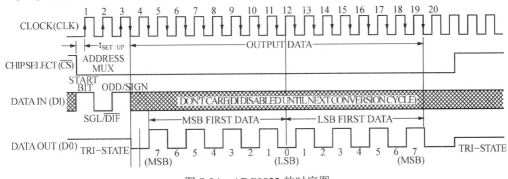

图 7-24 ADC0832 的时序图

（1）片选。将 $\overline{CS}$ 置为低电平方能启动转换，使 ADC0832 使能。此时 ADC0832 的 D0 端为高电平，D1 端等待接收指令。

（2）起始。向 D1 端输出一位高电平，表示起始位。D1 端的数据移入多路器地址移位寄存器是在每个时钟脉冲的上升沿发生的，因此每次向 D1 端置入一位数据时，在 CLK 端输出一个从 0～1 的跳变。

（3）配置。紧接起始位，转换器要求下面的两位数据为多路器 MUX 设置字，以选择模拟输入通道和输入方式，采用单端输入还是差分输入。ADC0832 多路器控制逻辑表如表 7-7 所示。

表 7-7 ADC0832 多路器控制逻辑

多路器地址		通 道 号	
SGL/DIF	ODD/EVEN	CH0	CH1
L	L	+	−
L	H	−	+
H	L	+	
H	H		+

当此两位数据为"1 0"时，只对 CH0 进行单通道转换；为"1 1"时，只对 CH1 进行单通道转换；为"0 0"时，将 CH0 作为正输入端 IN+，CH1 作为负输入端 IN−进行输入；为"0 1"时，将 CH0 作为负输入端 IN−，CH1 作为正输入端 IN+。

（4）A/D 转换。当起始位和两个配置位移入地址寄存器后，便开始 A/D 转换，即从第三个脉冲的下降沿开始转换，D1 端转为高阻态，D0 准备输出数据。

（5）读取数据。从第 4 个脉冲下降沿开始由 D0 端输出转换数据最高位 D7，随后，每一个脉冲下降沿，D0 端输出下一位数据，直到第 11 个脉冲时发出最低位数据 D0，至此一个字节的数据输出完成。从第 11 个脉冲到第 18 个脉冲之间输出 A/D 转换结果相反字节的数据，即从第 11 个字节的下降沿输出 D0，然后输出 D1～D7 共 8 位数据，到第 19 个脉冲时数据输出完成，也标志着一次 A/D 转换的结束。最后将 $\overline{CS}$ 置高电平，禁用芯片。

7.3.8 高速同步 10 位串行 A/D 转换器的接口技术

TLV1572 是高速同步的 10 位 A/D 转换芯片，具有单电源 2.7V～5.5V 供电，8 引脚 SOIC 封装，低功耗（3V 供电时功耗为 8mW，5V 供电时功耗为 25mW）的特点。当不进行 A/D 转换时，自动进入省电模式。当采用 5V 供电，时钟频率为 20MHz 时，最高转换速率为 625kSPS。

1. TLV1572 的引脚说明

TLV1572 的引脚排列如图 7-25 所示，各引脚的功能如下。

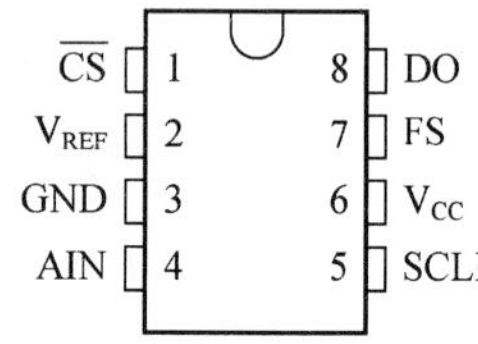

- $\overline{CS}$：片选使能，低电平芯片工作使能。
- V_{REF}：基准电压输入，最小值 2.7V，最大值 V_{CC}。
- GND：模拟地，芯片参考 0 电位（地）。
- AIN：模拟输入。最小值 GND，最大值 V_{REF}。
- SCLK：串行时钟输入。
- V_{CC}：电源，最小值 2.7V，最大值 5.5V。
- FS：DSP 方式时帧同步信号输入，在帧同步信号的下降沿，A/D 转换数据从 DO 引脚串行输出；SPI 方式时，和 V_{CC} 连接在一起为高电平。
- DO：A/D 转换串行数据输出。

图 7-25　TLV1572 引脚图

2. TLV1572 的工作原理

TLV1572 与微处理器的接口的 SPI 时序如图 7-26 所示。TLV1572 在片选信号 $\overline{CS}$ 的下降沿通过检测帧同步引脚 FS 的电平状态，来辨别系统是工作在微控制器 µC 模式还是 DSP 模式。若 FS 引脚是低电平，则系统工作于 DSP 模式；否则系统工作于 µC 模式。

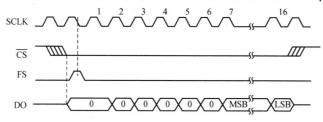

图 7-26　TLV1572 与微控制器接口的 µC 模式时序图

当 TLV1572 工作于 µC 模式时，FS 接高电平，在 $\overline{CS}$ 的下降沿，ADC 开始传输数据到微处理器。输出数据采用 16 位的数据格式，所以传输数据时，在 ADC 的 10 位转换结果前要补 6 个 0；在 $\overline{CS}$ 变为低电平后，从 SCLK 的第一个下降沿开始传输 0 值；在第 6 个 SCLK 的上升沿，6 个 0 位全部送出。此后，在 SCLK 的每个上升沿，ADC 真正的 10 位转换结果依次逐位传送出去，而微处理器在每个 SCLK 的下降沿接收数据。

图 7-24 中，数据输出 D0 线在第 16 个 SCLK 的上升沿时变为高阻态，在下一个 $\overline{CS}$ 的下降沿时从高阻态中恢复回来。而系统会在第 17 个 SCLK 的下降沿时进入自动掉电模式，在下一个 $\overline{CS}$ 的下降沿时从掉电模式中恢复出来，开始下一次的转换和数据传输。

3. TLV1572 与 AT89S51 单片机接口设计

图 7-27 给出了单片机 AT89S51 与 TLV1572 接口的设计电路，设置系统工作于 µC 模式。

单片机通过 P2 口与 TLV1572 连接，P2 口的 P2.0、P2.1、P2.2、P2.3 分别与 TLV1572 的 $\overline{CS}$、DO、FS 和 SCLK 引脚连接。例 7-8 是单片机与 TLV1572 A/D 转换的汇编子程序。

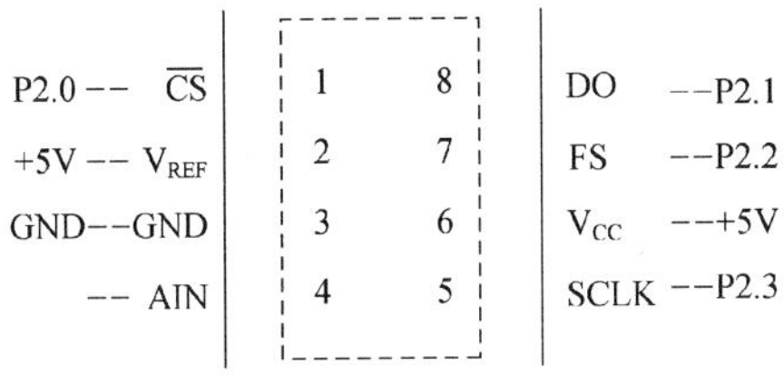

P2.0 --	$\overline{CS}$	1	8	DO	--P2.1
+5V --	V_{REF}	2	7	FS	--P2.2
GND--	GND	3	6	V_{CC}	--+5V
--	AIN	4	5	SCLK	--P2.3

图 7-27   单片机控制 TLV1572 接口图

【例 7-8】单片机与 TLV1572 A/D 转换的汇编程序。

【程序 7-8】

```
FS        EQU    P2.2              ;TLV1572的选通信号
CLK       EQU    P2.3              ;TLV1572的时钟信号
DO        EQU    P2.1              ;TLV1572的数据输出信号
CS        EQU    P2.0              ;TLV1572的片选信号
L_AD:                             ;TLV1572 A/D转换程序
          MOV    R0,#30H           ;设置存储指针
          SETB   FS                ;设置FS有效
          SETB   CLK
          CLR    CS                ;片选信号CS有效
          MOV    R2,#7
LP_0:     SETB   CLK               ;发送前导信号6个0
          NOP
          CLR    CLK
          DJNZ   R2,LP_0           ;循环
          MOV    R2,#02H           ;读高2位A/D结果
          CLR    A
          LCALL  SPI_1             ;调SPI读数据子程序
          MOV    R2,#08H           ;读低8位A/D结果
          CALL   SPI_1             ;调SPI读数据子程序
          SETB   CS                ;A/D转换结束，片选信号CS无效
          RET                      ;返回
                                   ;SPI读数据子程序
SPI_1:    SETB   CLK               ;设置CLK脉冲高电平
          MOV    C,Dout            ;读入一位A/D数据
          RLC    A                 ;读入数据循环左移入A累加器
          CLR    CLK               ;设置CLK脉冲为低电平
          DJNZ   R2,SPI_1          ;循环
          MOV    @R0,A             ;存储A/D数据
          INC    R0                ;修改存储指针
          RET                      ;子程序返回
```

思考练习题

1. D/A 与 A/D 转换器有哪些重要技术指标？叙述其含义。

2. D/A 转换器由哪几部分组成？D/A 转换电路为什么要有锁存器和运算放大器？

3．试述 D/A 转换器的单缓冲、双缓冲和直通 3 种工作方式。

4．试述 DAC0832 芯片输入寄存器和 DAC 寄存器二级缓冲的用途。

5．DAC0832 有几种工作方式？各用于什么场合？如何应用？

6．试设计 AT89S51 与 DAC0832 的接口电路，并编写程序，输出三角波的波形。

7．A/D 转换器有哪些主要性能指标？叙述其含义。

8．A/D 转换器的量化间隔与量化误差如何计算？试举例说明。

9．逐次逼近式 ADC 由哪几部分组成？各部分的作用是什么？

10．根据图 7-9 所示的 AT89S51 与 ADC0809 接口电路，若要从该 A/D 芯片模拟通道 IN0～IN7 每隔 0.1s 读入一个数据，并将数据存入地址为 0080H～0087H 的外部数据存储器中，试设计该程序。

11．将第 10 题 A/D 转换的最终结果送至 LED 显示，试编写相应的汇编程序。

12．请改用定时采样方式和中断采样方式重新编程实现第 10 题的功能。

13．画出 ADC0809 典型应用电路图，其中 CLOCK 引脚连接应注意什么问题？

14．如何选择 ADC0809 的 8 路输入通道？试举例说明。

15．选择 A/D 转换器片，应从哪几个方面考虑？

16．ADC0809 转换中断方式和查询方式各有什么优缺点？

17．画出 DAC0832 单缓冲及双缓冲的典型应用电路。

18．选择 D/A 转换器芯片应从哪几个方面考虑？

19．I^2C 总线 A/D、D/A 的优点是什么？什么类型的 A/D 和 D/A 适用于 I^2C 总线接口？

20．I^2C 总线的起始信号和终止信号是如何定义的？I^2C 总线数据传送时，应答是如何进行的？

21．I^2C 总线的数据传送方向如何控制？

22．试完成单片机对 TLV5637 的控制实验。设 TLV5637 与 AT89S51 的 P2 口连接，画出接口电路。要求使 TLV5637 分别从 A 通道和 B 通道输出锯齿波和三角波，试编写相应的汇编程序，并由双综示波器显示此两路波形。此实验的演示程序及 TLV5637 的 PDF 文件路径是：/MCU_TO_ADDA/EXP1_TLV5637/，演示程序对应的 TLV5637 的 DAC 实验模块是 C7（附录 B 中 B.3 节）。

参阅参考文献 1、2 和本书第 8 章，用 FPGA 控制 TLV5637，试于附录 B 的实验平台上完成以上实验要求，并将单片机与 FPGA 分别控制 TLV5637 输出波形（设每周期相同的波形数据点数）的最高频率进行比较（假设同时还要对某 ADC 进行采样控制），对比较结果进行评论。

23．将 ADS1100 的 A/D 转换结果折算为所测的电压值，并送至 1602 液晶显示器显示。试设计 A/D 转换器与单片机接口的电路，编写相应的汇编程序，并完成全部实验。此实验的演示程序及 ADS1100 的 PDF 文件路径是：/MCU_TO_ADDA/EXP2_ADS1100/，演示程序对应的 ADS1100 的 ADC 实验模块是 C3（附录 B 中 B.3 节）。

24．将 ADS7816 的 A/D 转换结果送至 1602 液晶显示器显示。试设计 A/D 转换器与单片机接口的电路，编写相应的汇编程序，并完成全部实验。此实验的演示程序及 ADS7816 的 PDF 文件路径是：/MCU_TO_ADDA/EXP3_ADS7816/，演示程序对应的 ADS7816 的 ADC 实验模块是 C6（附录 B 中 B.3 节）。

参阅参考文献 1、2 和本书第 8 章，用基于 FPGA 的状态机控制 ADS7816，试于附录 B 的实验平台上完成以上实验要求，并将单片机与状态机分别控制 ADS7816 的最高采样速率进行比较（假设同时还要对某 DAC 进行波形输出控制），对比较结果进行评论。

25．将 TLV2541 的 A/D 转换结果送至 1602 液晶显示器显示。试设计 A/D 转换器与单片机接口的电路，编写相应的汇编程序，并完成全部实验。此实验的演示程序及 TLV2541 的 PDF 文件路径是：

/MCU_TO_ADDA/EXP4_TLV2541/，演示程序对应的 TLV2541 的 ADC 实验模块是 C6（附录 B 中 B.3 节）。

参阅参考文献 1、2 和本书第 8 章，用基于 FPGA 的状态机控制 TLV2541，试于附录 B 的实验平台上完成以上实验要求，并将单片机与状态机分别控制 TLV2541 的最高采样速率进行比较（假设同时还要对某 DAC 进行波形输出控制），对比较结果进行评论。

26．将 ADC0832 的 A/D 转换结果送至 1602 液晶显示器显示。试设计 A/D 转换器与单片机接口的电路，编写相应的汇编程序，并完成全部实验。此实验的演示程序及 ADC0832 的 PDF 文件路径是：/MCU_TO_ADDA/EXP5_ADC0832/，演示程序对应的 ADC0832 的 ADC 实验模块是 C3（附录 B 中 B.3 节）。

27．将 TLV1572 的 A/D 转换结果送至 1602 液晶显示器显示。试设计 A/D 转换器与单片机接口的电路，编写相应的汇编程序，并完成全部实验。此实验的演示程序及 TLV1572 的 PDF 文件路径是：/MCU_TO_ADDA/EXP6_TLV1572/，演示程序对应的 TLV1572 的 ADC 实验模块是 C7（附录 B 中 B.3 节）。

参阅参考文献 1、2 和本书第 8 章，用基于 FPGA 的状态机控制 TLV1572，试于附录 B 的实验平台上完成以上实验要求，并将单片机与状态机分别控制 TLV1572 的最高采样速率进行比较（假设同时还要对某 DAC 进行波形输出控制），对比较结果进行评论。

第8章 基于单片机核的 SOC 技术

尽管前面的一些章节已较充分地展示了单片机的诸多实用技术和功能优势，如指令功能丰富、扩展方法多样、端口控制灵活、中断技术可靠等。但不难发现，有一个十分重要的问题始终未能涉及，即高速处理能力，特别是高速多目标控制能力的问题，而这正是现代电子设计技术中必须面对的一个非常重要和实际的问题。显然，仅凭单片机的传统功能和接口技术远远不能应付这些问题。

以控制领域的单片机应用为例，通常有两个最重要的指标，即功能和速度。如果不考虑速度因素，单片机加上特定的扩展模块，几乎可以完成任何任务，即单片机在实现功能的多样性方面是无可挑剔的，但是一旦必须考虑速度和高速并行问题的处理，传统单片机技术的劣势即刻暴露无疑。例如对于高速（包括并行和串行）ADC 或 DAC 的控制、基于多通道 PWM 的电机的控制、基于 SPWM 的步进电机的细分控制、各类调制信号发生的控制、各类高速通信协议的实现以及不同目的的高速运算等。

通常，解决以上问题有两种方案：

第一种方案是针对不同功能指标要求，选择不同的单片机或处理器，例如，若需对高速的 ADC 或 DAC 进行控制，可以选择含有特定接口功能的单片机或 DSP 处理器；若需对步进电机进行细分控制，则可选择用于电机控制的专用 DSP 处理器；若需实现数字调制信号的发生和控制，则可为单片机扩展特定的 DDS 专用器件。容易发现，这一途径的最大缺陷在于，对于系统设计指标和功能要求，必须找到对应的处理器和扩展模块，而且对于开发者来说，自主设计和选择的余地很小。事实上这是一个很难实现的任务，因为还没有一款处理器或单片机拥有能适应不同高速 DAC 和 ADC 的接口形式，同时还拥有多通道的 SPWM 端口，以及精度、速度和通道数都可随意编辑的 DDS 功能。也即第一种方案不能彻底解决问题，甚至连一些需要高速处理的基本设计任务也难以圆满完成。

第二种方案就是为单片机扩展一片 FPGA，这从任何一个角度，包括功能、速度、成本、技术指标、灵活性、开发效率、系统升级可行性等，都无疑是上佳的选择，而且还是一个"一揽子"解决方案。这一方案的实用领域正随着 FPGA 开发技术的深入推广而迅速扩大，一个很好的例证就是多届全国大学生电子设计竞赛中的许多成功的设计项目都使用了这一方案，本章给出的多则示例还将进一步证实这一观念。

本章主要介绍单片机与 FPGA 的接口技术及基于单片机核的 SOC 应用技术。读者可以通过本章给出的实例在掌握单片机与 FPGA 扩展技术的同时，更深入地体会这一技术的诸多优势。一个好的学习方法就是不断地考虑这样一个问题并付诸实践验证，即如果不用 FPGA 等 PLD 器件，对于实现同一个示例，可选择的替代方案是什么？所付出的代价又是什么？而对于这一项目的实现，FPGA 的不可替代性表现在哪些方面？

本章的学习应基于学过或正在学习 EDA 技术课程。因此，对于与 EDA 技术相关的内容不拟作详细说明。如有必要，建议读者参阅参考文献 1 和 2。

8.1　单片机扩展 FPGA 及单片机核应用技术

对于某些特定设计任务，有时，仅利用单片机和专用电路模块已难以完成。以数据采集为例，如果任务是对具有一定变化率的信号进行采集，必须使用转换率为 50MHz 的 ADC，例如可以使用 TI 的 8 位并行 TLC5540。此 ADC 的上限频率可达 50MHz，对应每个点的采样周期是 20ns，如果每一次操作必须连续采样并存储数十个数据，显然，目前还没有能直接胜任如此高速操作控制行为的单片机，更不用说对串行高速 ADC 进行采样控制的单片机了。然而就目前许多项目的设计指标看，这个采样速率并不算很高，而且类似的高速处理与控制的任务还很多。

对于此项任务的一个好的解决方案如图 8-1 所示，就是由单片机通过 FPGA 间接控制高速 ADC 的采样和数据存储。由于 FPGA 的并行工作频率可达数百兆，可以首先由 FPGA 接收单片机的命令，然后直接控制 ADC 进行数据采样，并将获得的数据存入 FPGA 中的高速 RAM 中。当完成一个或多个周期的采样任务后，由单片机将 RAM 中的数据全部读入单片机中进行计算、分析和结果显示。

基于 FPGA 扩展方案的单片机应用技术可以通过如下两种途径来实现：

（1）如图 8-1 所示那样，将 FPGA 作为一个扩展模块直接与普通单片机接口，单片机通过 FPGA 间接控制专用器件或直接利用其实现特定功能，这里不妨将此简称为 FPGA 扩展方案。在这个方案中，具有总线扩展功能的 51 单片机最有优势。这种方案在过去几届全国大学生电子设计竞赛的设计项目中应用最为广泛。

（2）利用单片机 IP 软核（Intellectual Property Soft Core），将所有软硬件控制模块都放在单片 FPGA 中，实现所谓 SOC（System On a Chip）的单片系统设计，这里称之为基于单片机 IP 软核的 SOC 设计方案或简称为单片 FPGA 系统方案。这是一个更具优势和发展前景的设计方案（如图 8-2 所示）。下面将分别给予讨论。

8.1.1　FPGA 扩展方案及其系统设计流程

对于 51 系列单片机，如图 8-1 所示的接口示意图是一个比较典型、实用和具有一般意义的电路模型，其特点是，除了显示和键盘，单片机不与其他任何控制目标或专用模块相接口，单片机所有控制和功能实现的任务都通过 FPGA 间接完成。

针对图 8-1 的接口方式，下面将对涉及的不同方面的技术问题分别给予介绍。

1．单片机与 FPGA 的口线连接

图 8-1 中所示的单片机与 FPGA 的口线连接方式只是一种比较常用的选择，并不必严格拘泥于同一模式。在图 8-1 中，P0 和 P2 两个 8 位口完整地与 FPGA 的 I/O 口相连。P0 和 P2 口的任务可以通过两种方式来完成。

（1）直接通信和控制方式。即 P0 口作为数据或命令的通信口，P2 口作为控制口，包括状态信号回读的通道、数据寄存器选通、数据或命令的锁存信号发生等。

（2）总线数据交换方式。这时必须结合 P3.6、P3.7 和 ALE 端口，P2 口输出高位地址线，P0 口作数据线并兼低 8 位地址线输出口。如果控制对象和数据量都较有限，则仅需 P0 口外加 P3.6、P3.7 和 ALE 端口，即可实现全部的数据和命令的通信任务。

图 8-1 中，P3.0 和 P3.1 也与 FPGA 接口的目的主要是可以通过 FPGA 中构建的串/并和并/串转换模块实现更多位的数据端口扩展，但是如果希望单片机通过 RS-232 通信方式与 PC 进行串行通信，则 P3.0 和 P3.1 就不必与 FPGA 接口了。有的单片机含 SPI 接口，也可利用此口与 FPGA 通信。

如果按照图 8-1 的方式由 FPGA 为单片机提供工作时钟，则不但可以省去一个晶体振荡器，更重要的是，FPGA 根据单片机不同的需要可提供不同频率的工作时钟。例如在串行通信时，为了获得特定的波特率，单片机可以选择 FPGA 中的锁相环为自己提供指定频率的工作时钟，如 11.0592MHz（对 STC89C 系列单片机的编程也需要这个频率的工作时钟）等；而当需要快速计算时，则可将工作时钟切换到 24MHz 或者高频率上去（对于 STC89C 单片机最高可达 40MHz）。如果单片机是 40Pin 双列直插封装的 89C51 系列单片机，来自 FPGA 的时钟信号可直接与单片机的第 19 脚相连，第 18 脚空置。

考虑到 FPGA 和单片机的 I/O 口电平的不一致以及可能的端口闲置情况（闲置端口如果相连可能出现"线与"现象），除时钟口线外（单片机与 FPGA 的时钟可以直接相连），所有接口连线都必须串接 300Ω 的限流电阻，同时设定 FPGA 的闲置 I/O 呈高阻输入状态。

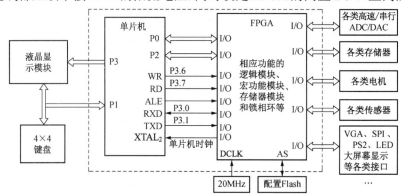

图 8-1　扩展了 FPGA 的单片机系统设计模型图

2．FPGA 测控对象的接口安排

由于 FPGA 可以很方便地处理并行任务，故可如图 8-1 中所示的那样并行接上所有需要的控制对象。下面分别进行讨论。

（1）ADC 采样控制。由于良好的高速性能，FPGA 与高速 ADC 接口十分常见，并行或串行接口都相同。在 FPGA 中，可以使用状态机的形式来控制 ADC 的采样，并实时地将每一采样周期获得的数据存入 FPGA 内部的 RAM 中，在适当的时候由单片机读取处理。考虑到接口通道的高速性质，为了更好地匹配传输特性阻抗，减少高频谐波信号反射波的干扰，应于每一通道线都串接一个小电阻。信号的频率越高，阻值应越小，大致可取 20Ω～50Ω，分别对应 100MHz～50MHz 的工作频率。此外要求通道连线尽可能短，电阻的物理尺寸尽可能小，如用 0603 或更小封装的电阻。

（2）DAC 信号输出控制。FPGA 控制高速 DAC 的优势不仅在于能提供高速的数据信号，更重要的是能为每个通道提供不同规模的高速波形数据 ROM。例如若使用 BB 公司的 10 位并行接口 DAC900（其转换速率上限可达 180MHz），来实现 DDS 函数信号发生器的其中一个通道，其波形 ROM 的大小将不会小于 4096×10 位。

此外，DAC 与 FPGA 的连接线路的处理方法与 ADC 情况相同。

（3）存储器接口。与 FPGA 接口的存储器主要有两类，一类是串行存储器，另一类是大规模的 SRAM 或 SDRAM 等动态存储器（在 FPGA 中可利用动态 RAM 控制模块），通常可作彩色液晶显示器、VGA 显示器的缓存或作为软核处理器的内存。

（4）直流电机控制。FPGA 必须通过一个驱动电路控制电机。对于转速的测定有多种方法，如光电法、光栅法、模数转换法等。FPGA 的功能模块主要包括 PWM 转速控制模块、电机转速测定模块、转速信号毛刺排除模块、闭环控制模块等。

（5）步进电机控制。FPGA 控制步进电机的优势是可以并行产生多通道的 SPWM，通过对它们之间的不同相位的控制，实现步进电机的细分驱动控制。

（6）显示控制。利用图 8-1 所示的电路能十分容易地实现 VGA 显示器、彩色液晶显示器或 LED 显示屏的显示控制。因为这些控制都涉及高速扫描、高速数据传输和高速大容量显示缓存的应用。显然，所有这些工作离开了 FPGA，普通单片机都无法办到。

（7）其他。事实上也有一些单片机，包括 ARM 单片机或 DSP 处理器，本身就带有 SPI 接口、PWM 输出端口、彩色液晶显示控制、特定 ADC 采样控制口或本身就含有 ADC 和 DAC，但在更多的情况中，并不能取代图 8-1 所示的电路方案。因为仅几项特定的功能端口远不能满足目前许多实用智能化控制系统的需求或临时的功能或指标要求的变化。许多测控系统需要同时测控多个对象，例如，需要同时利用不同的传感器获得外部的图像、温度、位移等信息，并据此给出适当的控制，包括对不同类型电机的控制，同时及时显示相关的内容。在实际应用领域，单片机系统也绝不可能只需孤立地面对一两个简单的测控对象。因此，这种扩展了 FPGA，具有综合测控功能和随时根据技术指标和功能要求不断变化的单片机系统拥有更广阔的实用空间。

（8）图 8-1 中为 FPGA 提供时钟频率的时钟模块建议选择 20MHz 的有源晶振。以本章实验示例中用到的 FPGA 为例，示例选择的是 Cyclone III 系列 FPGA EP3C10E144，其内部含有两个嵌入式锁相环，每个锁相环可以同时提供 3 个不同的时钟输出，倍频范围是 2kHz～1300MHz。这个时钟频率范围可以满足几乎所有测控对象和 FPGA 内部功能模块的工作时钟的需要。图 8-1 中的配置 Flash 是为 FPGA 提供配置文件的存储器。

3．单片机与液晶显示及键盘的接口

图 8-1 中，除了与 FPGA 的接口外，单片机的其余接口比较简单。P1 口的任务有两个，即作为液晶显示器的 8 位数据通道和 4×4 键盘的接口。P3 口的部分端口则作为液晶显示控制线。通常需要 3～4 根口线。如果项目涉及外部中断，则可选择非中断端口控制液晶，而将外中断请求信号端口与 FPGA 相连。此外，一般不考虑用单片机对外计数或中断请求。因为在 FPGA 中能设计出比单片机中的定时/计数器功能更强大、使用更方便、精度更好的定时计数模块。

如果需要考虑提高单片机工作的可靠性，可以在 FPGA 中增加一个看门狗计数器，这个计数器的清 0 端可以由来自单片机其他端口的信息经译码后输出控制，而此计数器的溢

出端可与单片机的外部复位端相连。这样就能构成一个可靠的看门狗测控系统。

除了 51 系列单片机外，图 8-1 中的单片机也可根据设计项目的具体技术指标和成本要求选择其他系列的单片机，如 Microchip 公司、Freescale 公司或 Zilog 公司的单片机。然而与 51 系列单片机丰富的指令系统相比（特别是诸如 MOVX 类指令），目前多数新型单片机都没有通过总线方式对外部存储器进行读写的指令，也就是说，这些单片机过多地注重本身的功能，即其自身的功能或许在某些方面得到了提高和增强，但对于外部接口，特别是对 FPGA 类特殊模块的接口能力却大为下降。因此在单片机与 FPGA 的数据交换的快捷性和规模性方面，经典的 51 系列单片机显示出了巨大的优势。

4．设计步骤与流程

传统单片机应用系统的开发，包括扩展模块的应用，从本质上说都不存在硬件设计的概念。因为包括单片机和扩展电路，都是现成的集成电路，其引脚、功能、时序性能都是预先确定或本身包含的。整个单片机的硬件系统只是一些包含既定功能的电路器件按照各自的接口方式连接起来而已，而真正谈得上设计的内容仅为单片机软件的设计与调试。因此传统单片机系统开发的核心任务主要集中在软件开发上，即使仿真调试也仅是围绕基于软件对 CPU 和接口硬件模块工作行为控制的测试。

然而以 FPGA 作为单片机主要扩展模块的系统设计方案与传统单片机系统开发有很大的不同。这是因为这个系统的开发包括基于 FPGA 的硬件设计与时序功能的测试、基于单片机的软件设计和仿真调试以及软硬件综合构建和调试。其主要步骤如下：

（1）硬件模块设计。根据设计对象的技术指标和设计方案，首先完成扩展器件 FPGA 中的功能模块的设计，并对其进行时序仿真和硬件测试。即首先完成硬件设计任务。利用时序仿真工具和其他测试工具确保此硬件功能模块工作性能的可靠无误。

（2）控制功能检测。以 ADC 控制为例，若某项设计要求 FPGA 控制一个高速 ADC，则必须首先设计 FPGA 中对此 ADC 能有效控制的硬件电路模块（可能是一个状态机），然后对此模块进行时序仿真测试，通过后，还要利用 FPGA 的一些开发测试工具测试此模块对 ADC 控制的可行性，而所有这些工作是在没有单片机控制的条件下完成的。

（3）单片机软件设计。在步骤（2）完成后，一定有一张（或数张）关于此模块时序性能的仿真波形图，此波形图一定也包含了此模块对 FPGA 右侧接口电路（如 ADC）的控制时序。这时，此仿真时序波形图就是基于 FPGA 的硬件模块的使用说明书，因此也就是单片机控制此模块软件程序的设计依据，即根据此模块与单片机接口信号的时序性能，便能方便地设计出控制此模块及面向最终控制对象（如 ADC）的程序。当然单片机程序还应包括键盘和显示的控制。

（4）软硬件统调。将单片机与 FPGA 中的功能模块联合起来调试，也可将对外部电路模块，如 ADC、电机、传感器等的控制考虑在内。使单片机软件、FPGA 中的硬件模块和控制对象三者能协调工作。

（5）优化软硬件功能结构。在许多情况下，软硬件工作是可以互为替代的。例如某项计算工作，可以用单片机的软件完成，也可利用 FPGA 中的硬件资源实现。因此最后的设计方案应根据设计项目的性能指标、成本、功耗、速度、可靠性等要求，综合权衡后确定软件和硬件承担的工作和功能，使设计项目中的软硬件工作得更协调完美。

8.1.2　基于单片机 IP 软核的 SOC 设计方案

如果将图 8-1 中虚线框中的所有内容都集成于一片大规模 FPGA 中，就能构成一个单片系统或可称片上系统（SOC）。如图 8-2 所示就是一个较简单的片上系统，这是单片机系统构建的另一个设计方案，即 SOC 方案。基于这个设计方案的 FPGA 中包含一个单片机软核、多个不同类型和用途的存储器以及存储器控制模块、一个能提供不同功能操作和通信接口的宏功能模块、硬件算法模块以及数个能提供不同时钟源的锁相环，其开发特点是首先设计和构建硬件环境，包括 CPU 硬件工作平台，然后对其进行硬件测试与仿真，最后是针对单片机 CPU 核的工作完成软件的设计与调试。

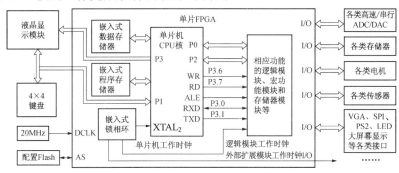

图 8-2　基于单片机软核的 FPGA 单片系统模块图

1. 基于 FPGA 的单片系统特点

片上系统的特点就是在一个单片集成电路模块中（这里主要指 FPGA）包含一个或多个处理器软核或硬核，所有必需的存储器以及各种功能模块、控制模块、通信模块和接口模块。片上系统是一个软硬件有机结合的综合系统模块。

相对于普通的单片机系统，也包括图 8-1 所示的系统，即使诸如图 8-2 所示的简单的片上系统也具备许多明显的优势。

（1）良好的抗干扰性能。由于所有功能模块都被集成于一个面积极小的集成电路芯片中，当其被焊接于具有良好抗干扰措施的 PCB 上后，其抗干扰能力将大幅提高。

（2）良好的速度性能。由于高集成度，FPGA 内各模块间的距离大幅减小，所有模块（包括单片机）间的连线都在 FPGA 内部完成，外部接线大为减少，信号传输的速度自然就能大幅提高，此外又由于 FPGA 本身的高速性能，使得置于其内的单片机核的工作速度也大幅度提高。以 Cyclone III FPGA 为例，图 8-2 所示中的 8052 单片机核的工作时钟频率最高可超过 200MHz，而通常的 51 系列单片机的时钟主频在 12MHz 左右。

（3）系统开发效率高。当所有模块都集成于同一片 FPGA 中后，不仅可以使用同一类开发工具（如 Quartus II）针对任何一个模块的设计，包括对 CPU 进行软硬件综合开发和调试，而且可以方便地调用各种功能强大的工具（如 SignalTap II 逻辑分析仪等）测试并了解任何一个模块内或模块间的数据和控制信号的流动情况，从而极大提高了系统开发的效率和系统工作性能。这在传统的单片机开发中是绝对无法实现的。

（4）系统升级便捷。由于在 FPGA 单片系统中的所有硬件模块都是由配置文件实现的，所以即使再复杂的模块，包括 CPU 本身的修改或设计都能通过配置文件的更新而瞬间完成，这种重构特性也是普通单片机系统无法办到的。此外 SOC 单片系统还有体积小、功耗低、成本低、最终设计成为 ASIC 器件容易等优点。

2. 基于单片机核的 FPGA 片上系统开发

由于在图 8-1 和图 8-2 的电路系统结构中的单片机都采用了 51 系列单片机 CPU，因此，这两个电路系统的设计方法类似，功能与扩展方法也基本相同，只是技术指标等项目有所不同。此外，开发流程也比较规范和高效。图 8-2 所示系统的开发主要集中在 FPGA 中进行，所以开发与调试工具也能较方便地借助先进的 EDA 开发工具来完成，其系统外围接口电路上需要注意的地方与图 8-1 相同，应重点关注以下几个方面：

（1）电平匹配。由于 FPGA 的 I/O 端口电平最高是 3.3V，如果接口模块的端口电平（如 TTL 5V 电平）高于此电平，并且呈向 FPGA 输入状态，则必须串接限流电阻，阻值不应大于 500Ω，且视信号频率高低选择阻值。通常，最高频率不超过 5MHz 时，可取 300Ω 的阻值。对于高速通信的端口尽量不要采用电平转换电路。

（2）阻抗匹配。对于最高频率高于 30MHz 的端口（包括 VGA 或 PS/2 的接口），即使电平能够匹配，也应该考虑在每一端口通道上串接上阻抗匹配电阻（20Ω左右），要求电阻的阻值和物理尺寸都比较小，以使接口电路通道上有合适的特征阻抗，以便衰减谐波，降低反射波功率，提高系统的电磁兼容能力。.

（3）注意高速 PCB 板的设计。相对于 FPGA 的端口速度，单片机都可归类为低速器件，单片机的端口速度至少要低两个数量级。因此，若希望保持 FPGA 的稳定工作性能及充分发挥其高速性能，要特别关注 PCB 板的设计，尽量保持 FPGA 的 PCB 板的高速电器性能。对于高速 PCB 板的设计技术，可参阅相关资料。

（4）键盘与显示接口设计。与图 8-1 不同，图 8-2 中的键盘和液晶显示器是与 FPGA 直接接口的。由于它们都属于慢速器件，故可直接与 FPGA 相接（不必串接电阻）。为了确保对液晶的控制信息中没有回读信号，在软件设计中可以加入适当的延时等待。此外，与 FPGA 接口的键盘口线都必须加上上拉电阻（10kΩ），上拉电平是 3.3V。

图 8-2 所示系统的详细开发流程可参考相关的 EDA 技术教材。大致流程如下：

（1）设计规划。根据系统功能和技术指标要求，规划系统结构和软硬件功能分配。与基于单片机的纯软件系统设计不同，FPGA 片上系统设计包含硬件设计和软件设计两个主要部分，这两个部分的控制或实现的功能在许多情况下是可以相互替代、相互渗透的。究竟如何划分，则要根据系统的速度和成本等因素综合考虑。传统的单片机系统并不存在硬件设计这一环节，因为所有硬件器件的实体和功能都从一开始就已确定，不可更改了。

（2）硬件控制模块设计和仿真。根据测控目标和系统的技术指标设计功能模块。可以使用原理图方式设计，也可使用硬件描述语言设计，并对模块本身及其对应的测控对象的接口情况进行仿真测试。获得的仿真波形图将成为软件控制时序的依据。

（3）软件运行平台构建。在 FPGA 中调用 8052 核、数据存储器、程序存储器、锁相环。首先构建单片机的最小系统，并测试此系统能否正常运行。

（4）硬件系统构建。将单片机系统与功能模块合理接口，确保系统能正常工作。

（5）系统软件设计与调试。设计单片机软件，并实时调试。

基于这个方案的设计步骤与8.1.1节给出的方案基本相同。因为尽管已集成于一个单片FPGA中，但仍然涉及硬件设计、软件设计、系统联合设计与综合调试等。

8.2 单片机扩展FPGA设计实例

本节将按照图8-1所示的单片机扩展FPGA的模式，即FPGA扩展方案，给出10则单片机系统设计实例。读者借此可更具体、更实际地了解和学习包含这一电路结构特点的单片机的接口时序、单片机扩展技术及基于FPGA扩展方案的单片机系统的开发技术，同时也能更深入地体会到，如果单片机没有选择FPGA这一扩展模块，其中的许多设计示例将很难通过其他替代扩展模块或其他方案来实现。

8.2.1 串进并出/并进串出双向端口扩展模块设计

如果为普通的51系列单片机扩展移位寄存器74LS164和74LS165后，即可利用其串行通信0工作方式扩展出不同位数的输入/输出端口。本示例只是将扩展电路模块（如图8-3所示）放在了FPGA中，向读者展示一则最简单的FPGA扩展电路设计方法。

如图8-3所示的电路即为基于Quartus II的原理图编辑输入方法的顶层电路图。其中SFT移位寄存器模块与74LS165的功能是相同的，74164b也是一个宏功能模块，其功能与普通的74LS164相同。此示例与SPI通信接口控制时序类似。

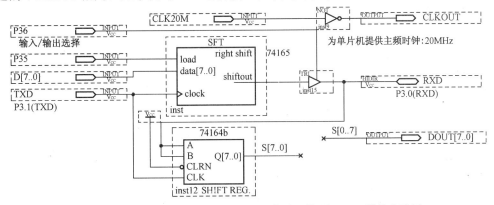

图8-3 单片机串进并出和并进串出双向端口扩展FPGA模块电路图

图8-3所示电路模块通过FPGA的I/O口与外围的单片机接口的信号线有：

（1）D[7..0]。这是一个8位数据总线，可与FPGA中某模块的数据输出口相连。此口的输入数据通过并入/串出移位寄存器模块SFT传入单片机中。

（2）P35。这是一个并行数据（即D[7..0]）的加载控制信号线，可以与单片机的P3.5相接。注意，对于SFT模块，此P35是同步控制信号，即当其为高电平有效时，并不能将数据D[7..0]加载进去，除非此时出现一个时钟有效边沿。

（3）TXD。此信号可与单片机的P3.1相连，作为SFT或74164b的时钟信号线。

（4）RXD和P36。注意RXD是一个双向口线，需与单片机的P3.0相连，可作为SFT

模块的串行数据输出口，或 74164b 的串行数据输入口。RXD 端口的输入/输出状态由 P36 通过一个三态控制门元件来实现。P36 可以与单片机的 P3.6 口相连，由单片机指令控制。

（5）DOUT[7..0]。与 74164b 输出口相连，直接在 FPGA 中与需要的模块相接，或由 FPGA 输出显示。注意，输出信号的高低位作了互换，以便显示的数据与单片机输出的数据相同。

（6）CLK20M 和 CLKOUT。此通道是将 FPGA 的 20MHz 频率时钟提供给单片机。

根据以上的安排，单片机通过 SFT 模块可在 FPGA 中扩展一个 8 位数据输入口；而通过 74164b，单片机则可在 FPGA 中扩展一个 8 位数据输出口。它们分别对应于以下的单片机程序 8-1 和程序 8-2（分别给出了汇编代码和 C51 代码）。

【程序 8-1（A）】汇编代码

```
SETB    P3.6      3.6=1     ; 选择SFT模块（即74165），读入8位数据
CLR     P3.5                ; 由于数据锁存load是同步锁存，所以当P3.5=1时，时钟信号到
SETB    P3.5                ; 来时，才能把并行输入的8位数据D[7..0]锁入移位寄存器
CLR     P3.1
SETB    P3.1                ; 时钟上升沿后锁存D[7..0]
CLR     P3.5
MOV     SCON, #10H          ; 设置串口数据读入
RT :    JNB   RI, RT        ; 检测RI标志
MOV     A, SBUF
CLR     RI                  ; 清0 RI标志
MOV     44H, A              ; 将来自FPGA的8位数据存入44H单元
```

【程序 8-1（B）】C51 代码

```c
#include <reg51.h>
sbit ctrl = P3^6;
sbit load = P3^5;
void main (void)
{
unsigned char x;
ctrl = 1;           //P3.6=1：选择SFT模块（即74165），读入8位数据
load = 0;           //由于数据锁存load是同步锁存，所以当P3.5=1时，时钟信号到
load = 1;           //来时，才能把并行输入的8位数据D[7..0]锁入移位寄存器
TXD = 0;
TXD = 1;            //时钟上升沿后锁存D[7..0]
load = 1;
SCON = 0x10;        //设置串口数据读入
while (!RI);        //检测IRRI标志
x = SBUF;           //将来自FPGA的8位数据存入x单元
RI = 0;             //清0IRRI标志
...
}
```

【程序 8-2（A）】汇编代码

```
CLR     P3.6                        ; P3.6=0 : 选择74164b，输出8位数据
        MOV     SCON, #00H
        MOV     A, #5BH             ; 输出5BH
        MOV     SBUF, A
```

【程序 8-2（B）】C51 代码

```
Ctrl = 1;                    // P3.6=0 : 选择74164b，输出8位数据
    SCON = 0x00;
    SBUF = 0x5b;             // 输出0x5b
```

8.2.2　8 位四通道数据交换扩展模块设计

如图 8-4 所示的电路是构建于 FPGA 中的 8 位数据四通道锁存输出模块。

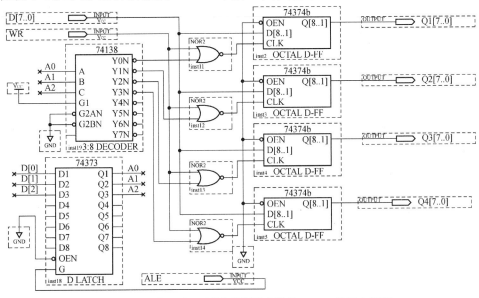

图 8-4　单片机 8 位四通道数据输出模块 FPGA 扩展电路图

图 8-4 所示的电路可作为 51 单片机向 FPGA 高效率输入多字节数据的典型接口电路。这个电路模块在此后的多个示例中都会用到，也可容易地扩展出更多的数据通道。

图 8-4 电路模块中的信号 D[7..0]、WR、ALE 可分别与 FPGA 外的单片机的 P0 口、P3.6 和地址锁存信号 ALE 连接。输出信号 Q1[7..0]、Q2[7..0]、Q3[7..0]、Q4[7..0]可为 FPGA 中功能模块提供来自单片机的数据或控制信号。

如图 8-5 所示是图 8-4 电路的时序仿真波形图。从图中可以看出，当来自单片机的地址锁存信号 ALE 出现高电平时，将地址信号 00H 或 01H 、02H 或 03H 锁存于地址寄存器 74373 中，此地址信号再通过 3-8 译码器 74138 译码选通对应的 74374 数据寄存器。然后在写入信号 WR 的配合下，将 8 位数据锁入寄存器中。这可以从图 8-5 的 WR 低电平时，分别被锁入寄存器后，由 Qx 口输出的数据看出。

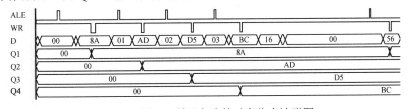

图 8-5　图 8-4 所示电路的时序仿真波形图

程序 8-3 是对应的单片机控制程序。执行此程序后，图 8-4 所示模块的 Q1、Q2、Q3 和 Q4 端口将分别输出数据 8AH、ADH、D5H 和 BCH。

【程序 8-3（A）】汇编代码

```
MOV   DPTR, #0000H        ；给出锁存器00H地址信号
      MOV   A，#8AH
      MOVX  @DPTR, A
      MOV   DPTR, #0001H    ；给出锁存器01H地址信号
      MOV   A，#0ADH
      MOVX  @DPTR, A
      MOV   DPTR, #0002H    ；给出锁存器02H地址信号
      MOV   A，#0D5H
      MOVX  @DPTR, A
      MOV   DPTR, #0003H    ；给出锁存器03H地址信号
      MOV   A，#0BCH
      MOVX  @DPTR, A
```

【程序 8-3（B）】C51 代码

```
#include <absacc.h>        //注意：此头文件必须包含
void main（void）
{
    XBYTE[0x0] = 0x8A;     //给出锁存器00H地址信号
    XBYTE[0x1] = 0xAD;     //给出锁存器01H地址信号
    XBYTE[0x2] = 0xD5;     //给出锁存器02H地址信号
    XBYTE[0x3] = 0xBC; }   //给出锁存器03H地址信号
```

图 8-6 是在图 8-4 基础上增加了数据读入模块，从而构成了一个 8 位四通道双向数据交换模块。利用图 8-6 所示的电路，单片机可以通过控制信号 WR、RD 和 ALE 以及 P0 口，从 FPGA 中的 D1～D4 端口上分别经由双向口 P0[7..0]读入 4 个 8 位数据。对应的单片机程序如程序 8-4 所示。读者可根据图 8-6 自行分析电路功能。

【程序 8-4（A）】汇编代码

```
MOV    DPTR, #0000H        ；给出锁存器00H地址信号
       MOVX   A, @DPTR      ；通过总线方式将此地址指定端口的8位数据读入累加器
       MOV    34H, A
       MOV    DPTR, #0001H
       MOVX   A, @DPTR
       MOV    35H, A
       MOV    DPTR, #0002H
       MOVX   A, @DPTR
       MOV    36H, A
       MOV    DPTR, #0003H
       MOVX   A, @DPTR
       MOV    37H, A
```

【程序 8-4（B）】C51 代码 1

```
#include <absacc.H>
void main（void）
{
    unsigned char x[4];
```

```
//给出锁存器00H地址信号，通过总线方式将此地址指定端口的8位数据读入
x[0] = XBYTE[0x0];
x[1] = XBYTE[0x1];
x[2] = XBYTE[0x2];
x[3] = XBYTE[0x3];
}
```

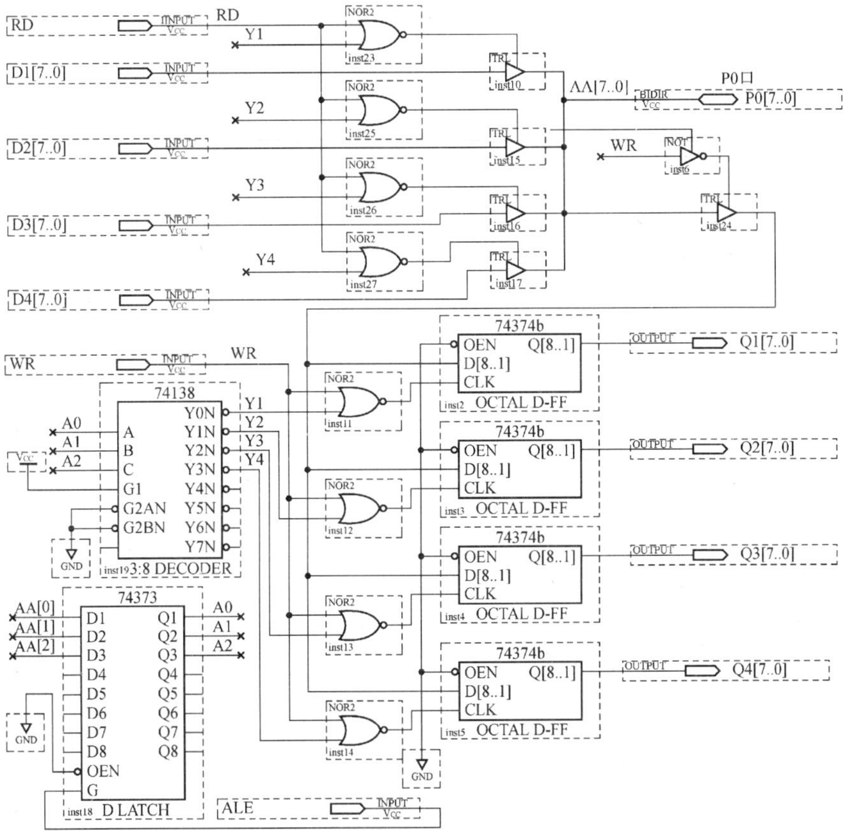

图 8-6　8 位四通道双向数据交换模块单片机扩展电路图

【程序 8-4（C）】C51 代码 2

```
#include <absacc.H>
void main (void)
{
    unsigned char x[4];
    unsigned char i;
    //给出锁存器00H地址信号，通过总线方式将此地址指定端口的8位数据读入
    for (i=0; i<4; i++)
        x[i] = XBYTE[0x0+i];
}
```

8.2.3　存储器读写的 FPGA 扩展模块设计

由于 FPGA 中含有较大容量高速可编辑嵌入式 RAM 单元，单片机可借助其完成许多

设计项目。例如可用作彩色液晶显示缓存、ADC 采样的高速数据缓存、各类调制信号发生器的波形数据存储器，甚至单片机本身的程序或数据扩展存储器等。

图 8-7 是单片机在 FPGA 中扩展了一个 16KB RAM 的 Quartus II 电路模块原理图。其中使用了一个锁相环，其输入时钟频率是 20MHz，输出两个时钟：一个是 12MHz，作为单片机工作时钟；另一个是 30MHz，作为 FPGA 内部 RAM 的数据锁存时钟。

图 8-7 中 RAM 控制电路与单片机的接口信号如下：

（1）WR 和 RD。分别对应单片机的 P3.6 和 P3.7。当单片机利用 MOVX 指令对外部 RAM 进行读写数据时，这两个信号分别担任"写"和"读"的控制信号，并且都是低电平有效。

（2）ALE 和 P0[7..0]口。注意 P0 口被设置为双向口。执行 MOVX 指令后的时序为：当要对 RAM 进行数据读写前，WR 和 RD 都是高电平，图中的两个三态门处于关闭状态，此时 P0 口上出现地址信号，并由紧接着出现的地址锁存信号 ALE 的高电平将地址锁入 74373 中。然后根据读写要求，WR 或 RD 出现低电平，以确定 P0 口的数据方向。

（3）P2N[7..0]。此端口接单片机的 P2 口。读写 RAM 时，负责向 FPGA 输出高 8 位地址信号。

图 8-7 只是一个 RAM 应用的示例结构，根据具体的设计项目要求，还应进一步确定电路的实际结构。程序 8-5 和程序 8-6 分别对应单片机对 RAM 写数据和读数据的示例程序。

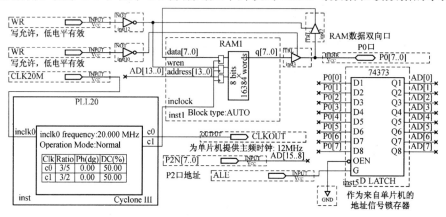

图 8-7　基于 FPGA 的 RAM 读写的单片机扩展模块电路图

【程序 8-5（A）】汇编代码

```
MOV     DPTR, #001AH        ; 写RAM地址001AH的赋值
        MOV     A, #78H
        MOVX    @DPTR, A     ; 向RAM的001AH地址单元写入数据78H
        MOV     DPTR, #131AH
        MOV     A, #0ACH
        MOVX    @DPTR, A
```

【程序 8-5（B）】C51 代码

```
#include <absacc.h>
Void main (void)
{
    XBYTE[0x001a] = 0x78;   //向RAM的0x001a地址单元写入数据0x78
```

```
XBYTE[0x131a] = 0xac;    //向RAM的0x131a地址单元写入数据0xac
}
```

【程序 8-6（A）】汇编代码

```
MOV    DPTR，#001BH    ；读RAM地址001BH的赋值
MOVX   A，@DPTR
MOV    40H，A
MOV    DPTR，#231AH
MOVX   A，@DPTR        ；从RAM的231AH地址单元读出数据于累加器A
MOV    41H，A
```

【程序 8-6（B）】C51 代码

```
#include <absacc.h>
Void main (void)
{
Unsigned char x[2];
X[0] = XBYTE[0x001b];    //读RAM地址0x001b的赋值
X[1] = XBYTE[0x231a];    //从RAM的0x231a地址单元读出数据
}
```

8.2.4　四通道 PWM 信号发生器接口模块设计

图 8-8 是一个基于 FPGA 的四通道的 PWM 信号发生器电路。多通道 PWM 发生电路（也包括多通道 SPWM 发生电路）有许多用途，如用于直流电机或步进电机驱动、变频电源控制等。

图 8-8 中共有 7 个模块，其中 4 个模块是相同的，即模块 SQU，是 PWM 信号发生模块。SQU 的 ADR 口输入一个由 8 位计数器 CNT8B 输出的数字锯齿波信号；CIN 口输入一个 8 位二进制数，这两个信号通过一个数字比较器进行比较，然后输出一个与 CIN 宽度相同占空比的方波信号。所以 CIN 是 SQU 输出的方波信号占空比的控制字，而进入 ADR 的锯齿波信号的频率等于方波频率。SQU 模块的设计原理可参阅参考文献 1 和 2。PWM4 模块的电路结构与图 8-4 所示完全相同，所以单片机与其接口信号也与 8.2.2 节给出的说明相同。PWM4 的功能就是通过单片机向 4 个 SQU 模块分别输入 PWM 信号的脉宽控制数据。

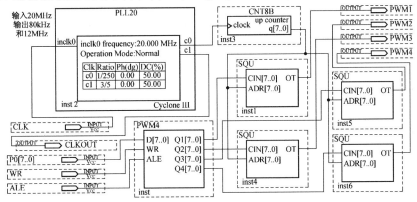

图 8-8　四通道 PWM 信号发生模块的单片机扩展模块电路图

锁相环模块 PLL20 输出的 c1 信号由 CLKOUT 输出（12MHz），为单片机提供工作时钟；c0 信号是 80kHz，是计数器 CNT8B 的时钟信号，决定 PWM 信号的频率。

由 4 个输出端口 PWM1～PWM4 输出的信号的频率是相同的，而其占空比可通过单片机独立设置。如果希望 PWM 信号的频率也能由单片机随意设置，可增加一个类似 DDS 的模块，相关方法可参考图 8-10 和参考文献 1 和 2。

图 8-9 是图 8-8 所示电路的仿真波形图（注意此波形图来自锁相环被删略后的电路的时序情况）。波形图的前段与图 8-5 相似，即单片机通过 PWM4 模块根据不同的地址，分别写入 4 个控制字 23H、7AH、A5H 和 B8H。之后，图 8-9 的 4 个输出信号波形显示，随着 4 个波形控制值的增大，输出波形的脉宽逐步变小，从而实现了脉宽调制的目的。

另外可以从图 8-9 的输出波形中看到一些随机的毛刺信号。其实，这些毛刺对外部设备的控制不会产生任何影响，这是因为其脉宽非常小，在通过进入外部设备的通道过程中，会被导线及电路板中的分布电容所吸收。

输出波形可以通过示波器进行观察。

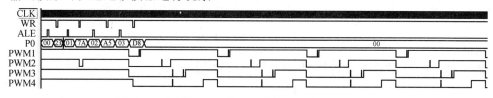

图 8-9　四通道 PWM 信号发生模块时序仿真波形图

8.2.5　移相信号发生器扩展模块设计

移相信号发生器曾经是全国大学生电子设计竞赛的一个设计项目，如图 8-10 所示是此项目的一个简化电路结构图。

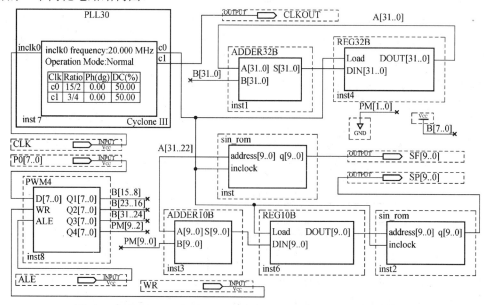

图 8-10　基于 FPGA 的移相信号发生模块的单片机扩展模块电路图

图 8-10 所示电路中的 32 位加法器模块和 32 位寄存器模块构成了一个 DDS 相位累加器结构模块，其寄存器时钟由锁相环提供，频率是 150MHz。其中，加法器的 B[31..0]端输入的数据称为此 DDS 模块的频率字。寄存器输出的高 10 位作为正弦波波形数据 ROM（模块 sin_rom）的地址信号。此 10 位地址信号的另一个端口是 10 位加法器模块 ADDER10B 的一个输入端，而输出数据进入了 10 位寄存器 REG10B，其输出作为另一波形数据 ROM 的地址信号。由这两个 ROM 输出的两路信号分别与两个 10 位高速 DAC 连接，由此两路 DAC 输出的正弦波的频率由频率字 B[31..0]决定，而它们的相位差由模块 ADDER10B 的另一输入口输入的数据，即相位字 PM[9..0]决定。此电路的详细工作原理，包括频率字与输出的正弦波频率的关系以及相位字与相位的关系都可参阅参考文献 1 和 2。

图 8-10 中的电路模块 PWM4 的电路结构与图 8-8 中的同名模块相同，由其负责将单片机给出的频率字和相位字赋给电路中 DDS 结构模块。

图 8-11 是用 Quartus II 的逻辑分析仪 SignalTap II 读取的波形 ROM 输出的两路实时波形数据。其中 AD 的锯齿波信号是 ROM 的地址信号。当单片机输入不同的频率字和相位字后，可以实时了解通过逻辑分析仪 SignalTap II 输出的波形的频率和相位的变化情况，及时判断电路设计情况或数据控制情况。

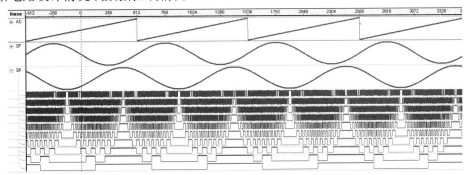

图 8-11 基于 SignalTap II 的图 8-10 电路输出信号实测波形数据图

8.2.6 里萨如图波形发生器扩展模块设计

里萨如图波形的稳定形成需要两路信号相关且频率比始终呈两个不为 0 的整数之比的正弦波的叠加。图 8-12 所示即为此波形发生器的单片机扩展模块电路图。与图 8-10 所示的电路相比，此图含有两个 DDS 模块，对应两个独立的相位累加器，然而寄存器的时钟却来自同一个锁相环，这就保持了两路信号的相关性。

单片机可以通过模块 PWM4 分别向两个 DDS 模块提供频率字，只要满足所需的比例，即能在示波器中看到稳定的里萨如图波形。注意，为了实验演示方便，PWM4 模块只给出了两个 32 位频率字的部分段数据，而在实用中，如果 DAC 的速度足够高，输出的信号频率域就可以比较大，频率步进的精度就可以比较高，这就需要单片机提供更完整的频率字，从而可以显示更多不同结构形态的里萨如图。

图 8-12 的设计中，如果使用第 7 章的串行接口的双通道 DAC——TLV5637 来输出两路波形信号，电路将变得十分简洁，而且也是一个很有实用意义的选择。但这时必须在

FPGA 中增加一个能控制 TLV5637 完成串行通信接口的状态机模块。

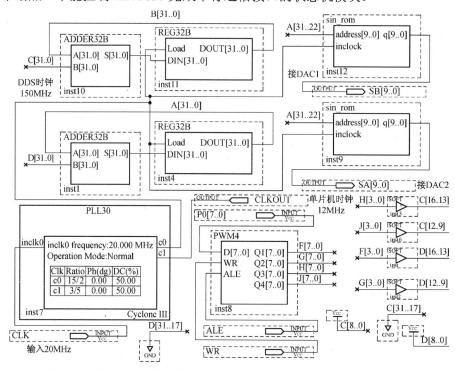

图 8-12　基于 FPGA 的里萨如图波形发生模块的单片机扩展模块电路图

此外，结合图 8-10 的 DDS 电路和图 8-8 的 SQU 模块，可以设计出基于 DDS 的频率/占空比等步长可数控的方波信号发生器，电路如图 8-13 所示。电路中由端口 SQU 输出的方波的频率和占空比可分别由频率字 B[31..0]和占空比控制字 C[7..0]决定，而这些数据可以由单片机通过 PWM4 模块向 FPGA 提供。

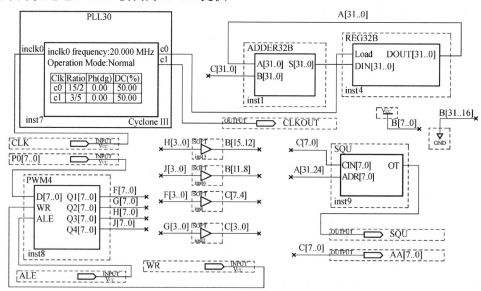

图 8-13　基于 DDS 的频率和占空比可数控的单片机扩展模块电路图

由 SQU 端口输出的方波频率与频率字 B[31..0]以及寄存器 REG32B 的锁存时钟频率（此频率由锁相环提供，在图 8-13 的电路中是 150MHz）间的关系如下所示：

$$f_{out} = \frac{B[31..0]}{2^{32}} \cdot f_{clk}$$

其中，分母的 2 的幂次是加法器模块 ADDER32B 的位数。显然，加法器的位数越高，输出信号频率步进的精度越高。

8.2.7　数字电压表扩展模块设计

随着数字技术的进步及其应用的深入，不同类型、不同精度、不同转换速率和不同接口方式（并行或串行）的 A/D 转换器的应用变得更为广泛。然而传统的 ADC 控制技术，即直接使用单片机来控制 ADC 的方法已越来越不能适应实际的需要，特别是对于一些新近推出的且十分常用的高速并行或串行接口的 ADC 控制的，单片机直接控制的方法已远远无法发挥这些 ADC 的技术指标潜力了。

事实上，若用单片机直接控制，仅第 7 章中介绍的多数 ADC 也都无法发挥其额定的技术指标，关键问题是相对于 ADC 的控制，通常单片机的速度太低，即使有的单片机含有速度较高的 SPI 口，情况也不会有太大改善（因为 SPI 的速度与 CPU 处理数据的速度有较大差距），同时由于单片机的顺序工作方式，使其在工作中不可能用所有时间来对付 ADC 的控制和检测，从而在实质上又进一步降低了 ADC 的控制速度。而多数内嵌 ADC 的单片机中的数模转换器的适用面又很窄，且多数的转换速率较低。

目前比较常用的解决方案有两种，一种是使用 DSP 处理器，缺点是特定的 DSP 处理器只能接口特定的 ADC（如多数只能接口含 SPI 的 ADC）；另一种方法是单片机扩展 FPGA，通过 FPGA 间接控制 ADC。这种方法适应性好，对单片机和 ADC 的类型都没有限制，具有普适性。

为了更加形象地说明问题，本节给出了对 ADC0809 控制的简单示例。或许此示例本身的实用价值并不大，但读者可以利用此例了解这一基本技术和方法，进而将此方法用到诸如第 7 章的其他 ADC 的控制上，从而体现更好的实用价值。

为了设计一个数字电压表，可以首先如图 8-14 所示在 FPGA 中设计一个 ADC 的采样控制电路，然后针对被测的电压信号，将采集到的数据读到单片机中进行计算，再变换为对应的电压值显示出来。当然，如果希望获得被采集的电压信号的频谱，就要在 FPGA 中为图 8-14 所示电路增加一个数据缓存存储器。当采集的数据达到一个周期或更多周期后，由单片机读取，进行分析计算并显示。当然，对于此类项目，单片机的速度最好要快一些。

作为数字电压表设计项目，图 8-14 所示电路较简单。其中的模块 ADC0809 是对外部 ADC 采样控制的模块，主要是一个根据 0809 时序（参考第 7 章）要求设计的状态机，详细设计原理可参阅参考文献 1 和 2。此模块的外部接口多数是控制或读取 0809 转换数据的端口。锁相环提供两个时钟，c0 是 500kHz（也可取 750kHz），用作 0809 的模数变换时钟；c1 是 5MHz，用作模块 ADC0809 中的状态机时钟。端口 P2[7..0]输出 ADC 转换好的数据，此数据可通过单片机的 P2 口直接读取。

如果将图 8-14 中的控制对象 0809 换成第 7 章中介绍的 16 位精密 ADC——ADS1100，

则需要改变状态机控制模块的工作方式，但测量精度将大幅提高。

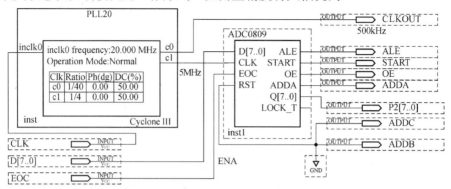

图 8-14　基于 ADC0809 的数字电压表单片机扩展模块电路图

8.2.8　数字频率计扩展模块设计

图 8-15 所示电路的功能是这样的，由最下方 4 个模块构成一个频率计，其中 LOCK32 是 32 位寄存器，CNT32B 由 8 个 10 位计数器构成，模块 TF_CTRL 是频率计控制时序信号发生器，模块 CNT 是一个分频器，可将 4096Hz 频率分为 8Hz，为模块 TF_CTRL 提供工作时钟。4096Hz 频率来自锁相环，此频率计的详细工作原理可参阅参考文献 1 和 2。

被测信号由 F_IN 输入，D 触发器构成一个延迟电路，可以滤除可能的毛刺信号，但应该注意，此触发器的时钟信号频率应该高于被测频率。输出的 8 位十进制频率数据通过模块 DAT4 的输出口 P0[7..0]，经单片机的 P0 口被分段读入单片机。

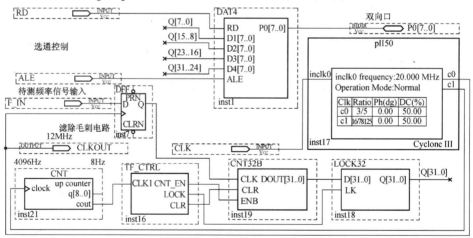

图 8-15　数字频率计单片机扩展模块电路图

模块 DAT4 内的电路结构如图 8-16 所示，与图 8-6 所示的 4 路 8 位读数据电路结构相同，其中的 RD 和 ALE 信号分别与单片机的 P3.7 和 ALE 相接。

为了使被读入单片机的测频数据能通过 RS232 串行接口在计算机屏幕上显示出来，必须为单片机提供产生合适波特率的主频时钟。图 8-15 中由锁相环输出的 c0（12MHz）即为单片机提供的工作时钟信号。

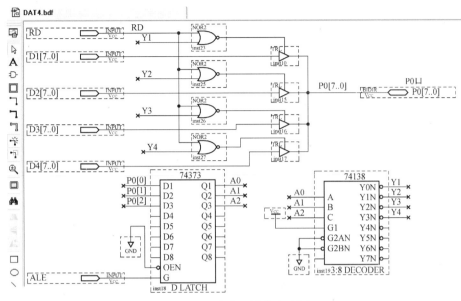

图 8-16 DAT4 读数据模块电路图

若打开此项示例的上位机通信文件（如图 8-17 所示的路径）serealcom.exe，其窗口如图 8-18 所示。单击 Receive 按钮，其右侧文本框中将显示出单片机从 FPGA 中接收到的 8 位十进制数，即所测频率值（图中显示的是 65536Hz）。左侧文本框中的 ABC 是从计算机发往单片机的数据，以验证单片机的双向串行通信的可行性。

图 8-17 单片机与 PC 机串行通信上位机文件

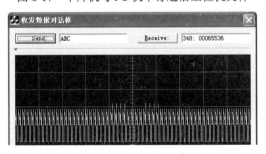

图 8-18 来自单片机传送的频率值显示窗口

8.2.9 等精度频率计扩展模块设计

等精度频率计也曾是全国大学生电子设计竞赛的一个设计项目，其功能包括等精度测频、测占空比和测脉宽。如图 8-19 所示是此项设计的单片机扩展电路结构图，其中的模块 et 是对外部被测信号进行采集、存储和输送的核心电路模块，其内部结构如图 8-20 所示。

模块 et 的端口 PO0、PO1、PO2、PO3、PO7、POI[6..4]分别与单片机的 P0 口对应位相连，主要用作控制信号；端口 P2P[7..0]与单片机的 P2 口相连，主要作为数据通道；CLKIN 端口用于输入被测信号；进入 BCLK 的 40MHz 信号作为标准时钟信号，锁相环输出的 12MHz 信号用作单片机时钟。

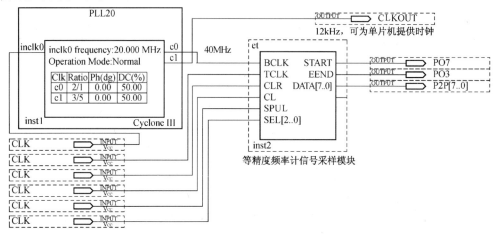

图 8-19　等精度频率计单片机扩展模块电路图

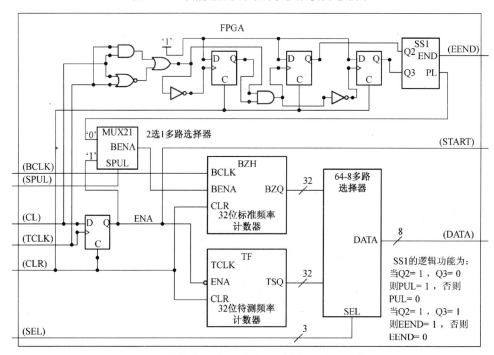

图 8-20　等精度频率计采样扩展模块 et 电路结构图

等精度频率计的原理、模块 et 的设计方法和控制时序、计算公式推导以及单片机程序设计都可参阅参考文献 1 和 2。本示例主要讨论单片机扩展 FPGA 的相关技术。

仅频率测试而言，其技术指标显示，被测频率范围是 0.1Hz～100MHz（本项示例）；精度指标在所有被测频域都是 6～7 位有效数。如此高的技术指标，几乎没有任何单片机能够单独完成，且也难以找到符合此项竞赛设计指标和功能的单片机扩展专用集成电路，显然单片机扩展 FPGA 是此项目的最佳选择。在此项设计中，FPGA 承担高速采样和存储的任务，而单片机负责采样控制以及相关的计算和数据显示。

8.2.10　直流电机闭环控制扩展电路模块设计

用一个普通单片机控制一个直流电机本来是十分容易的事，但在实际应用中却远非这么简单。电机永远不可能是一个孤立的控制对象，例如对一个自动寻迹行驶的小汽车的控制，单片机除了需要控制多个驱动电机外，还有可能需要测试其转速以便实现闭环控制；而在寻迹方面，需要快速、准确地判断前方的路径情况，有必要依靠多个和多种传感器，如摄像头和红外传感器等，其中许多工作都几乎需要并行完成。所有这些工作加起来势必会让单片机忙乱不堪而效率低下，甚至根本无法胜任。好的解决方案无疑是为单片机扩展一片 FPGA，把并行而高速的工作交给 FPGA 来完成。

如图 8-21 所示电路的功能是由 FPGA 来完成控制电机的部分工作，其中包括直流电机驱动的 PWM 信号发生模块、电机转速测试光电传感信号处理模块等。

图 8-21 中的功能模块主要有：

（1）电机驱动模块。模块 SQU1 的功能与前面出现的 SQU 的功能相同，是 PWM 发生模块，其 8 位 ADR 口输入来自计数器 CNT8B 的锯齿波信号，其计数时钟来自锁相环；SQU1 的另一端 CIN 输入来自单片机 P0 口的数据，用于控制 PWM 的脉宽。模块 SLT 是电机转向控制模块，其控制端可与单片机的 P0.7 连接；输出信号 M0 和 M1 与电机驱动电路连接。

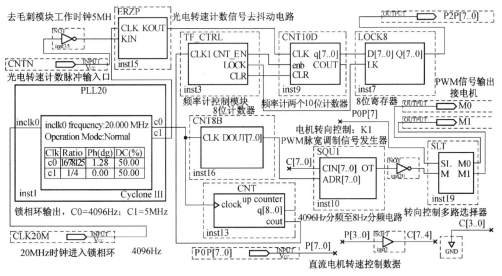

图 8-21　直流电机闭环控制扩展模块电路图

（2）光电脉冲信号处理模块。来自电机转速测定光电传感器的脉冲信号进入 CNTN 端口，这个信号含有大量的随机毛刺脉冲或干扰电平，对准确测定电机转速影响很大。因此在其进入转速测定频率计前必须经过一个有效的毛刺消除模块 ERZP。此模块的工作时钟也来自锁相环，频率是 5MHz，其工作原理和设计方法也可参阅参考文献 1 和 2。

（3）电机转速测试电路。图中的模块 LOCK8、CNT10D 和 TF_CTRL 构成一个频率计，基本功能和设计原理与图 8-15 电路中的同名模块相同。TF_CTRL 的工作时钟来自分频模块 CNT，测频输出值通过 P2P[7..0]进入单片机的 P2 口。

8.3 基于单片机 IP 核的 FPGA 片上系统设计

本节给出数则根据图 8-2 基于 FPGA 的片上系统设计示例，所有示例都是将基于图 8-1 所示电路模型中的所有模块，包括单片机和存储器等都并入一片 FPGA 中。

如前所述，此结构可以归类为一个简单的可在 FPGA 中重构的片上系统 SOC。

片上系统的设计和应用无疑是现代电子设计技术发展的方向，读者可以通过本节的学习和实践，初步了解和掌握基于 FPGA 的单片系统的软硬件基本构建和应用方法以及调试和测试技术。

8.3.1 单片机扩展串进并出/并进串出模块的 FPGA 片上系统设计

从本质上说，本设计项目的基本功能和实现方法与 8.2.1 节介绍的内容完全相同，只是在实现技术上有所区别。这一区别同此后将要陆续介绍的设计示例也都基本相同，所以计划借此项示例把此后相关示例中有共性的技术问题都一并解释清楚。

这个设计项目的完整顶层设计电路如图 8-22 所示，由多个模块构成。以下从 5 个方面进行介绍。

1. CPU 核及其端口信号

（1）单片机 CPU 核文件。8052 CPU 软核在配接上程序 ROM 和数据 RAM 后即可成为一个完整的 8052 单片机最小系统。如图 8-22 所示，其中的 CPU8051V1 是 8052 单片机 CPU 核，由 VQM 原码（Verilog Quartus Mapping File）表述为 CPU8051V1.vqm，可用例化方式直接调用，也可以将其转化为如图 8-22 所示的原理图元件。该元件可以与其他不同语言表述的元件一同综合与编译，该核指令与标准 8051 指令系统完全兼容，外部总线可以连接 256B 的内部 RAM 和最大至 64KB 的程序 ROM。

（2）单片机 CPU 核工作时钟。如图 8-22 所示，单片机时钟由端口 X1 和 X2 进入。为了工作的稳定性，建议对于此单片机时钟，可根据其工作情况和实际需要由锁相环提供指定的频率。此例图中给出的频率是 20MHz，此 CPU 主频频率最高不低于 200MHz。

（3）CPU 核常用的控制信号。其中许多控制信号与传统 51 单片机的信号功能兼容，如图中 CPU 模块右侧端口的 ALE、PSEN 等属于外部存储器的控制信号。FWE 是数据存储器（对于普通 51 单片机则是内部 RAM）读允许控制信号，低电平时有效。但应注意，当内部数据 RAM 属于 LPM 库的 LPM_RAM 时，其写允许信号是高电平有效，所以这时 FWE 必须取反后控制 LPM_RAM；而当 FWE 高电平时，LPM_RAM 读允许。另外，此单片机核的复位信号 RESET 是低电平有效。

（4）CPU 核的存储器总线及存储器接口。CPU8051V1 模块的端口 RAMdaO[7..0]、RAMdaI[7..0]和 RAMadr[7..0]分别是 256 单元数据 RAM 模块的数据输出、数据输入和地址信号总线接口；ROMdaO[7..0]和 ROMadr[15..0]分别是只读程序存储器的数据输出总线端口和地址总线端口，通过这个端口外接的（对于 FPGA 来说是内部的）程序存储器最大可达64KB。

读者或许已经发现，与传统 51 系列单片机外接大的 ROM 必须以总线控制方式占用 P0和 P2 口不同，此 CPU 核即使扩展 64KB ROM 也无须占用 P0 和 P2 口的资源。但如果扩展大的数据 RAM，仍然需要 P0 和 P2 构成数据和地址总线。

（5）CPU 核的 I/O 口。与普通 51 单片机一样，此 CPU 核也含有 4 个 8 位双向 I/O 口：P0、P1、P2 和 P3 口，所不同的是这些端口是按输入和输出口分开设置的。例如，如图 8-22的 CPU 模块的端口所示，8 位 P2 口的输入口和输出口分别列于模块的两侧，即 P2I[7..0]和 P2O[7..0]，所以在对端口进行操作时应该注意读写的数据将来自不同的端口。例如，当执行对 P2 端口写操作指令（如 MOV　P2，#5DH）时，被写入的数据将从 CPU 模块右侧的端口 P2O[7..0]输出；而当执行对 P2 端口读操作指令（如 MOV　A，P2）时，读入的数据将从 CPU 模块左侧的端口 P2I[7..0]进入。

此 CPU 的 4 个 I/O 口对应的输入口分别是 P0I[7..0]、P1I[7..0]、P2I[7..0]和 P3I[7..0]；而对应的输出口分别是 P0O[7..0]、P1O[7..0]、P2O[7..0]和 P3O[7..0]。通过设计实践会发现，在电路设计中，端口的这种安排方式比传统单片机纯双向口要方便许多。

特别要注意单片机未用的输入口的处理。对于输入口 P0I[7..0]、P1I[7..0]、P2I[7..0]和P3I[7..0]，若存在未使用的口线，最好将其接地。图 8-22 右下角即为未用口线的处理电路。不用的输出口不必处理。

此外请注意，对于传统 51 系列单片机，由于其特殊的 I/O 端口电路结构（参考第 2 章），要求作端口读入操作前，须首先向此端口写入#0FFH 数据，以便使 I/O 口内的场效应管截止，以及要求 P0 口必须有上拉电阻等。然而由于图 8-22 中的 51 单片机核（包括 I/O 端口）完全是用 FPGA 的逻辑结构实现的，因此，其 I/O 口无论在 FPGA 内部还是引向了 FPGA的外部端口，在软件的读写操作和硬件端口处理上都不必遵循传统单片机的一些规则。

（6）CPU 核双向 I/O 端口构建。如果需要双向端口时，必须利用一些选通模块和控制信号，在 CPU 外部搭建。图 8-22 中 CPU 模块右侧的输出端口 P0E[7..0]、P1E[7..0]、P2E[7..0]和 P3E[7..0]是双向口控制信号输出端口。

注意，图 8-22 右上角所示电路结构即为 P1 口的双向端口构建电路模块。电路中调用了几个辅助元件，其中 TRI 是三态控制门，控制端高电平时允许输出；WIRE 是普通接线，主要用于网络名转换。来自 CPU 的信号 P1E[7..0]用作三态门控制信号，当执行从 P1 口读入的指令时，P1E[7..0]输出全为高电平，外部数据可以通过双向口 P1[7..0]进入单片机 P1口的输入口 P1I[7..0]；而当执行向 P1 口写入的指令时，控制信号 P1E[7..0]为低电平，故输出信号 P1O[7..0]的数据能通过三态门从双向口 P1[7..0]输出。

这里构建 P1 口的双向口的目的是通过此口控制外部 16 键的 4×4 键盘阵列，此类键盘的控制涉及读写操作，而且此口还能复用于液晶显示器数据通信。然而 FPGA 板对应的插口只有一个，所以必须将 P1 口再连向另一组 FPGA 的 I/O 口，即下方的 PL[7..0]，此口与液晶显示器的 8 位数据口相接。此外，CPU 模块的 P3 口的输出端口中的个别口线用于连接外部液晶显示器的控制信号。

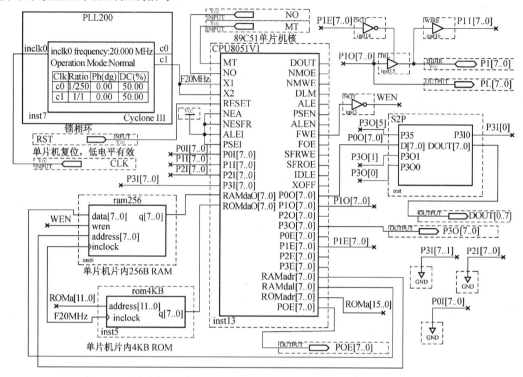

图 8-22 单片机扩展串进并出/并进串出模块的 FPGA 片上系统电路图

2．CPU 核工作存储器

图 8-22 中显示，为单片机核配置的数据存储器是 256B 的 LPM_RAM 单元 ram256，此 RAM 可由内部指令直接访问，显然此 CPU 相当于 8052 CPU；配置的程序存储器是 4KB 的 LPM_ROM 单元 rom4kb。前面已经谈到，此 ROM 的容量最大可设置为 64KB（只要 FPGA 内部 RAM 足够大，Cyclone III 系列 FPGA 多数都能提供足够大的内部 RAM）。单片机的程序代码（通常是 HEX 格式）是通过为此程序 ROM 配置初始化文件时选入的，综合后，文件代码将自动被编译配置进 ROM 中。另外，此类存储器都必须加入数据锁存时钟信号，图中将其直接与单片机时钟连接。

3．扩展模块及其设计

如果图 8-22 中只有一个单片机最小系统模块，无论其多么完整都没有太大实用价值。单片机的功能必须通过其硬件扩展模块才能发挥出来。图 8-22 给出的示例与 8.2.1 节讨论的示例完全相同。图 8-22 中的扩展模块 S2P 的内部电路结构与图 8-3 所示的电路相同，但由于单片机核的 I/O 口的输入/输出端口是分开的，故当图 8-3 的电路被用作 FPGA 中的单片机的扩展模块时，必须将其双向口 P3.0 拆分成单独的输入口 P3O0 和输出口 P3I0，改进后的电路如图 8-23 所示。读者应从图 8-22 中仔细了解模块 S2P 的各端口与单片机核相关 I/O 口连接的情况。显然，这与传统的单片机接口方式不同。

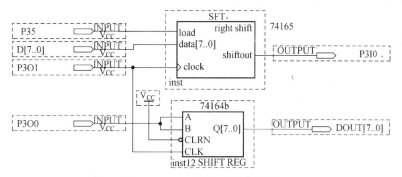

图 8-23　S2P 模块电路结构图

4．锁相环应用

FPGA 中的锁相环使用方便、功能强大，在基于单片机核的系统设计中，其作用尤为重要。单片机的时钟信号都必须来自锁相环，频率高低可根据实际需要来确定。例如配合延时程序而选择的主频频率、在串行通信中特定波特率所对应的特定的主频频率等。此外，若需高速运算，则可将时钟频率设得高些。尽管前面提到最高可大于 200MHz，但为了确保工作的稳定性，一般频率不要大于 80MHz。当然，锁相环还能为 FPGA 中或外部的其他功能模块提供品质良好和精确的时钟信号。

5．软件设计与调试

一旦完成图 8-22 所示的所有硬件电路后，就要为单片机的工作编写软件程序了。

单片机程序的编写可以用汇编语言，也可以用 C 语言。Quartus II 能接受的最后的编译文件是 HEX 格式，文件后缀名是.hex。此文件可以以初始化文件的形式在图 8-22 所示电路整体综合前配置于程序 ROM 中，也可利用 Quartus II 的 In-System Memory Content Editor 工具现场载入，以达到快速调试的目的。

对此项电路系统设计和调试的步骤归纳如下：

（1）调入 8052 CPU 核，CPU8051V1.vqm。

（2）调入 LPM_ROM 程序存储器，存储量大小可根据应用程序的大小来决定。然后为此 ROM 指定默认初始化程序（即单片机程序代码文件）。这里假设单片机的程序已编译好，并放在当前工程的 ASM 文件夹中，示例程序文件名为 LCD1602.asm（如图 8-24 所示），编译后的文件名为 LCD1602.hex。程序文件的加载方法可参阅参考文献 1 和 2。

（3）定制 LPM_RAM 作为单片机的内部 RAM，存储量选择 256B。调入锁相环 ATLPLL，为单片机提供工作主频。锁相环输入 20MHz，选择输出：10～200MHz。

（4）修改汇编程序，编译后用 Quartus II 的 Tools 菜单中的工具 In-System Memory Content Editor（如图 8-25 所示）下载编译代码 LCD1602.hex，按复位键后观察系统工作情况。以此方法逐段调试单片机程序。图 8-25 中用鼠标右键单击 ROM 名"rm1"，在弹出的快捷菜单中选择 Import Data from File 选项，进入初始化文件选择窗口后，即可将单片机代码文件调入缓存；而当单击下载按钮后，即可将文件载入 FPGA 中的程序 ROM 中。

（5）利用逻辑分析仪 SignalTap II 了解系统中某些硬件模块在单片机软件控制下功能行为的正确性。特别是对 FPGA 外部接口电路的控制情况的了解。

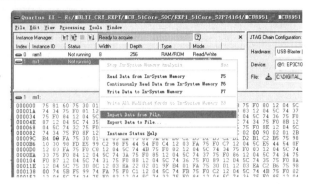

图 8-24 汇编程序　　　　图 8-25 用 In-System Memory Content Editor 下载汇编程序代码

以上调试和测试工具更详细的使用方法可参阅参考文献 1 和 2。

8.3.2　单片机扩展 SRAM 模块的 FPGA 片上系统设计

图 8-26 所示的单片系统功能与 8.2.3 节讨论的电路系统功能相同，即为单片机扩展一个数据存储器模块 SRAM。利用单片机的 MOVX 指令和总线口线对扩展 RAM 读写。图 8-26 中的 SRAM 模块内部的电路结构与图 8-7 基本相同，只是为了适应单片机 CPU 核输入/输出口分开的特点，拆除了图 8-7 中 P0 口的双向控制结构，结果如图 8-27 所示。

为了节省篇幅，图 8-26 中截去了与图 8-22 结构与功能相同的电路图（以下类似电路图也是同样处理），突出了单片机核扩展模块的电路接口特点。

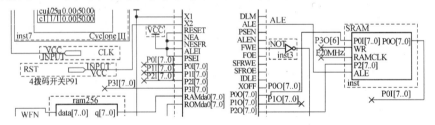

图 8-26　单片机扩展 SRAM 模块的 FPGA 片上系统电路图

结合图 8-27，考察图 8-26 的 SRAM 模块的接口情况，电路是按照单片机总线控制特点连接的：SRAM 的数据输出口与单片机 P0 口的输入口 P0I[7..0]相连；而其数据输入口则与单片机 P0 口的输出口 P0O[7..0]相连；SRAM 的 8 位高位地址信号线与单片机的 P2O[7..0]相连；其写允许信号 WR 和地址锁存控制信号 ALE 分别与单片机的 P3O[6]和 ALE 相连。P3O[6]的第二功能恰是数据写允许控制信号。

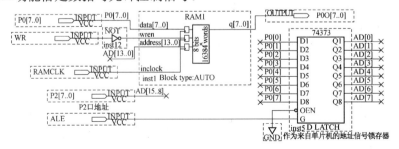

图 8-27　图 8-26 所示模块 SRAM 中的电路结构

8.3.3　单片机扩展 ADC 采样控制模块的 FPGA 片上系统设计

图 8-28 所示的单片系统功能与图 8-14 作为扩展电路的单片机功能相同，其中的 ADC 采样控制模块与 ADC0809 完全相同，锁相环输出的 3 个时钟信号的功能也相同：c0=5MHz，作为状态机工作时钟；c1=500kHz，作为 0809 模数变换工作时钟；c2=20MHz，作为单片机主频时钟。

稍有不同的是模块 ADC0809 的数据输出端口 Q[7..0]在 FPGA 内部与单片机核的 P2 口的输入口 P2I[7..0]相接。

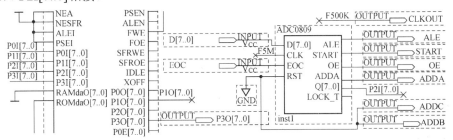

图 8-28　单片机扩展 ADC 采样控制模块的 FPGA 片上系统电路图

8.3.4　单片机扩展移相信号发生器模块的 FPGA 片上系统设计

图 8-29 所示的电路是一个移相信号发生器完整功能系统（应包含被截去的那部分电路图），与 8.2.5 节讨论的电路系统功能相同，其中的 DDS 模块与图 8-10 基本相同，只是在其中拿掉了锁相环。这是因为 FPGA 系统中，锁相环必须放在顶层设计中。

模块的 150MHz 时钟由顶层电路的锁相环提供。频率字和相位字数据都是通过单片机的基于总线结构的通道（WR、ALE 和 P0 口）提供给 DDS 模块。

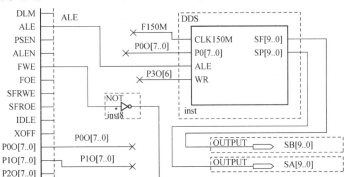

图 8-29　单片机扩展移相信号发生器模块的 FPGA 片上系统电路图

8.3.5　单片机扩展直流电机控制模块的 FPGA 片上系统设计

图 8-30 所示的单片系统顶层设计的功能与 8.2.10 节讨论的直流电机单片机控制功能相同，其中的扩展模块 DCMOTO 内部的电路与图 8-21 相同（不含锁相环）。

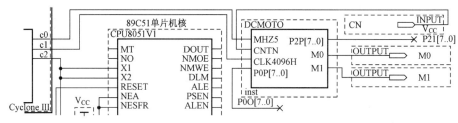

图 8-30　单片机扩展直流电机控制模块的 FPGA 片上系统电路图

如图 8-30 所示，模块 DCMOTO 的电机转速数据由输出口 P2P[7..0]进入单片机 P2 口的输入口 P2I[7..0]；而驱动电机的 PWM 信号脉宽控制数据由单片机的 P0O[7..0]进入此模块的输入端口 P0P[7..0]。

图 8-30 中的锁相环为系统提供 3 个时钟信号，其中 c0（5MHz）用作 DCMOTO 模块中光电测速脉冲毛刺消除电路时钟信号；c1（4096Hz）用作转速测量频率计的工作时钟；c2（30MHz）为单片机 CPU 提供工作时钟。

8.3.6　单片机扩展数字频率计模块的 FPGA 片上系统设计

图 8-31 所示的单片系统的功能与 8.2.8 节给出的单片机系统设计项目实现的功能完全相同。图中的模块 FCOM 内部结构与图 8-15 所示的电路相同，只是锁相环被提到顶层设计中。此外，图 8-15 中的 P0 口双向口设计被拆开。

通过图 8-31，可以详细了解到 FCOM 模块各端口与单片机模块的接口方式。

（1）通过单片机的选通控制，输出口 P0O[7..0]分段向单片机的 P0I[7..0]口输入 8 位十进制频率计测频数据，然后由单片机的串口送至计算机显示。被测频率信号由 F_IN 口进入。

（2）FCOM 模块的信号 ALE（接 ALE）、RD（接 P3O[7]）和 P0I[7..0]构成了选通控制信号，其中 P0I[7..0]接收来自单片机 P0O[7..0]的选通地址信号。

（3）F30M 和 F4096H 时钟输入端口输入来自锁相环的时钟信号。

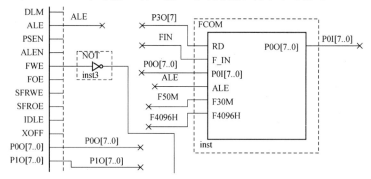

图 8-31　单片机扩展数字频率模块的 FPGA 片上系统电路图

8.3.7　单片机扩展等精度频率测试模块的 FPGA 片上系统设计

等精度频率计设计项目是一个十分典型的单片机扩展 FPGA 的应用实例。在这项设计中，单片机和 FPGA 都发挥了相互之间不可替代的作用，实现了硬件设计和软件设计、硬件功能和软件功能间默契配合后的上佳的功能项目和技术指标,这在8.2.9节和参考文献1、2中都给出了详细的说明。如果8.2.9节讨论的设计项目全部装进一单片FPGA中,将在更多的技术指标方面向实用领域迈进。

如图8-32所示的电路结构就是由单片机核与等精度频率测试硬件模块相结合的单片系统设计方案。图中et模块的结构、功能和端口都与图8-19的同名模块相同,而且单片机模块的接口形式也与图8-19相同。因此8.2.9节给出的系统中,单片机的程序可以不加更改地直接用到图8-32所示的单片机模块中。由于单片机核的I/O口是按输入/输出方向分开的,所以读者必须详细了解和分辨图8-32中et模块各端口与单片机核I/O口的接口方式以及与图8-19所示电路模块接口方式的不同之处。

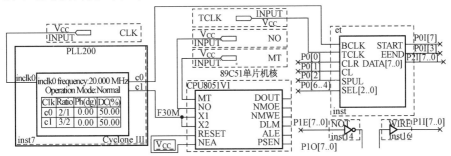

图8-32　单片机扩展等精度频率测试模块的FPGA片上系统电路图

实 验 与 设 计

8-1　单片机串口扩展FPGA片上系统设计

(1)实验目的:掌握单片机扩展 FPGA 串行扩展功能模块设计方法以及对应功能的FPGA片上系统设计技术,熟悉软硬件综合设计基本方法。注意,以下所列实验多数将8.2节和 8.3 节给出的示例结合在了一起,也就是说,每个实验都含两部分实验要求,其中包括单片机接口FPGA的实验和基于单片机核的FPGA片上系统实验。

(2)实验原理:参考8.2.1节、8.3.1节以及相关参考资料。

(3)实验任务1:根据图8-3的串行接口电路,完成FPGA扩展电路的设计与仿真测试,然后完成单片机针对此扩展模块的测试程序设计,最后完成单片机与FPGA综合系统设计与调试。

此实验项目的示例程序路径是:/AT8951MCU_TO_FPGA/MCU2PLD1_74164_65/。

设实验模块选择附录B中B.2节的单片机模块B1(含1602液晶显示屏)、FPGA模块B2、4×4键盘模块B13和扩展模块B4。这是此实验的基本模块组合,以下示例或有增减,再作说明。此外,实验示例操作方法和实验指导可参考对应此示例的PPT文件,以下各示例一样,对此不再重复说明。

(4)实验任务2:将图8-3电路扩展为两个8位串并转换和并串转换模块,再按照实验任务 1 的要求完成所有设计与测试。

（5）实验任务 3：根据图 8-22 的电路以及 8.1.2 节的设计流程，完成 FPGA 单片系统综合设计与测试。此实验项目的示例程序路径是：/MCU_51Core_SOC/EXP1_51Core_S2P74164/。

对于本项设计任务以及以下多数实验中同类设计任务，不再需要传统的单片机，只要一个单片 FPGA 即可，因为可在其中调用 8052 CPU 核进行系统设计，因此可以使用附录 B 的 B.1 节介绍的 5E+系统或 B.2 节介绍的 KX_DN5/7 系统。当然也可使用同类的 FPGA 开发系统，只要其中的资源能够满足设计的要求即可。但推荐使用 Cyclone III 型 FPGA，因为其硬件资源更符合本章介绍的示例。

8-2　单片机数据交换 FPGA 扩展电路设计

（1）实验任务 1：根据 8.2.2 节和图 8-4 所示的电路，首先完成基于 FPGA 的 8 位四通道数据交换模块的设计与仿真测试，然后完成单片机针对此扩展模块的测试程序设计，最后完成单片机与 FPGA 综合系统设计。

此实验项目的示例程序路径是：/AT8951MCU_TO_FPGA/MCU2PLD2_4BIDER/。

所用的实验模块同实验 8-1。

（2）实验任务 2：按照图 8-6 所示电路，设计双向 8 位四通道数据交换扩展电路，再按照实验任务 1 的要求完成所有设计与测试。

8-3　扩展外部数据存储器的 FPGA 单片系统设计

（1）实验目的：掌握单片机扩展 FPGA 中存储器的系统设计方法以及单片系统设计技术。

（2）实验原理：参考 8.2.3 节、8.3.2 节以及相关参考资料。

（3）实验任务 1：根据图 8-7 所示的电路，完成 FPGA 扩展电路的设计与仿真测试，然后完成单片机针对此 RAM 扩展模块的测试程序设计，最后完成单片机与 FPGA 综合系统设计与调试。

此实验项目的示例程序路径是：/AT8951MCU_TO_FPGA/MCU2PLD3_RAM/。

所用的实验模块同实验 8-1。实验示例操作方法可参考对应的 PPT 文件。

（4）实验任务 2：在图 8-7 的基础上，再扩展一个 LPM_ROM 模块，按以上的任务要求完成设计。

（5）实验任务 3：根据图 8-26 所示的电路，完成 FPGA 单片系统综合设计与测试。此实验项目的示例程序路径是：/MCU_51Core_SOC/EXP2_51Core_SRAM/。

8-4　四通道 PWM 信号发生器及其单片机控制系统设计

（1）实验原理：参考 8.2.4 节及相关参考资料。

（2）实验任务 1：根据图 8-8 所示的电路，首先完成 FPGA 扩展电路的设计，并给出仿真波形（注意为了更容易控制仿真时间，仿真中可先删去锁相环），然后完成单片机针对此 PWM 扩展模块的测试程序设计，最后完成单片机与 FPGA 综合系统设计与调试。

此实验项目的示例程序是：/AT8951MCU_TO_FPGA/MCU2PLD4_4PWM/。

设实验模块选择如实验 8-1 的基本配置。实验示例操作方法可参考对应的 PPT 或 PDF 文件。

（3）实验任务 2：参考有关资料，包括 SPWM 信号的生成和步进电机的细分控制技术，设计四通道 SPWM 信号发生器控制模块以及单片机控制程序，要求能细分步进控制四相步进电机。实验模块可选电机模块 B7（参阅参考文献 1 和 2）。

（4）实验任务 3：完成针对此设计项目的 FPGA 单片系统综合设计与测试。

此实验项目的示例程序路径是：/MCU_51Core_SOC/EXP3_51Core_4PWM/。

8-5　移相信号发生器的 FPGA 片上系统设计

（1）实验目的：掌握基于 DDS 的移相信号发生器扩展模块和单片系统的设计与调试方法。

（2）实验原理：参考 8.2.5 节、8.3.4 节以及相关参考资料。

（3）实验任务 1：根据图 8-10 所示的电路，完成移相信号发生器的 FPGA 扩展电路的设计与仿真测试，包括使用逻辑分析仪 SignalTap II 测试二 DAC 接口的波形，然后完成单片机针对此扩展模块控制的测试程序设计，最后完成单片机与 FPGA 综合系统设计与调试。

此项目示例程序路径是：/AT8951MCU_TO_FPGA/MCU2PLD6_SHIFT_PHASE/。

实验模块选择附录 B 中 B.2 节的基本模块组合外，还要选择双通道 DAC 模块，可以选择模块 B6，其上有变换速率为 1MHz 的两通道 DAC0832；或可选择另一类并行 DAC，即模块 C5，即含两通道高速并行 DAC：DAC900，其变换速率可达 1800MHz。

（4）实验任务 2：利用单片机的总线接口控制全部 32 位频率字和 10 位相位字。要求能在液晶显示器上直接设置输出信号的频率（精度 0.1Hz）和相位差。

（5）实验任务 3：在实验任务 1 中使用双通道串行 DAC 作为两路正弦信号输出器件，对应实验模块是 C7。此模块上的 DAC 是 TI 公司的 TLV5637，双通道 10 位 SPI 串行高速 DAC，其功能结构和接口时序可参考第 7 章 7.3.2 节。此项任务首先要求为此 DAC 的串口控制设计一个状态机。

（6）实验任务 4：根据图 8-29 所示的电路，完成 FPGA 单片系统综合设计与测试，如果使用 TLV5637 作为信号输出器件，则在 FPGA 中增加一个串口通信控制状态机。

此实验的示例程序路径是：/MCU_51Core_SOC/EXP5_51Core_DDS_PHASE/。

（7）实验任务 5：根据参考文献 1 和 2 的脉宽调制 AM 信号原理，首先完成基于 FPGA 的脉宽调制信号发生器控制模块电路的设计，然后完成单片机控制程序的设计，最后完成单片机与 FPGA 的软硬件综合设计与调试。为了保证波形效果，要求使用 DAC900。此外要求能用键在液晶屏上直接输入 AM 信号的载波频率、调制波频率和调制度。

（8）实验任务 6：根据此项设计项目的基本原理，设计一个全程扫频信号源，全程频域是 100Hz～10MHz，幅/频变化不大于 5%。要求可通过单片机控制设置输出扫频输出信号的所有参数，并在液晶屏上显示所有参数。这些参数和功能包括：① 扫频步进频率，精度要求 0.1Hz；② 扫频速率，最小步速 0.001s；③ 扫频方式，线性和对数可选择；④ 要求在扫频过程中，液晶屏实时显示当前输出信号的频率值；⑤ 要求按键后扫频立即停止，同时显示即时频率值；再按键后接着此频率继续扫频；⑥ 能通过键盘设置扫频域的频率上、下限，并在液晶屏上显示出来，或可查询。

8-6 里萨如图波形发生器的 FPGA 片上系统设计

（1）实验目的：进一步熟练掌握 DDS 信号发生器扩展模块设计和单片机控制。

（2）实验原理：参考 8.2.6 节以及相关参考资料。

（3）实验任务 1：根据图 8-12 所示的电路，完成 FPGA 扩展电路的设计与仿真测试，包括使用逻辑分析仪 SignalTap II 测试二 DAC 接口的波形，然后完成单片机针对此扩展模块的测试程序设计，最后完成单片机与 FPGA 综合系统设计与调试。

此实验的示例程序是：/AT8951MCU_TO_FPGA/MCU2PLD8_LEESA_WAVE/。实验指导参阅对应的 PDF 文件。双通道 DAC 的选择可参考实验 8-5，推荐选择 TI 的 TLV5637 或双 DAC900。

（4）实验任务 2：要求能在液晶显示器上直接设置并显示两路输出信号的频率。

（5）实验任务 3：将实验任务 1 的设计项目用 FPGA 单片系统实现，给出详细设计方案，设计流程和测试结论。此实验示例程序路径是：/MCU_51Core_SOC/EXP5_51Core_LEES_WAVE/。

（6）实验任务 4：根据图 8-13 所示电路，完成基于 DDS 的频率/占空比可数控方波信号发生器的扩展电路模块的设计与调试。单片机软件设计要求可直接在液晶显示器上设置输出信号的频率以及设置占空比，并保持合理精度。实验示例程序路径是：/AT8951MCU_TO_FPGA/MCU2PLD7_MDUL_SQR/。

8-7 数字电压表 FPGA 单片系统设计

（1）实验目的：熟练掌握对不同串行接口时序的 ADC 控制状态机设计技术。

（2）实验原理：参考 8.2.7 节、8.3.3 节以及相关参考资料。

（3）实验任务 1：根据图 8-14 所示的电路，完成 ADC0809 的 FPGA 扩展电路的设计与仿真测试，然后完成单片机针对此扩展模块的控制程序设计，最后完成单片机与 FPGA 综合系统设计与调试。

此实验项目的示例程序路径是：/AT8951MCU_TO_FPGA/MCU2PLD5_ADC0809/。

设实验模块选择附录 B 的 B.2 节的基本模块配置加 ADC 模块 B6。

（4）实验任务 2：选择两款不同精度和不同转换速度的串行 ADC 取代 ADC0809，完成实验任务 1。推荐使用第 7 章介绍的高速串行 ADC：TLV2541，SPI 串行接口，对应附录 B 中 B.2 节的模块 C6；也可选择 16 位高分辨率 ADC：ADS1100，I^2C 串口，对应附录 B 中 B.2 节的模块 C3。要求用状态机控制完成。

（5）实验任务 3：根据图 8-28 所示的电路，完成 FPGA 单片系统综合设计与测试，包括选择 ADC 是 TLV2541 或 ADS1100 条件下的设计。示例程序路径是：/MCU_51Core_SOC/

EXP4_51Core_ADC0809/。

8-8 数字频率计与单片机串行通信接口功能设计

（1）实验目的：学习单片机通过串行通信方式与 PC 实现双向通信以及频率计设计。

（2）实验原理：参考 8.2.8 节、8.3.6 节以及相关参考资料。

（3）实验任务 1：根据图 8-15 所示的电路，完成频率计的 FPGA 扩展电路的设计，然后完成单片机串行通信功能程序设计，最后完成单片机与 FPGA 综合系统设计与调试。

此实验的示例程序路径是：/AT8951MCU_TO_FPGA/MCU2PLD9_FTEST_RS232/。

设实验模块选择附录 B 中 B.2 节的基本模块配置，加 RS-232 通信接口模块 B12。

（4）实验任务 2：根据图 8-31 所示的电路，完成 FPGA 单片系统综合设计与测试，包括单片机核与 PC 机的串行通信（注意 RXD 和 TXD 与单片机 I/O 端口的对应关系）。实验指导和上位机通信软件的应用可参阅对应的 PDF 文件。此实验示例程序路径是：/MCU_51Core_SOC/EXP8_51Core_FTEST_RS232/。

8-9 直流电机测控 FPGA 单片系统设计

（1）实验目的：学习电机实用控制技术。

（2）实验原理：参考 8.2.10 节、8.3.5 节及相关资料。

（3）实验任务 1：根据图 8-21 所示的电路，完成电机闭环控制扩展模块的设计，然后完成单片机控制程序设计，最后完成单片机与 FPGA 控制模块综合系统设计与调试。

此实验的示例程序路径是：/AT8951MCU_TO_FPGA/MCU2PLD11_DC_MOTO/。

设实验模块选择附录 B 中 B.2 节的基本模块配置加上电机模块 B7。

（4）实验任务 2：根据图 8-30 所示的电路，完成 FPGA 单片系统综合设计与测试。

此实验示例程序路径是：/MCU_51Core_SOC/EXP8_51Core_DC_MOTO/。

8-10 等精度频率计 FPGA 单片系统设计

（1）实验目的：学习高精度频率、脉宽和占空比测试电路设计以及单片系统设计技术。

（2）实验原理：参考 8.2.9 节、8.3.7 节以及相关参考资料。

（3）实验任务 1：根据图 8-19 所示的电路，完成等精度频率计的 FPGA 采样模块扩展电路的设计，然后完成单片机控制程序的设计，最后完成单片机与 FPGA 综合系统硬件实现和软件调试。

要求：标准频率是 100MHz，所测的频率范围是 0.1Hz～200MHz，精度是 6 位有效数值。例如所测的标准频率为 16Hz，可显示为 15.99996Hz；标准频率为 256Hz，则显示为 256.0003 等；占空比精度是 0.1%；脉宽精度为 50ns。示例程序路径是：/AT8951MCU_TO_FPGA/MCU2PLD10_EQU_FTEST/。

（4）实验任务 2：根据图 8-32 所示的电路，完成 FPGA 单片系统综合设计与测试。

此实验示例程序路径是：/MCU_51Core_SOC/EXP10_51Core_EQ_FTEST/。

（5）实验任务 3：根据等精度频率计的占空比测试原理，增加两路正弦信号相位差测试功能。

8-11　其于 FPGA 的红外双向通信电路设计

（1）实验原理：参考 6.7.3 节。对于图 6-31，其红外管是与单片机接口的，而本实验是 FPGA 接口（I/O 电平是 3.3V），为了 I/O 电平匹配即提高发射管的功率，将图 6-31 发射管的电路改为图 8-33 的形式。此外红外接收管的输入口需经 300Ω电阻串接后接入 FPGA。

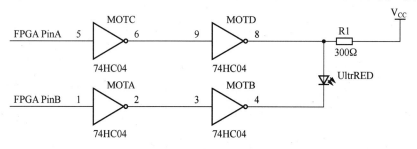

图 8-33　红外管发射电路

（2）实验任务：利用 FPGA 控制红外发射和接收管，进行双向通信。通信数据显示可用数码管实现，数据用 4×4 键盘输入。通信控制可采用多种方式。如单片机核、状态机，或普通逻辑电路。

第9章 单片机C51语言程序设计

与标准C语言相同，单片机C语言也具有很好的结构性和模块化的特点，容易阅读和维护，且用单片机C语言编写的程序有很好的可移植性，能够很方便地从一个工程移植到另一个工程。用C语言编写单片机程序比用汇编语言更符合人们的思考习惯，开发者可以更专心地考虑算法和功能实现，这样就提高了单片机开发和调试的效率。此外，使用C语言的程序员不必十分熟悉处理器的内部结构和执行过程，这意味着对新的处理器也能很快上手，也使得原用于其他处理器的C语言编写的程序能很容易地迁移到新的处理器。

本章主要介绍51系列单片机的C语言，即C51，包括区别于标准C语言的一些语法特征以及基于C51的单片机开发环境——Keil μVision3集成开发环境的使用方法，包括一些典型的单片机C语言示例和C51嵌入汇编的方法。

9.1 单片机的C语言概述

C语言是由美国贝尔实验室的Dennis Ritchie在1972年发明的，现已成为一种通用的计算机程序设计语言。C语言既是一种高级语言，又兼有一些低级语言才具有的特点，其表达能力和运算能力都很强，并且具有很好的可移植性的硬件控制能力，编写代码效率高，软件调试直观，维护升级方便。同时，C语言具有完善的模块程序结构和功能丰富的库函数，在软件开发中可以采用模块化程序设计方法，并可以方便地调用库函数实现一些常用的功能。鉴于C语言的一系列特点，一些公司在ANSI C（标准C）的基础上，开发了专门用于MCS-51系列单片机开发的C语言，并针对单片机的特点对C语言进行了扩展，称为C51语言。

习惯用汇编语言的程序员会觉得C语言的可控性不如汇编语言，不能像汇编语言那样直观地控制单片机硬件。但是使用汇编语言会遇到很多问题，首先其可读性和可维护性不强，特别是当程序没有很好标注的时候；其次就是代码的可重用性较低。使用C语言就可以很好地解决这些问题。当然，这也不是说汇编语言就完全一无是处了，在单片机程序设计的许多情况下，采用C语言和汇编语言联合编程效果会更好。例如对时钟要求很严格时，使用汇编语言就成了唯一的方法，而在其他大多数情况下，包括对硬件接口的操作都可以用C语言来编程。C语言的特点就是可以使编程者尽量少地对硬件进行操作，特别是在完成复杂算法上，拥有汇编语言难以匹敌的优势。

与使用汇编语言相比，使用单片机C语言的优点可归纳如下：

（1）上手快，无须了解处理器的指令集，在大多数情况下也不必了解存储器结构。

（2）无须考虑底层细节。例如寄存器分配和寻址方式由编译器进行管理，编程时不需要考虑存储器的寻址和数据类型等细节。

（3）程序可读性好，易于维护。结构化编程，灵活直观的变量声明，提高了程序的可读性。

（4）提高了开发效率。C 语言的库文件可提供许多标准的函数，例如格式化输出、数据转换和浮点运算等，降低了编程工作量。与使用汇编语言编程相比，程序的开发和调试时间大大缩短。

（5）代码可扩展性、可重用性好。通过 C 语言可实现模块化编程技术，从而可以很容易地将已编制好的程序加入到新程序中。

（6）可移植性好。几乎所有的目标系统都有对应适用的 C 语言编译器，已完成的软件项目可以很容易地转换到其他的处理器或环境中。

当然，C 语言也有不如汇编语言的地方，例如：

（1）代码效率不如汇编语言，需要占用较多的单片机存储器资源。

（2）代码执行效率往往不如优化过的汇编语言代码，即使经过 C 语言编译器优化过也如此。

（3）代码调试、代码跟踪不如汇编语言调试直观。

当然，可以通过将单片机的 C 语言与汇编语言交叉使用克服部分缺点。汇编语言程序代码短、运行速度快，但复杂运算编程耗时。如果用汇编语言编写与硬件有关的部分程序，用 C 语言编写与硬件无关的运算部分程序，充分发挥两种语言的长处，可以有效提高开发效率。

但是必须清楚，在单片机应用系统设计中，无论用何种单片机语言，都不会对单片机的技术指标和功能特性有任何实质性的改变或提升，例如单片机速度、功能、可靠性等，除非为单片机扩展特定器件。对此在第 8 章中已给出了详细的解决方案。

9.2　C51 入门

为了节省篇幅，在这里不拟对标准 C 语言基本语法作过多的描述，只是在有需要的地方作简要的引入介绍。本节叙述的 C51 语法，主要是关注 C51 不同于标准 C（ANSI C）的语法扩展或差异部分。如果读者在通读本章内容后，还有基本语法方面的疑问，可参阅专门讲述标准 C 语言的相关程序设计书籍。

与标准 C 语言相比，C51 为了适应在处理器资源较少的单片机上应用，其语法在标准 C 语言的基础上进行了扩展，对极少的部分语法做了修改。

9.2.1　C51 的数据类型

C51 具有标准 C 语言的所有标准数据类型，此外，为了更加有效地利用 51 系列单片机的结构，还支持以下特殊的数据类型，如表 9-1 所示。

下面简要介绍 C51 编译器支持的数据类型。

（1）char 字符类型。char 类型的长度是一个字节，通常用于定义处理字符数据的变量或常量。分为无符号字符类型 unsigned char 和有符号字符类型 signed char，默认值为 signed char 类型。

unsigned char 类型用字节中所有的位来表示数值，可表达的数值范围是 0～255，常用于处理 ASCII 字符或用于处理小于或等于 255 的整型数。

signed char 类型用字节中最高位字节表示数据的符号，0 表示正数，1 表示负数，负数用补码表示。所能表示的数值范围是-128～+127。正数的补码与原码相同，负二进制数的补码等于其绝对值按位取反后加 1。

（2）int 整型。int 整型长度为两个字节，用于存放一个双字节数据。分为有符号整型数 signed int 和无符号整型数 unsigned int，默认值为 signed int 类型。

signed int 表示的数值范围是-32768～+32767，字节中最高位表示数据的符号，"0" 表示正数，"1" 表示负数。unsigned int 表示的数值范围是 0～65535。

（3）long 长整型。long 长整型长度为 4 个字节，用于存放一个 4 字节数据。分为有符号长整型 signed long 和无符号长整型 unsigned long，默认值为 signed long 类型。

signed long 表示的数值范围是-2147483648～+2147483647，字节中最高位表示数据的符号，"0" 表示正数，"1" 表示负数。unsigned long 表示的数值范围是 0～4294967295。

（4）float 浮点型。float 浮点型在十进制中具有 7 位有效数字，是符合 IEEE-754 标准的单精度浮点型数据，占用 4 个字节。

（5）*指针型。指针型本身就是一个变量，在这个变量中存放指向另一个数据的地址。这个指针变量要占据一定的内存单元，在 C51 中，它的长度一般为 1～3 个字节。其中，第一个字节存放该指针存储器类型的编码（编译时由编译模式的默认值确定），第二和第三字节分别存放该指针的高位和低位地址偏移量。

表 9-1　C51 支持的数据类型

数 据 类 型	说　　明	长　　度	值　　域
unsigned char	无符号字符型	单字节	0～255
signed char	有符号字符型	单字节	-128～+127
unsigned int	无符号整型	双字节	0～65535
signed int	有符号整型	双字节	-32768～+32767
unsigned long	无符号长整型	四字节	0～4294967295
signed long	有符号长整型	四字节	-2147483648～+2147483647
float	浮点型	四字节	±1.175494E-38～±3.402823E+38
*	指针型	1～3 字节	对象的地址
bit	位标量	位	0 或 1
sfr	8 位特殊功能寄存器型	单字节	0x80～0xff
sfr16	16 位特殊功能寄存器型	双字节	0～65535
sbit	可寻址位	位	0 或 1

存储器类型的编码值如表 9-2 所示。

表 9-2 存储器类型的编码值

存储类型 I	Idata/data/bdata	xdata	pdata	Code
编码值	0x00	0x01	0xFE	0xFF

（6）bit 位标量。bit 位标量是 C51 编译器的一种扩充数据类型，利用它可定义一个位标量，但不能定义位指针，也不能定义位数组。它的值是一个二进制位，取值 0 或 1。

（7）sfr 8 位特殊功能寄存器。sfr 是一种扩充数据类型，用来定义 8 位的特殊功能寄存器，占用一个内存单元，值域为 0x80～0xff。

（8）sfr16 16 位特殊功能寄存器。sfr16 占两个字节，值域为 0～65535。如 DPTR、定时器 T0 和 T1。

（9）sbit 可寻址位。sbit 同样是 C51 中的一种扩充数据类型，利用它可以访问芯片内部 RAM 中的可寻址位或特殊功能寄存器中的可寻址位。

9.2.2 特殊功能寄存器

51 系列单片机提供 128B 的 SFR 寻址区，地址为 80H～FFH。除了程序计数器 PC 和 4 组通用寄存器组外，其他所有的寄存器均为 SFR，并位于片内特殊功能寄存器区。这个区域可位寻址、字节寻址或字寻址，用以控制定时/计数器、串行口、并行 I/O 及其他部件。特殊功能寄存器可由以下几种关键字说明：

（1）sfr。声明字节寻址的特殊功能寄存器，例如 sfr P0=0x80，表示 P0 口的地址为 80H。注意"sfr"后面必须跟一个特殊功能寄存器名；"="后面的地址必须是常数，不允许是带有运算符的表达式，这个常数值的范围必须在特殊功能寄存器地址范围内，即位于 0x80H～0xFFH 之间。

（2）sfr16。许多新的 51 兼容单片机用两个连续地址的 SFR 来指定 16 位值，例如 8052 用地址 0xCC 和 0xCD 表示定时/计数器 2 的低和高字节。如 sfr16 T2=0xCC，表示 T2 地址的低地址 T2L=0xCC，高地址 T2H=0xCD。sfr16 声明和 sfr 声明遵循相同的原则，任何符号名都可以用在 sfr16 的声明中。声明中名字后面不是赋值语句，而是一个 SFR 地址，其高字节必须位于低字节之后，这种声明适用于所有新的 SFR，但不能用于定时/计数器 0 和定时/计数器 1。

（3）sbit。用来定义可位寻址的特殊功能寄存器中的某位。有如下 3 种用法：

① sbit 位变量名=特殊功能寄存器名^位位置。

sfr_name^int_constant。该变量用一个已声明的 sfr_name 作为 sbit 的基地址（SFR 的地址必须能被 8 整除）。"^"后面的表达式指定位的位置，必须是 0～7 之间的一个数字，例如：

```
sfr PSW=0xD0;     //声明PSW为特殊功能寄存器，地址为0xD0
sfr IE=0xA8;
sbit OV=PSW^2;
sbit EA=IE^7;     //指定IE的第7位为EA，即中断允许
```

② sbit 位变量名=字节地址名^位位置。

int_constant^int_constant。该变量用一个整常数作为 sbit 的基地址，基地址值必须能被 8 整除。"^"后面的表达式指定位的位置，必须在 0～7 之间，例如：

```
sbit OV=0xD0^2;
sbit CY=0xD0^7;
sbit EA=IE^7;    //指定IE 的第7 位为EA，即中断允许
```

③ sbit 位变量名=位地址。

该变量是一个 sbit 的绝对位地址，例如：

```
sbit OV=0xD2;
sbit CY=0xD7;
sbit EA=0xAF;
```

特殊功能寄存器代表一个独立的声明类，不能和别的位声明或位域互换。sbit 数据类型可以用来访问用 bdata 存储类型标识符声明的变量的位。不是所有的 SFR 都是可位寻址的，只有地址可被 8 位整除的 SFR 可位寻址。SFR 地址的低半字节必须是 0 或 8，例如，SFR 在 0xA8 和 0xD0 是可位寻址的，而 0xC7 和 0xEB 的 SFR 是不能位寻址的。计算一个 SFR 的位地址需在 SFR 字节地址上加上位所在地址，因此若访问 SFR0xC8 的第 6 位，则 SFR 的位地址是 0xCE，即 0xC8+6。

对于不同的 51 单片机兼容系列，其 SFR 可能是有差异的，为了简化 C51 程序编写，在单片机开发环境中，提供了绝大多数 51 兼容单片机的 SFR 定义头文件（.h 文件），可以在 C51 程序的开头包含相应的头文件，如#include "AT89X51.h"，其中 AT89X51.h 中就包含了 AT89C51 这种单片机的 SFR 定义。

若单片机仅使用了通用的 8051，也可以使用通用的头文件reg51.h，如#include <reg51.h> 或 #include "reg51.h"。

此外，还有其他的头文件，如 reg52.h 是 8052 标准内核的头文件。

9.2.3　C51 的存储类型

C51 编译器支持 8051 及其兼容系列，并提供对 8051 所有存储区的访问。存储区可分为内部数据存储区、外部数据存储区以及程序存储区。8051 CPU 内部的数据存储区是可读写的，8051 派生系列最多可有 256B 的内部数据存储区，其中低 128B 可直接寻址，高 128B（0x80～0xFF）只能间接寻址，从 20H 开始的 16B 可位寻址。内部数据区又可分为 3 种不同的存储类型，即 data、idata 和 bdata。外部数据区也是可读写的。访问外部数据区比访问内部数据区慢，因为外部数据区是通过数据指针加载地址来间接访问的。C51 编译器提供了两种不同的存储类型，即 xdata 和 pdata 访问外部数据。code 程序存储区是只读的，不能进行写操作。

程序存储区可能在 8051 内部或者在外部，也可能内外都有，这由 8051 派生的硬件结构决定。每个变量可以明确地分配到指定的存储空间，对内部数据存储器的访问比对外部存储器的访问要快许多，因此应当将频繁使用的变量放在内部数据存储器中，而把较少使用的变量放在外部数据存储器中。各存储区的简单描述如表 9-3 所示。

表 9-3　存储区描述

存 储 类 型	描　　　　述	地　　址
data	RAM 的低 128B，可在一个周期内直接寻址	00H～7FH
bdata	DATA 区可字节、位混合寻址的 16B 区	20H～2FH
idata	RAM 区的高 128B，必须采用间接寻址	00H～FFH
pdata	外部存储区的 256B，用 MOVX　@R0 指令访问	00H～FFH
xdata	片外 RAM（64KB），用 MOVX　@DPTR 指令访问	0000H～FFFFH
code	程序存储区（64KB），用 MOVC　@A+DPTR 指令访问	0000H～FFFFH

变量的声明中还包括了对存储器类型的指定，即指定变量存放的位置。

如果没有使用表 9-3 中存储类型限定，那么默认的存储类型就是 auto。存储类型 auto 通过编译模式的选定，自动处理相关变量的存储类型。下面分别详细介绍各存储区，并给出应用实例。

1．DATA 区

DATA 区的寻址是最快的，所以应把经常使用的变量放在 DATA 区。但 DATA 区的空间有限，除了包含程序变量外，还包含了堆栈和寄存器组。DATA 区声明中的存储类型标识符是 data，通常指低 128B 的内部数据区存储的变量，可直接寻址。举例如下：

```
unsigned char data system_status=0;
unsigned int data unit_id[2];
char data inp_string[16];
float data outp_value;
mytype data new_var;
```

标准变量和用户自声明变量都可存储在 DATA 区中，只要不超过 DATA 区的范围即可，因为 C51 使用默认的寄存器组来传递参数，于是 DATA 区至少失去了 8B 的空间。此外，当内部堆栈溢出时，程序会复位，这是因为 51 系列单片机没有硬件报错机制，堆栈的溢出只能以这种方式来表达，因此要声明足够大的堆栈空间以防溢出。

2．BDATA 区

BDATA 区实际就是 DATA 区中的位寻址区，在这个区声明变量即可进行位寻址。位变量的声明对状态寄存器来说十分有用，因为它可能仅需要使用某一个位，而不是整个字节。BDATA 区声明中的存储类型标识符是 bdata，指内部可位寻址的 16B 存储区（20H～2FH）中可位寻址变量的数据类型。

以下是在 BDATA 区声明的位变量和使用位变量的示例：

```
unsigned char bdata status_bute;
unsigned int bdata status_word;
unsigned long bdata status_dword;
sbit stat_flag=status_byte^4;
if (status_word^15)
{
...
}
stat_flag=1;
```

编译器不允许在 BDATA 区中声明 float 和 double 型的变量。如果想对浮点数的每一位进行寻址，可以通过包含 float 和 long 的联合体来实现，例如：

```
typedef union{                      //声明联合体类型
unsigned long lvalue;               //长整形32位
float fvalue;                        //浮点数32位
}bit_float;                          //联合体名
bit_float bdata myfloat;            //在BDATA区中声明联合体
sbit float_ld=myfloat^31            //声明位变量名
```

以下代码可访问状态寄存器的特定位，应注意比较访问声明在 DATA 区中的一字节，与通过位名和位地址访问同样的可位寻址字节的位的代码之间的区别，例如：

```
unsigned char data byte_status=0x43;        //声明一个字节宽状态寄存器
unsigned char bdata bit_status=0x43;         //声明一个可位寻址状态寄存器
sbit status_3=bit_status^3;                  //把bit_status的第3位设为位变量
bit use_bit_status (void);
bit use_byte_status (void);
void main ()
    {
    unsigned char temp=0;
    if (use_bit_status ())                   //如果第3位置位，temp加1
        {temp++; }
    if (use_byte_status ())                  //如果第3位置位，temp再加1
        {temp++; }
    if (use_bitnum_status ())                //如果第3位置位，temp再加1
        {temp++; }
    bit use_bit_status (void)
        {return (bit) (status_3); }
    bit use_bitnum_status (void)
        {return (bit) (status^3); }
    bit use_byte_status (void)
        {return byte_status&0x04; }
```

对变量位进行寻址产生的汇编代码比声明 DATA 区的字节所产生的汇编代码要好。如果对声明在 BDATA 区中的字节位采用偏移量进行寻址，而不是用先前声明的位变量名时，编译后的代码是错误的。

需要特别注意的是，在处理位变量时，要使用声明的位变量名而不要使用偏移量。

3. IDATA 区

IDATA 区也可存放使用比较频繁的变量，使用寄存器作为指针进行寻址，即在寄存器中设置 8 位地址进行间接寻址。与外部存储器寻址相比，其指令执行周期和代码长度都比较短，例如：

```
unsigned char idata system_status=0;        //定义无符号字符型变量
unsigned int idata unit_id[2];               //定义无符号整型数组
char idata inp_string[16];                    //定义无符号字符型数组
float idata outp_value;                       //定义浮点型变量
```

4. PDATA 区和 XDATA 区

PDATA 区和 XDATA 区属于外部存储区。外部数据区可读写的存储区最多可有 64KB，当然这些地址不是必须用作存储区。访问外部数据存储区比访问内部数据存储区慢，因为外部数据存储区是通过数据指针加载地址来间接访问的。

在这两个区中，变量的声明和在其他区的语法是一样的，但 PDATA 区只有 256B，而 XDATA 区可达到 65536B。对 PDATA 和 XDATA 的操作也是相似的。对 PDATA 区的寻址比对 XDATA 区的寻址要快，因为对 PDATA 区寻址只需要装入 8 位地址，而对 XDATA 区寻址需装入 16 位地址，所以要尽量把外部数据存储在 PDATA 区中。例如：

```
unsigned char xdata system_status=0;  //定义无符号字符型变量
unsigned int pdata unit_id[2];         //定义无符号整型数组，有两个数据单元
char xdata inp_string[16];             //定义有符号字符型数组，有16个数据单元
float pdata outp_value;                //定义浮点型变量
```

对 PDATA 和 XDATA 寻址要使用的汇编指令分别是 MOVX @R0 和 MOVX @DPTR，这两条指令都是双机器周期指令，例如：

```
#include<reg51.h>
unsigned char pdata inp_reg1;          //在pdata定义无符号字符型变量
unsigned char xdata inp_reg2;          //在xdata定义无符号字符型变量
void main () {
inp_reg1=P1;                           //对变量赋值，用MOVX  @R0指令
inp_reg2=P3                            //对变量赋值，用MOVX  @DPTR指令
}
```

外部地址段中除了包含存储器地址外，还包含 I/O 器件的地址。对外部器件寻址可通过指针或 C51 提供的宏实现，使用宏对外部器件进行寻址更具可读性。宏声明使得存储区看上去像 char 和 int 类型的数组。下面是一些绝对寄存器寻址的示例：

```
inp_byte=XBYTE[0x8500];                //从地址8500H 读一字节
inp_word=XWORD[0x400];                 //从地址4000H 读一字节
C=* ((char xdata*) 0x0000);            //从地址0000H 读一字节
XBYTE[0x7500]=out_val;                 //写一字节到7500H
```

如果要对 BDATA 和 BIT 段之外的其他数据区寻址，则要包含头文件 absacc.h，并采用以上方法寻址。

5. CODE 区

CODE 区为程序存储区，其数据是不可改变的，跳转向量和状态表对 CODE 段的访问和对 XDATA 区的访问时间是一样的。编译时要对程序存储区中的对象进行初始化。程序存储区 CODE 声明中的标识符为 code，在 C51 编译器中可用 code 存储区类型标识符来访问程序存储区。下面是程序存储区声明的示例：

```
unsigned char code a[ ]=
  {0x00,0x02,0x03,0x04,0x05,0x06,0x07,0x08,0x09,0x010,0x011,0x012,0x013,0
x014,0x015};
```

9.2.4 C51 的运算符及表达式

和标准 C 一样，C51 也支持种类繁多的运算符和表达式，表 9-4 列举了 C51 可用的运

算符和表达式。C51 规定了运算符的优先级和结合性，当一个操作数的两侧都有运算符时，哪一个运算符先执行，哪一个运算符后执行，是由两个运算符的优先级和结合性决定的。一般先由优先级的高低来决定运算顺序，当优先级相同时，再看结合性。表 9-4 列出了所有运算符的优先级别和结合性。如果在 C51 编程过程中，一时无法确定两个运算符之间的优先级关系，建议直接使用 "（"、"）" 来解决问题。

表 9-4　运算符的优先级别和结合性

优　先　级	运　算　符	含　　义	操作数个数	结　合　性
1	（　）	圆括号		从左至右
	[ ]	下标运算符		
	-> 与	结构体成员运算符		
2	!	逻辑非运算符	1（单目运算符）	从右至左
	~	按位取反运算符		
	++	自增运算符		
	—	自减运算符		
	（类型）	强制类型转换运算符		
	*	指针运算符		
	&	取地址运算符		
	Size of	长度运算符		
3	*	乘法运算符	2（双目运算符）	从左至右
	/	除法运算符		
	%	取余运算符		
4	+	加法运算符	3（双目运算符）	
	−	减法运算符		
5	<<	左移运算符	2（双目运算符）	
	>>	右移运算符		
6	<　<=>　>=	关系运算符	2（双目运算符）	
7	==	等于运算符	2（双目运算符）	
	!=	不等于运算符		
8	&	按位与运算符	2（双目运算符）	
9	∧	按位异或运算符	2（双目运算符）	
10	|	按位或运算符	2（双目运算符）	
11	&&	逻辑与运算符	2（双目运算符）	
12	||	逻辑或运算符	2（双目运算符）	
13	?:	条件运算符	3（三目运算符）	从右至左
14	= += −= *= /= %= >>= <<= &= ∧= |=	赋值及复合赋值运算符	2（双目运算符）	
15	,	逗号运算符		从左至右

9.2.5　C51 的流程控制语句

本节主要介绍 C 语言的流程控制语句，若读者对标准 C 较熟悉，可跳过本节的学习。

C 语言是一种结构化编程语言，基本元素是模块。同样，C51 也继承了这一特性。结构化程序由若干模块组成，每个模块中又包含若干种基本结构，每个基本结构又由若干语句组成。C 语言程序有 3 种结构：顺序结构、分支结构和循环结构。其中的顺序结构是最简单、最基本的程序设计结构，在这种程序结构中，程序从一开始就按顺序逐条执行语句，直到程序结束。

【例 9-1】查表求 3 的平方值。

```
main ( )
{
    Char code table[6]={0,1,4,9,16,25};
    int p =03H, x;
    x = table[p];
}
```

数组 table[6]是 0～5 这 6 个数的平方值表。若要求 3 的平方值，只需找到数 3 所在内存的地址，其距离平方值表表头位移是 3 个数，所以用间接寻址就可以找到。如果在程序设计中出现多于一种情况并带有逻辑表达式判定的问题时，就需要用到选择结构的程序设计。

如图 9-1 所示，程序首先对一个条件语句 P 进行判断，当条件为真时，执行 A 程序，当条件为假时，执行 B 程序，但两者只能选其一。当两个程序中的任何一个执行完毕，从出口退出。选择语句 if 的基本结构如下：

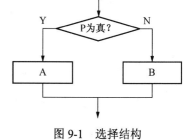

图 9-1　选择结构

```
if（表达式）
{语句；}
```

在这种结构中，如果表达式为真，则执行大括号中的语句，如果表达式为假，则执行大括号后面的语句。

if 语句有如下 3 种形式：

形式 1

```
if（表达式）{语句；}
```

形式 2

```
if（表达式）
    {语句1；}
else
    {语句2；}
```

形式 3

```
if（表达式）
    {语句1；}
Else if
    {语句2；}
```

```
Else if
    {语句3; }
...
else
    {语句n; }
```

用多个 if 语句可以实现多方向条件分支，但过多的 if 语句会使语句嵌套过多，程序冗长而繁琐，执行效率低下。这时若使用 switch-case 语句同样可实现多分支目的，并且可以使程序结构清晰，提高执行效率。switch-case 语句的语法如下：

```
switch（表达式）
{
case 常量表达式1: {语句1; } break;
case 常量表达式2: {语句2; } break;
case 常量表达式3: {语句3; } break;
...
case 常量表达式n: {语句n; } break;
default: {语句n+1; }
}
```

switch 内的条件表达式的结果必须为整数或字符。switch 以条件表达式的值来与各 case 的条件值相比较，如果与某个条件相符合，则执行该 case 的动作，如果所有的条件值都不符合，则执行 default 的动作。每一个动作之后一定要写 break，否则会有错误。另外，case 之后的条件值必须是数据常数，不能是变量，而且不能重复，即条件值必须各不相同。如果有数种 case 所做的动作一样，也可以写在一起，即上下并列。

C 语言提供了 while、do-while 及 for 3 种形式的循环语句，以实现程序的循环结构。

1. while 循环语句

while 语句先测试条件表达式是否成立，当条件表达式为真时，执行循环体内的语句，完成后继续跳回条件表达式作测试，如此反复直到条件表达式为假为止。使用时要避免条件永远为真，造成死循环。以下是 while 语句的一般表述：

```
while    （条件表达式）
    {语句; }       //循环体
```

【例 9-2】用 while 语句结构求 1~100 的和。

```
main （ ）
{
    int i, sum;
    sum=0;
    while （i<101)
    {
        sum=sum+i                  /*注意{ }不能省略，否则跳不出循环体 */
        i++;
    }
    printf （"sum=% d",sum)
}
```

2. do-while 循环语句

do-while 语句先执行语句，再测试条件表达式是否成立。当条件表达式为真时，继续回到前面执行的语句，如此反复直到条件表达式为假为止。不论条件表达式的结果如何，循环体至少会被执行一次。使用时要避免条件永远为真，造成死循环。以下是 do-while 语句的一般的表述：

```
do  {语句；}       //循环体
while    {条件表达式}
```

【例 9-3】用 do-while 语句求 1～100 的和。

```
main  ( )
{
    int i, sum;
    sum=0;
    do
    { sum=sum+i /*注意{ }不能省略，否则跳不出循环体 */
      i++;
    }
    while  (i<101);
    printf  ("sum=% d",sum)
}
```

【例 9-4】使用 do-while 语句的延时程序。

```
void delay ( )
{
    int x=20000;
    do { x=x-1;
    } while (x>1);
}
```

3．for 循环语句

for 语句在执行时，先代入初值，判断条件是否为真，条件满足时执行循环体并更新条件，再判断条件是否为真，直到条件为假时退出循环。

以下是 for 语句的一般表述：

```
for  (初值设定表达式；循环条件表达式；条件更新表达式)
    {语句；}        //循环体
```

【例 9-5】用 for 语句求 1～100 的和。

```
main  ( )
{
    int i, sum;
    sum=0;
    for  (i=0; i<101; i++)
    sum=sum+I;
    printf  ("sum=% d",sum);
}
```

4．转移语句

程序中的语句通常总是按顺序方向或按语句功能所定义的方向执行的。如果需要改变程序的正常流向，可以使用转移语句。在 C 语言中提供了 4 种转移语句：goto、break、continue

和 return 语句。

- goto 语句也称为无条件转移语句，通常与条件语句配合使用，用来实现条件转移、构成循环、跳出循环体等功能。
- break 语句是跳出循环的指令，任何由 switch、for、while、do-while 构成的循环，都可以用 break 语句跳出。由于 break 语句的转移方向是明确的；所以不需要语句标号与之配合。
- continue 语句的功能是结束本次循环，即不再执行循环体中 continue 语句之后的语句，转入下一次循环条件的判断与执行。
- return 语句只能出现在被调函数中，用于返回主调函数。

9.2.6　函数与 C51 中断服务函数

C 语言也被称为函数式语言，由此可见函数在 C 语言中相当重要。C51 除了支持标准的 C 语言函数相关语法外，还为 51 系列单片机的中断引入了 C51 定义的中断服务函数。

标准 C 的编译器会自带标准的函数库，都是常用的函数。Keil C 中也不例外。标准函数已由编译器软件生产商编写定义，使用者直接调用即可，无须定义。但是，标准函数不足以满足使用者的特殊要求，因此 C 语言允许使用者根据需要编写特定功能的函数，调用前必须先对其进行定义。自定义函数的格式如下：

```
函数类型  函数名称（形式参数表）
    {
    函数体
    }
```

函数类型是说明所定义函数返回值的类型。返回值其实就是一个变量，只要按变量类型来定义函数类型即可。如函数不需要返回值函数类型，则可写作 void，表示该函数没有返回值。需注意函数体返回值的类型一定要和函数类型一致，不然会造成错误。函数名称的定义在遵循 C 语言变量命名规则的同时，不能在同一程序中定义同名的函数，否则将会造成编译错误（同一程序中允许有同名变量，因为变量有全局和局部变量之分）。形式参数是指调用函数时要传入到函数体内参与运算的变量，可以有一个、几个或没有。当不需要形式参数，也就是无参数函数，括号内可为空或写入 void 表示，但括号不能少。函数体中可包含有局部变量的定义和程序语句，若函数要返回运算值则要使用 return 语句进行返回。在函数的{}中也可什么都不写，这就成了空函数。可在一个程序项目中写入一些空函数，在以后的修改和升级中能方便地在这些空函数中进行功能扩充。

函数定义好后，要被其他函数调用才能执行。C 语言的函数是能相互调用的，但在调用函数前，必须对函数的类型进行说明，即使是标准库函数也不例外。标准库函数的说明会按其功能分别写在不同的头文件中，使用时只要在文件最前面用 #include 预处理语句引入相应的头文件。如例 9-2 和例 9-3 中使用过的 printf 函数说明，就是放在文件名为 stdio.h 的头文件中。

调用是指一个函数体中引用另一个已定义的函数来实现所需要的功能，这时函数体称为主调用函数，函数体中所引用的函数称为被调用函数。一个函数体中能调用数个其他函数，这些被调用的函数同样也能调用其他不同的函数，也能嵌套调用，而主函数只是相对于被调用函数而言的。在 C51 语言中有一个函数是不能被其他函数所调用的，就是 main 主函数。

调用函数中，"函数名 （实际参数表）"中的函数名是指被调用的函数；实际参数表可以为零或多个参数，多个参数时要用逗号隔开，每个参数的类型、位置应与函数定义时的形式参数一一对应，其作用就是把参数传到被调用函数中的形式参数，如果类型不对应就会产生错误。调用的函数是无参函数时不写参数，但不能省略后面的括号。

1. 重入函数

函数的嵌套调用是指，当一个函数正被调用尚未返回时，又被本函数或其他函数再次调用的情况，这时只有等到后次调用返回到本次，本次被暂时搁置的程序才得以恢复并接续原来程序正常运行，直到本次调用返回。允许被嵌套调用的函数必须是可重入函数，即函数应具有可重入性。

一般情况下，C51 函数是不能被递归调用的。这是由于函数参数和局部变量是存储在固定的地址单元中的。重入函数需要使用重入堆栈，这种堆栈是在存储模式所指的空间内从顶端另行分配的一个非覆盖性的堆栈。该堆栈将被嵌套调用的每层参数及局部变量一直保留到由深层返回到本层，而又终止本层的返回。

可以在一个基本函数的基础上添加 reentrant 说明，由此使其具有重入特性。如：

```
int  calc (char i, int b) reentrant
{
    int x;
    x = table [i];
    return (x * b);
}
```

在实时控制中，以及中断服务程序或非中断程序中必须共用一个函数的场合下，常用到重入函数。需要注意的是，不应将全部程序声明为重入函数，否则将增加目标代码的长度并减慢运行速度。应该选择必需的函数作为重入函数。

2. 函数使用指定的寄存器组 using n

函数使用指定寄存器组的定义性说明格式如下：

```
viod  函数标识符（形参表）using n
```

其中 $n=0\sim3$，为寄存器组号，对应 51 单片机中的 4 个寄存器组。函数使用了 using n 后，C51 编译器自动在函数的汇编码中加入如下的函数头段和尾段：

```
{push      psw
   mov      psw,#与寄存器组号n有关的常量
    ⋮
   pop      psw
}
```

需要注意的是，using n 不能用于有返回值的函数。因为 C51 的返回值是放在寄存器中的，而返回前寄存器组却改变了，这将导致返回值发生错误。

3. 函数使用指定的存储模式

针对 51 单片机存储空间的多样性，提出了修饰存储空间的修饰符，用以指明所定义的

变量应分配在什么样的存储空间，其定义性格式如下：

> 类型说明符　函数标识符（形参表）存储模式修饰符{small，compact，large}

其中的修饰符可用 small、compact、large 3 者中的一个。

存储模式为本函数的参数和局部变量指定的存储空间，在指定了存储模式之后，该空间不会再随编译模式而变，如：

```
extern int func (int i, int j)    large;        //修饰为大模式
```

4．C51 中断服务程序

C51 编译器允许用 C 语言创建中断服务程序，于是程序员只需关心中断号和寄存器组的选择，编译器自动产生中断向量和程序的入栈及出栈代码。在函数声明时，将所声明的函数定义为一个中断服务程序，其格式如下：

> viod　函数标识符（viod）　interrupt　*m*

其中，*m*=0～31，0 对应于外部中断 0；1 对应于定时器 0 中断；2 对应于外部中断 1；3 对应于定时器 1 中断；4 对应于串行口中断；5 对应于定时器 2（8052 兼容单片机）；其他为预留。

从定义中可以看出，中断的函数必须是无参数、无返回值的函数，例如：

```
unsigned int interruptcnt;
unsigned char second;
void timer0 (void)interrupt  1 using  2
{
    if (++interruptcnt == 4000)            //计数到4000
    {
        second++;                          //秒计数器
        interruptcnt = 0;                  //清除中断计数器
    }
}
```

9.2.7　指针与指定地址的存储器访问

指针是一个包含存储区地址的变量。因为指针中包含了变量的地址，可以对其所指向的变量进行寻址，就像在 51 单片机 DATA 区中进行寄存器间接寻址或在 XDATA 区中用 DPTR 进行寻址一样。使用指针是非常方便的，因为它很容易从一个变量移到下一个变量，所以可以写出对大量变量进行操作的通用程序。

指针需定义类型，说明指向何种类型的变量，假设用关键字 long 定义一个指针，C 语言就把指针所指的地址看成一个长整型变量的基址，但并不说明这个指针被强迫指向长整型的变量，而是指 C 语言把该指针所指的变量看成长整型的。

以下是一些指针定义的示例：

```
unsigned char *my_ptr, *anther_ptr;
unsigned int *int_ptr;
float *float_ptr;
time_str *time_ptr;
```

指针可被赋予任何已经定义的同类型的变量或存储器的地址：

```
My_ptr=&char_val;
Int_ptr=&int_array[10];
Time_str=&oldtime;
```

可通过加减来移动指针，指向不同的存储区地址，在处理数组时，当指针加 1 时，会加上指针所指数据类型的长度：

```
Time_ptr=(time str *)(0x10000L);          //指向地址0
Time_ptr++;                               //指向地址5
```

指针间可像其他变量那样互相赋值，指针所指向的数据也可通过引用指针来赋值：

```
time_ptr=oldtime_ptr                      //两个指针指向同一地址
*int_ptr=0x4500                           //把0x4500 赋给int_ptr 所指的变量
```

当用指针来引用结构或联合的元素时可用如下方法：

```
time_ptr->days=234;
*time_ptr.hour=12;
```

另一指针用得比较多的场合是链表和树结构。假设要产生一个可进行插入和查询操作的数据结构，最简单的方法就是建立一个双向查询树，可按如下方式定义树的节点：

```
struct bst_node{
    unsigned char name[20];               //存储姓名
    struct bst_node *left, right;         //分别指向左右子树的指针
    };
```

可通过定位新的变量，并把其地址赋给查询树的左指针或右指针来使双向查询树变长或缩短。有了指针后，对树的处理就变得非常简单。

在用总线方式扩展外设时，经常会遇到需要对一个指定地址的外部存储器单元进行读写操作的情况。这样的操作若用汇编语言编写是很容易的（用 MOVX 指令），但 C 语言对于存储器的管理是编译器自动分配的，为了使 C51 能够操作指定地址的存储器单元，就需要使用指针来实现。

```
((unsigned char volatile xdata *)0x2000)=0x5a; //对外部RAM2000H单元赋初值5aH
```

其中的 0x2000 是需要操作存储器单元的物理地址，0x5a 是需要写入的数据。使用了指针的强制类型转换，便完成了对 0x2000 地址的操作。volatile 是一个比较特殊的限定词，表示加此限定的变量可能会被意想不到地改变，要求编译器不要根据该变量在程序中的行为去优化，该变量不单纯是一个存在寄存器中的值，编译器应该严格重现对该变量的赋值与读入过程。由于访问寄存器的速度比访问外部 RAM 要快，所以编译器一般都会作减少存取外部 RAM 的优化。为了保证正确地对外部存储器变量的操作和对延时循环的精确定时，C51 中经常使用限定词 volatile。

当然，也可以直接使用头文件 absacc.h，在头文件 absacc.h 中有这样的定义：

```
#define CBYTE  ((unsigned char volatile code *) 0)
#define DBYTE  ((unsigned char volatile data *) 0)
#define PBYTE  ((unsigned char volatile pdata *) 0)
#define XBYTE  ((unsigned char volatile xdata *) 0)
```

absacc.h 定义了宏，对存储器寻址更具有可读性。用宏 XBYTE 或 XWORD 声明使得

存储区看上去更像 char 或 int 类型的数组。其中，XWORD 是 absacc.h 中定义 16 位外部存储器的宏，例如：

```
#include <absacc.h>
...
in_byte = XBYTE[0x8000];              //从地址8000H读一个字节
in_word = XWORD[0x4200];              //从地址4200H读一个字节
cp = * ((char xdata *) 0x0010);       //从地址0010读一个字节
XBYTE[0x6500] = out_byte;             //写一个字节到6500H
```

9.2.8　51 应用要点归纳

与在 PC 上进行标准 C 编程相比，虽然面向 51 单片机的 C51 程序中的大部分语法与其相同，但在编程实现上还是有很大差异的，主要体现在以下几个方面：

（1）C51 支持位操作，而标准 C 不能。C51 有专门的 bit、sbit 类型，分别对内部 RAM 的位寻址单元和 SFR 中可寻址位进行直接操作。建议在编程中尽量使用位变量，可以节省内部 RAM 单元。

（2）用 C51 编程需注重对系统资源的理解，因为单片机的系统资源相对 PC 来说很贫乏，对于 RAM、ROM 中的每一个字节都要充分利用。可以通过多看编译生成的.m51 文件来了解程序中资源的利用情况。

（3）C51 程序中应用的各种算法要精简，不要对系统构成过重的负担。尽量少用浮点数据类型（float、double）变量进行浮点运算、可以用无符号型数据的就不要用有符号型数据、尽量避免多字节的乘除运算、多用移位运算等。

（4）用 C51 编程时要合理使用堆栈资源。单片机内可以开辟的堆栈往往只有几十个字节，过多的函数嵌套可能会很快耗尽堆栈，结果使程序执行出错。一般情况下，在 C51 里面不要使用递归函数，这种函数在运行时需要大量的堆栈。

（5）C51 编程时不要使用复杂的数据结构，例如复杂结构体、函数指针等。在单片机上要实现复杂数据结构，需要耗费很多存储单元与 CPU 运行时间，虽然使用复杂数据结构方便了代码编程，但会使单片机运行效率大为降低，甚至无法运行。

（6）C51 程序编译时，要合理使用编译模式，同时选择合适的优化等级。在选择高优化等级时，要灵活使用关键词 volatile，让编译器不要优化掉某些关键变量。

（7）如果使用 C51 程序来操作单片机内部或者外围的硬件设备，往往需要熟悉那些硬件外设的编程模型，注意硬件时序特性，以提高编程效率。

9.3　C51 编程举例

本节将给出几则 C51 应用实例来更具体地说明如何通过 C51 编程控制 51 单片机的 I/O 口、定时器和其他外设。所给的实例虽然简单，但具有典型性，很容易据此扩展应用到单片机的其他控制操作。

9.3.1 C51 程序实现 I/O 端口的操作

在使用汇编语言时，对于单片机的 I/O 口进行操作，可以用 MOV 指令来完成。事实上使用 C51 对单片机 I/O 的输入/输出操作比汇编程序更为直观，因为可以直接使用 "=" 号赋值。例 9-6 给出了相应的示例程序。

【例 9-6】使 P1 口先输出 0xDB，调用延时程序 delay（）后，再使 P1 口输出 0xB6，然后再调用延时程序 delay（），如此循环往复。程序如下：

```
#include <reg51.h>
void delay (void);
void main (void)
{
    delay ();                //调用延时子程序
    do{                      //置P1口状态为11011011
        P1=0xDB;
        delay ();            //延时
        P1=0x6D;             //置P1口状态为01101101
        delay ();            //延时
        P1=0xB6;             //置P1口状态为10110110
        delay ();            //延时
    } while (1);
}
 void delay (void)
{
        volatile int x=20000;
        do { x=x-1;  } while (x>1);
}
```

在此程序中，头文件 reg51.h 规定了单片机 P1 口为特殊功能寄存器。P1=0xDB 语句就是直接对 P1 赋值 0xDB。上述程序编译后，在 Keil C51 的仿真环境下，可以观察到 P1 口输出的变化情况。

9.3.2 C51 实现内部定时器操作

例 9-7、例 9-8 分别给出了以两种不同的方式控制定时器 T0 的示例：
（1）采用查询方式。查询 T0 的溢出标志 TF0，使 P1.0 输出周期为 2ms 的方波。
（2）采用中断方式。采用定时器 T0 方式 2，使 P1.0 脚上输出周期为 2ms 的方波。

【例 9-7】设 fosc=12MHz，要求在 P1.0 脚上输出周期为 2ms 的方波，并采用定时器查询方式。

解：周期为 2ms 的方波要求定时间隔为 1ms。机器周期为 12/fosc=1μs；1ms = 1000μs = 1000 个机器周期，用定时器 T0 的方式 1 编程。程序如下：

```
#include <reg51.h>
sbit  P1_0=P1^0;
void main (void)
```

```
        {
TMOD=0x01;                    //T0的方式1
TR0=1;                        //启动定时器T0
for (;;)
{
TH0= -1000/256;              //装计数器初值
TL0= -1000%256;
do {} while (!TF0);          //查询等待TF0位
P1_0=!P1_0;                  //查询时间到，P1.0变反
TF0=0;                       //软件清除TF0位
}
        }
```

【例 9-8】设 fosc=12MHz，要求在 P1.0 脚上输出周期为 2ms 的方波，并采用定时器中断方式。

解：此例采用中断方式，用定时器 T0 方式 2。程序如下：

```
#include <stdio.h>
#include <reg52.h>
unsigned char intcycle;              //中断循环次数计数器intcycle
sbit  P1_0=P1^0;
//T0中断服务子程序；每250μs中断一次，当晶振频率为12MHz
timer0 () interrupt 1 using 1        //T0中断向量000BH, Reg Bank 1
{
  if (++intcycle == 4){              //1 msec = 4* 250usec cycle
    intcycle = 0;
    P1_0=!P1_0;
  }
}
tinit (){                            //设置T0方式2，允许中断
  TH0 = -250;                        //装计数器初值
  TL0 = -250;
  TMOD = TMOD | 0x02;                //选择模式2
  TR0 = 1;                           //启动T0
  ET0 = 1;                           //允许T0中断
  EA  = 1;                           //允许总中断
}
void main (void)
{
  tinit ();                          //初始化T0
  while (1){}
}
```

9.3.3　C51 实现简易交通灯控制

以下是简易交通灯模型控制设计示例。

【例 9-9】模拟一个带有倒计时显示的交通灯系统，红灯时间为 50s，绿灯时间为 60s，黄灯时间为 5s，初始状态为红灯。

解：根据题目要求，对于倒计时采用预设时间初值，定时减1的方法。定时时间为1s，每到1s灯亮时间减1，减到0后改变灯的状态。交通灯工作过程如图9-2所示。

对于较长时间的定时，应采用复合定时的方法。这里使定时/计数器0工作在定时器方式1，定时50ms，定时时间到后产生定时中断，对中断次数计数，当计满20次时，定时1s时间到，灯亮时间减1。

控制系统电路如图9-3所示，单片机采用11.0592MHz晶振频率，共阳极数码管，带储存功能的8位串入/并出移位寄存器74LS595。C51程序如下：

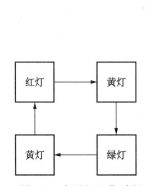

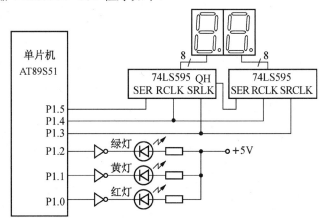

图9-2　交通灯工作过程　　　　　图9-3　交通灯控制电路结构图

```c
#include <reg51.h>
#define uchar unsigned char
#define uint unsigned int
#define True 1
#define False 0
#define TH_SET 0x4C
#define TL_SET 0x00              //11.0592MHz晶振下，定时50ms时间的计数初始值
#define RTime 50                 //红灯时间
#define GTime 60                 //绿灯时间
#define YTime 5                  //黄灯时间
sbit    RED=P1^0; sbit GREEN=P1^1; sbit YELLOW=P1^2;
sbit    SER=P1^5; sbit RCLK=P1^4; sbit SRCLK=P1^3;
bdata   uchar sendata;
sbit    sendbit_0=sendata^0;
bit     TimeOutFlag;
uchar   DispBuf[2],IntCount,Status,LightTime;
uchar   code disptab[11]={0xc0,0xf9b,0xa4,0xb0,0x99,0x92,0x82,0xf8,0x80,
0x90};
//以上是数码显示表,c0H-"0",f9H-"1",a4H-"2",b0H-"3",99H-"4",92H-"5"
//,82H-"6",f8H-"7",80H-"8",90H-"9"；对应共阳数码管:dp g f e d c b a
void    PrintToLed (uchar *buf);             //送数码管显示函数声明
void    Timer0_SVR ()interrupt 1 using 1  //定时/计数器0中断服务程序
{
    TH0=TH_SET;
    TL0=TL_SET;                              //重载计数初值
```

```
      IntCount++;
if (IntCount ==20)                              //中断次数到
{ IntCount=0;                                   //中断次数清0
  TimeOutFlag=True;                             //置定时1s到标志
  }
}
void main (void)
{ EA = 0;                                       //关中断控制器
  TMOD = 0x01;                                  //定时/计数器0方式1定时
  TH0 = TH_SET;
  TL0 = TL_SET;                                 //载入计数初值
  ET0 = 1;                                      //开定时器0 中断
  TimeOutFlag=False;                            //清定时1s 到标志
  IntCount =0;                                  //中断计数清0
  TR0=1;                                        //启动定时器
  EA=1;                                         //开中断控制器
  LightTime=RTime;                              //置入红灯时间
  RED=1; YELLOW=0; GREEN=0;                     //点亮红灯
  Status=1;                                     //置当前状态为1
  while (True)
  {
    if ( TimeOutFlag ==True )                   //1s 定时到
    { TimeOutFlag=False;                        //清定时1s 到标志
       LightTime--;                             //时间减1
       if ( Status==1 && LightTime==0)          //熄灭红灯，开黄灯，并载入黄灯时间
       { RED=0; YELLOW=1; GREEN=0; LightTime=YTime;  Status=2; }
    if ( Status==2 && LightTime==0)             //熄灭黄灯，开绿灯，并载入绿灯时间
    { RED=0; YELLOW=0; GREEN=1;  LightTime=GTime;  Status=3; }
    if ( Status==3 && LightTime==0)             //熄灭绿灯，开黄灯，并载入黄灯时间
    { RED=0; YELLOW=1; GREEN=0;  LightTime=YTime;  Status=4; }
    if ( Status==4 && LightTime==0)             //熄灭黄灯，开红灯，并载入红灯时间
    { RED=1; YELLOW=0; GREEN=0;  LightTime=RTime;  Status=1; }
}
DispBuf[0]= (uchar)(LightTime/10);              //取时间的十位
DispBuf[1]= (uchar)(LightTime%10);              //取时间的个位
PrintToLed (DispBuf);                           //送数码管显示
}
}
void PrintToLed (uchar *buf)
{ uchar dispbit, disptime;
RCLK=0;                                         //置74LS595 为移位状态
for (dispbit=0; dispbit<2; dispbit++)           //两个数码管
{ sendata=disptab[buf[dispbit]];                //查表
    for (disptime=0; disptime<8; disptime++)    //送8段数码
    { SRCLK=0;
        SER=sendbit_0;                          //送数据
        SRCLK=1;                                //时钟上升沿送数据
        sendata=sendata>>1;                     //右移1位
    }
```

```
    }
    RCLK=1;                                      //数据锁存
}
```

9.3.4 C51 实现串口操作

在使用 C51 控制单片机的串口的编程中，可直接使用标准 C 的函数 printf。在标准 C 中，printf 被定义成为向标准输出设备输出格式化字符串，而在 C51 中默认的标准输出设备就是单片机的串口，故可直接使用 printf 来完成串口的 ASCII 字符输出，在使用之前需对串口工作作初始化。以下的 C51 程序使用了 printf 函数来实现串口输出。

【例 9-10】

```
#include <reg52.h>
#include <stdio.h>
void main (void)
{
    SCON = 0x50;          //串口方式1，允许接收
    TMOD = 0x20;          //定时器1定时方式2
    TCON = 0x40;          //设定时器1开始计数
    TH1 = 0xfd;           //11.0592MHz 9600波特率
    TL1 = 0xfd;
    TI = 1;
    TR1 = 1;              //启动定时器
    while (1)
    {
        printf ("This is a test!\n");  //UART输出
    }
}
```

上述程序中对于 SCON 的设置是作串口初始化，对定时器 1 的相关寄存器 TMOD、TH1、TL1 等的设置是设定串口波特率，也可认为是串口初始化的一部分。后面的 while 循环中的语句 printf（"This is a test!\n"）；的作用是从串口以 9600bps 的波特率输出字符串"This is a test!"，同时附加一个回车符。

同理，如果要从串口读入一个格式化字符串，可以使用标准 C 函数 scanf。事实上，可以使用的 C 函数远不止上面两个。用于标准 I/O 的 C 函数，如 getc、putc 等都可以用在串口上。例如结合串口中断编程，可以实现多种串口应用。

9.4 Keil C51 集成开发环境

使用 C 语言就要使用到 C 语言编译器。把编写好的 C 语言程序编译为机器码，单片机才能执行。Keil μVision3 是众多单片机应用开发软件中的优秀代表。μVision3 IDE 是基于 Windows 的开发平台，包含一个高效的编辑器、一个项目管理器和 MAKE 工具。μVision3 支持所有的 Keil C51 工具，包括 C 语言编译器、宏汇编器、连接/定位器、目标代码和 HEX

的转换器，在调试程序方面也有很强大的功能。

9.4.1　Keil C51 的编译流程

如图 9-4 所示是 C51 工具包的整体结构，μVision3 是 Keil C 的 Windows 集成开发环境（IDE），可以完成编辑、编译、连接、调试、仿真等整个开发流程。开发人员可用 IDE 本身或其他编辑器编辑 C 或汇编源文件，然后分别由 C51 或 A51 编译器编译生成目标文件（.OBJ）。目标文件可由 LIB51 创建生成库文件，也可以与库文件一起经 L51 连接定位生成绝对目标文件（.ABS）。ABS 文件由 OH51 转换成标准的 HEX 文件，以供调试器 dScope51使用，进行源代码级调试，也可由仿真器使用，直接对目标板进行调试，或可以直接写入程序存储器如 EPROM 或单片机中。

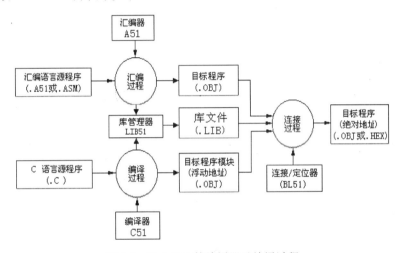

图 9-4　Keil C51 的编译器及编译过程

9.4.2　创建工程

首先运行 Keil 51，接着按照以下步骤建立第一个工程项目：

（1）单击 Project 菜单，在弹出的下拉菜单中选择 New μVision Project 命令，如图 9-5所示。

图 9-5　Project 菜单

（2）在弹出的 Create New Project 对话框的"文件名"文本框中输入第一个 C 程序工程项目的名称，在此用 test。单击"保存"按钮后的文件名后缀为.uv2（如图 9-6 所示），这是 Keil μVision3 项目文件的扩展名，以后可以直接单击此文件打开先前做好的项目。

（3）选择所需的单片机器件，这里选择较常用的 AT89C51。此时对话框如图 9-7 所示，

AT89C51 的功能、特点可从右栏获得。

完成以上步骤后，便可进行程序编写。

图 9-6　Greate New Project 对话框　　　　图 9-7　选取芯片

9.4.3　输入 C 源文件

首先在工程中创建新的程序文件或加入原程序文件。如果没有现成的程序，就要新建一个程序文件。以下介绍如何新建一个 C 语言程序项目。单击图 9-8 中①"新建文件"按钮，在②中出现一个新的文字编辑窗口，这个操作也可以通过菜单命令 File→New 或快捷键 Ctrl+N 来实现。接下来便可以编写程序了，示例的 C 程序如下：

```
#include<AT89X51.H>
#include<stdio.h>
void main()
{
    SCON=0x50;          //串行口方式1，允许接收
    TMOD=0x20;          //定时器1定时方式2
    TCON=0x40;          //设定时器1开始计数
    TH1=0xE8;           //11.0592MHz，1200bps
    TL1=0xE8;
    TI=1;
    TR1=1;              //启动定时器
    While(1)
    {
    printf ("Hello World\n");   //显示Hello World!
    }
}
```

这段程序的功能是不断从串行口输出 Hello World！字符，把此程序加入到项目中并进行编译试运行。

单击图 9-9 中的"保存"按钮🔚保存新建的程序，也可以用菜单命令 File→Save 或快捷键 Ctrl+S 进行保存。由于是新文件，保存时会弹出类似图 9-6 所示的对话框，把第一个程序命名为 test1.c，保存在项目所在的目录中，这时会发现程序单词显示为不同的颜色，

说明 C 语言的语法检查已经生效。如图 9-9 所示，用鼠标在 Source Group1 文件夹图标上右击，在弹出的快捷菜单中可以对项目文件进行增加或删除等操作。选择 Add Files to Group 'Source Group1' 命令，即弹出文件窗口，选择刚刚保存的文件，单击 ADD 按钮，即可将程序文件加到项目中。这时在 Source Group1 文件夹图标左边出现了一个 "+" 号，表明文件组中生成了文件，单击便可以展开查看。

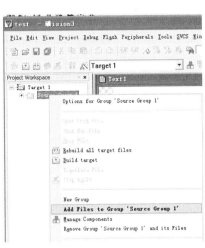

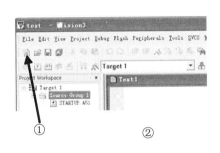

图 9-8　新建程序文件

图 9-9　把文件加入到项目文件组中

9.4.4　C 程序编译

　　按照 9.4.3 节介绍的流程操作，可将 C 程序文件 test 添加到工程项目中，接下来就可进行编译运行了。这个项目只是用作学习新建程序项目和编译运行仿真的基本方法，使用了软件默认的编译设置，所以不会生成用于芯片烧录的 HEX 目标文件。如图 9-10 所示，都是编译按钮，不同的是，用于编译单个文件；编译链接当前项目，如果先前编译过一次的文件没有做过编辑改动，再次单击该按钮不会再次重新编译；而重新单击编译按钮，每单击一次均会再次编译链接一次，不管程序是否有改动。在图 9-10 下方窗口中可以看到编译的错误信息和使用的系统资源情况等。

图 9-10　编译程序

9.4.5　程序调试

　　是开启/关闭调试模式的按钮，也可以通过菜单栏上的 Debug 命令或按 Ctrl+F5 键进入或退出调试模式。若进入调试模式，软件窗口样式大致如图 9-11 所示。图中的为全速运行按钮；为停止运行按钮（程序处于运行状态才有效）；是复位按钮，用于模拟 CPU 芯片的复位，使 CPU 回到复位状态程序重新执行。单击按钮可以打开串行调试窗口，从中可以看到由 8051 芯片的串行口输入/输出的字符。首先单击■按钮，打开串行调试窗口，再单击运行按钮，这时就可以看到串行调试窗口中不断地显示 Hello World！。单击停止按钮◎，再单击开启/关闭调试模式按钮，就可以回到文件编辑模式，进行关闭 Keil 等相关操作。

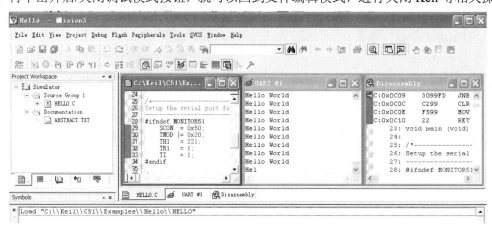

图 9-11　调试运行程序

9.4.6　生成 HEX 目标文件

9.4.2 节创建了一个单片机 C 语言工程，但为了让编译好的程序能通过编程器写入89S51 芯片中，要先用编译器生成用于烧写的 HEX 目标文件。HEX 文件格式是 Intel 公司提出的按地址排列的数据信息，数据宽度单位为字节，所有数据使用十六进制数表示。HEX文件常用来保存单片机或其他处理器的目标程序代码，保存物理程序存储区中的目标代码映像。一般的编程器都支持这种格式（包括第 8 章中用到的 Quartus II EDA 软件）。

先找到 test.uv2 文件，打开先前的项目。然后右击图 9-12 中的 Simulator 工程文件夹，在弹出的工程功能菜单中选择 Options for Target 'Simulator' 命令，弹出项目选项设置对话框。同样也可在 Project 菜单项的下拉菜单中选择 Options for Target 'Simulator' 命令，打开项目选项对话框。单击 Output 标签，如图 9-13 所示，其中 Select Folder for Objects…可选择编译输出的路径；Name of Excutable 可设置编译输出生成的文件名；Create HEX File则可决定是否要创建 HEX 文件，选中该单选按钮即可输出 HEX 文件到指定的路径中。

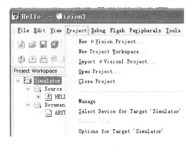

图 9-12　项目功能菜单图

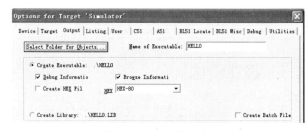

图 9-13　项目选项窗口

编译信息显示如图 9-14 所示。可以用编程器把编译好的目标文件 HELLO.hex 烧录到单片机中去。如果有带串行口输出元器件的实验板，那就可以把串行通信口和 PC 串行口相连，用串行口调试软件或 Windows 的超级终端，将其波特率设为 1200bps，即可看到计算机屏幕不停地输出 Hello World！字符。

```
× Build target 'Simulator'
compiling HELLO.C...
linking...
Program Size: data=30.1 xdata=0 code=1096
"HELLO" - 0 Error(s), 0 Warning(s).
```

图 9-14　编译信息窗口

9.5　C 语言与汇编语言的混合编程

尽管在许多方面，用 C51 来开发 51 系列单片机比直接用汇编语言更有优势，但有的情况下，人们往往更喜欢使用汇编语言程序，这些情况大致有：

- 希望利用早已写好的、成熟的汇编语言程序。
- 希望某个特定函数的执行速度更快。
- 希望编译出的机器代码尽量短，占用的存储空间更少。
- 针对某些用 C51 难以实现，而用汇编语言则可以方便实现的功能，例如需要直接用汇编语言对 SFR 或存储器映射的 I/O 设备进行操作时。

在出现以上情形时，使用汇编语言来编写程序比使用高级语言更为方便。于是在实际编程中，可以以 C51 语言为主，汇编语言为辅，充分发挥各自的优势。在大多数情况下，汇编程序是能和用 C 编写的程序很好地结合在一起的。

在 Keil C51 系统中，只要遵循一些编程规则，便可以实现在 C 语言程序中调用或嵌入汇编程序，也可以反过来从汇编程序中调用 C 语言程序。在汇编模块中声明的公共变量在 C 程序中也可以调用。

9.5.1　C51 程序中嵌入汇编代码

在 C51 程序中嵌入汇编程序一般用在对硬件操作或一些对时延要求严格的场合。如果不希望用汇编语言来编写全部程序或调用由汇编语言编写的函数，可以通过预编译指令 asm 和 Endasm，在 C 代码中插入汇编代码。如下所示：

```
#pragma asm
mov P2, #0x30                ; 嵌入的汇编语言代码
...
...
# pragma endasm
```

以下程序是一个嵌入 asm 汇编代码的完整的 C51 源文件示例：

```
#include <reg51.h>
extern unsigned char code newval[256];
void func1 (unsigned char param) {
    unsigned char temp;
    temp=newval[param];
    temp*=4;
    temp/=7;
```

```
#pragma asm
    MOV P1, R7   ; 输出temp中的数
    NOP
    NOP
    MOV P1, #0
#pragma endasm
}
```

在 Keil C51 环境中输入上述代码，然后以 C 文件形式保存，设程序的文件名为 E:\C5\EX9-1.C。在 Keil C51 编译器窗口中导入该 C 文件，选择 Project→Options for File 'EX9-1.C' 命令，如图 9-15 所示。

单击右边的 Generate Assembler SRC file，并选中 Assemble SRC file 复选框，使检查框由灰色变成黑色（有效）状态，如图 9-16 所示。

图 9-15　在 Keil C51 中导入 C 文件　　　　图 9-16　选择生成 SRC 文件

根据选择的编译模式，把相应的库文件（如 Small 模式时是 Keil\C51\Lib\C51S.Lib）加入此程序中，该文件必须作为工程的最后文件。然后单击"编译"按钮，可生成目标代码。于是在 asm 和 endasm 中的代码将被复制到输出的 SRC 文件中并被编译，和其他的目标文件连接后产生最后的可执行文件。注意在嵌入的汇编代码中不能直接使用 C 代码声明的变量，如不能直接写成：

```
MOV P1, temp
```

因为 Keil 会把在#pragma asm 和#pragma endasm 之间的汇编代码直接复制到 SRC 文件中，SRC 文件是一个纯汇编代码，编译器对 SRC 文件进行处理时，是找不到 temp 这个标号的，因而会编译出错。但是，从 SRC 文件中可知道，temp 在 C 编译器编译后是使用 R7 这个寄存器的，所以可以直接使用 R7 来代替 temp 在嵌入汇编代码中使用。

9.5.2　C51 程序中调用汇编子程序

有时希望在 C51 程序中能够用汇编语言来完成一个具有特定功能的子程序，以供 C51 多次调用。对一个能被 C 程序调用的汇编子程序必须明确 C 函数所用的参数和返回值，使其符合 C51 函数命名、函数参数和返回值传递等规则。

C51 编译器对 C51 源程序进行编译时，将按照表 9-5 中所示规则，将源程序中的函数名转换为目标文件（汇编子程序）中的函数名，连接定位时将使用目标文件中的函数名。因此被 C51 调用的汇编子程序的命名必须符合这些规则才能保证被正确调用。

C51 通过单片机中的寄存器最多可传递 3 个参数，各参数所占寄存器不能冲突，应符合表 9-6 所示规则。

对于函数返回值，仅允许有一个，其占用的寄存器如表 9-7 所示。

表 9-5　C51 调用汇编子程序中的函数名转换

C51 中的函数声明	转换成汇编子程序 中的函数名	说　　明
void func（void）	FUNC	无参数传递或参数传递不通过寄存器的函数，函数名只需转换成大写形式
void func（char）	_FUNC	通过寄存器的函数，函数名前加 "_"
void func（void） reentrant	_? FUNC	对于重入函数，函数名前加 "_?"

表 9-6　参数传递中所使用的寄存器

参　数　类　型	char	int	long、float	一　般　指　针
第一个参数	R7	R6、R7	R4～R7	R1、R2、R3
第二个参数	R5	R4、R5	R4～R7	R1、R2、R3
第三个参数	R3	R2、R3	无	R1、R2、R3

表 9-7　参数返回值所使用的寄存器

返　回　值	寄　存　器	说　　明
bit	C	进位标志
（unsigned）char	R7	R7
（unsigned）int	R6、R7	高位在 R6，低位在 R7
（unsigned）long	R4～R7	高位在 R4，低位在 R7
float	R4～R7	32 位 IEEE 格式，指数和符号在 R7
指针	R1、R2、R3	R3 存储器类型，高位在 R2，低位在 R1

在下面的 C51 程序 Mymul.c 中调用了 intmul.asm。这是一个无符号数一字节乘以一字节的乘法程序。程序中需要两个参数（乘数和被乘数）传递，返回一个参数（乘法运算结果）unsigned int。

C51 程序 Mymul.c 如下：

```
#include<REG51.H>   //声明所调用的汇编程序（采用了extern）
extern unsigned mymult (unsigned char, unsigned char);
main (void)
{
Char j;
j= mymult (5, 73);
}
```

汇编程序 Mymult.asm 如下：

```
PUBLIC _MYMULT        ; 带参数的函数声明
PROC SEGMENT CODE      ; 定义PROC为再定位程序段
RSEG PROC              ; 定义PROC为当前段
_ MYMULT:
MOV A, R7             ; 调入第一参数
```

```
MOV B，R5          ；调入第二参数
MUL AB
MOV R6，B          ；返回运算结果
MOV R7，A
RET
END
```

在调试程序时，将 C51 程序 Mymul.c 和汇编程序 Mymult.asm 同时添加到当前的工程中进行调试，运行结果（R6，R7）=016DH。

思考练习题

1．C51 扩展支持的数据类型有哪些？

2．C51 编译器支持的存储器类型有哪些？与单片机存储器有何对应关系？

3．C51 编译器有哪几种编译模式？各种编译模式的特点如何？

4．在 C51 中，中断服务函数是如何定义的？各种选项的意义如何？

5．C51 编译器应用程序的参数传递有哪些方式？特点如何？

6．一般指针与基于存储器的指针有何区别？关键字 bit 与 sbit 的意义有何不同？

7．已知 51 单片机的 fosc＝6MHz，试利用 T0 和 P1.0 输出矩形波。矩形波高电平宽 50μs，低电平宽 300μs。若 fosc=12MHz，试编写一段程序，在 P1.0 脚输出一个周期为 1s 的方波。

8．在调试程序时，所要控制的信号通过 P0 口输出，在 Keil μVision 3 环境下进行调试时，如何跟踪观察 P0 口的状态？

9．若在程序中需要用到 8051 的中断功能，在 Keil μVision 3 环境下进行调试时，如何进行中断功能的仿真？

10．在 Keil C 程序中，主程序与函数最明显的差异是什么？

11．在 Keil C 中提供哪几种存储器形式？哪几种存储器模式？

12．在 Keil C 中提供哪些基本的数据类型？哪些针对 8051 特殊的数据类型？

13．在 Keil C 中，逻辑运算符与布尔运算符有何不同？

14．在 Keil C 中的 while 与 do-while 语句有何不同？

15．简述 C5l 程序开发过程。如何使用 C5l 开发环境？

16．51 单片机 P1 口控制 8 只发光二极管，循环点亮，每位点亮的时间为 0.1s。设系统时钟为 6MHz。试编写 C5l 程序，实现控制功能。

17．用 3 种循环方式分别编写 C 程序，显示整数 1～100 的平方。

18．编写把十六进制字符串变换成整数值返回的函数 htoi（s）。

19．利用 T0 和 P1.0 输出矩形波，高电平宽度为 40μs，低电平宽度为 200μs，振荡频率为 6MHz。

20．已知单片机的振荡频率 fosc＝6MHz，试编写 C 程序，利用定时器 T0 工作在方式 3，使 P1.0 和 P1.1 分别输出周期为 1ms 和 400μs 的方波。

参 考 文 献

1. 潘松，黄继业，陈龙. EDA 技术与 Verilog HDL. 北京：清华大学出版社，2010
2. 潘松，黄继业，潘明. EDA 技术实用教程（第 4 版）. 北京：科学出版社，2010
3. 潘松，黄继业，曾毓. SOPC 技术实用教程. 北京：清华大学出版社，2005
4. 潘明，潘松. 数字电子技术基础. 北京：科学出版社，2008
5. 王键校，杨建国，宁改娣等. 51 系列单片机及 C51 程序设计. 北京：科学出版社，2002
6. 马淑华，王凤文，张美金. 单片机原理与接口技术. 北京：北京邮电大学出版社，2005
7. 龚运新，罗惠敏，彭建军. 单片机接口 C 语言开发技术. 北京：清华大学出版社. 2009
8. 高洪志，孙平，关晓冬等. MCS-51 单片机原理及应用技术教程. 北京：人民邮电出版社，2009
9. 赵全利，肖兴达. 单片机原理及应用教程（第 2 版）. 北京：机械工业出版社，2007
10. 张鑫，华臻，陈书谦. 单片机原理及应用. 北京：电子工业出版社，2006

附录 A MCS-51 单片机指令表

序号	指令助记符	字节数	周期数	序号	指令助记符	字节数	周期数
			数据传送类指令				
1	MOV A，Rn	1	1	15	MOV @Ri，#data	2	1
2	MOV A，direct	2	1	16	MOV DPTR，#data16	3	2
3	MOV A，@Ri	1	1	17	PUSH direct	2	2
4	MOV A，#data	2	1	18	POP direct	2	2
5	MOV Rn，A	1	1	19	XCH A，Rn	1	1
6	MOV Rn，direct	2	2	20	XCH A，direct	2	1
7	MOV Rn，#data	2	1	21	XCH A，@Ri	1	1
8	MOV direct，A	2	1	22	XCHD A，@Ri	1	1
9	MOV direct，Rn	2	2	23	MOVX A，@Ri	1	2
10	MOV direct1，direct2	3	2	24	MOVX A，@DPTR	1	2
11	MOV direct，@Ri	2	2	25	MOVX @Ri，A	1	2
12	MOV direct，#data	3	2	26	MOVX @DPTR，A	1	2
13	MOV @Ri，A	1	1	27	MOVC A，@A+DPTR	1	2
14	MOV @Ri，direct	2	2	28	MOVC A，@A+PC	1	2
			逻辑运算类指令				
1	ANL A，Rn	1	1	14	XRL A，direct	2	1
2	ANL A，direct	2	1	15	XRL A，@Ri	1	1
3	ANL A，@Ri	1	1	16	XRL A，#data	2	1
4	ANL A，#data	2	1	17	XRL direct，A	2	1
5	ANL direct，A	2	1	18	XRL direct，#data	3	2
6	ANL direct，#data	3	2	19	CLR A	1	1
7	ORL A，Rn	1	1	20	CPL A	1	1
8	ORL A，direct	2	1	21	RL A	1	1
9	ORL A，@Ri	1	1	22	RLC A	1	1
10	ORL A，#data	2	1	23	RR A	1	1
11	ORL direct，A	2	1	24	RRC A	1	1
12	ORL direct，#data	3	2	25	SWAP A	1	1
13	XRL A，Rn	1	1				
			算术运算类指令				
1	ADD A，Rn	1	1	13	INC DPTR	1	2
2	ADD A，direct	2	1	14	DA A	1	1
3	ADD A，@Ri	1	1	15	SUBB A，Rn	1	1
4	ADD A，#data	2	1	16	SUBB A，direct	2	1
5	ADDC A，Rn	1	1	17	SUBB A，@Ri	1	1

序号	指令助记符	字节数	周期数	序号	指令助记符	字节数	周期数
				算术运算类指令			
6	ADDC　A，direct	2	1	18	SUBB　A，#data	2	1
7	ADDC　A，@Ri	1	1	19	DEC　A	1	1
8	ADDC　A，#data	2	1	20	DEC　Rn	1	1
9	INC　A	1	1	21	DEC　direct	2	1
10	INC　Rn	1	1	22	DEC　@Ri	1	1
11	INC　direct	2	1	23	MUL　AB	1	4
12	INC　@Ri	1	1	24	DIV　AB	1	4
				控制转移类指令			
1	LJMP　addr16	3	2	10	JZ　rel	2	2
2	AJMP　addr11	2	2	11	JNZ　rel	2	2
3	SJMP　rel	2	2	12	CJNE　A，direct，rel	3	2
4	JMP　@A+DPTR	1	2	13	CJNE　A，#data，rel	3	2
5	LCALL　addr16	3	2	14	CJNE　Rn，#data，rel	2	2
6	ACALL　addr11	2	2	15	CJNE　@Ri，#data，rel	2	2
7	RET	1	2	16	DJNZ　Rn，rel	2	2
8	RETI	1	2	17	DJNZ　direct，rel	3	2
9	NOP	1	1				
				布尔处理类指令			
1	MOV　C，bit	2	2	10	ANL　C，/bit	2	2
2	MOV　bit，C	2	2	11	ORL　C，bit	2	2
3	CLR　C	1	1	12	ORL　C，/bit	2	2
4	CLR　bit	2	1	13	JC　rel	2	2
5	SETB　C	1	1	14	JNC　rel	2	2
6	SETB　bit	2	1	15	JB　bit，rel	3	2
7	CPL　C	1	1	16	JNB　bit，rel	3	2
8	CPL　bit	2	1	17	JBC　bit，rel	3	2
9	ANL　C，bit	2	2				

附录 B　单片机 SOC 实验开发系统简介

为了将理论学习与工程实践紧密结合,对于第 7、8 章实验演示的硬件平台选择的是康芯公司的 KX-7C5/10E+型和 KX_DN 系列模块化创新设计综合实验系统,它们分别对应 Cyclone III 系列 FPGA:EP3C10E144 或 EP3C40Q240。

由于本书给出的许多实验和设计项目涉及许多不同类型的扩展模块,主系统平台上(图 B-1 的中心模块)有许多标准接口,以其为核心,对于不同的实验设计项目,可接插对应的接口模块,如 GPS 模块、彩色液晶模块、USB 模块、各类 ADC/DAC 模块等。这些模块可以是现成的,也可以根据主系统平台的标准接口和创新要求由读者自行开发。

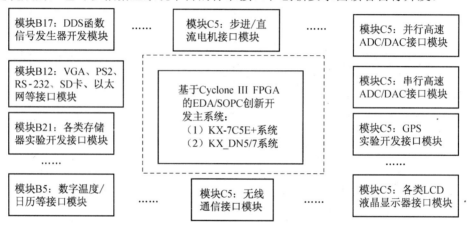

图 B-1　模块化创新设计综合实验系统结构示意图

为了能更好地完成本书给出的实验设计项目,以下给出了相关系统的使用说明,以备查用。

B.1　KX_7C5E+型单片机 SOC 开发系统

由于 KX-7C5E+系统(5E+系统,如图 B-2 所示)本身配置比较完整且结构紧凑,同时含有许多标准接口,因此除在本系统上可完成大量单片机实验和设计项目外,还可接附录 B.3 节所列的各类扩展模块实现更多项目的实验和创新设计。5E+系统主要作为单片机 SOC 项目课外自主实验开发用。

1. KX-7C5E+系统的主要硬件配置

(1) Cyclone III 型 FPGA,EP3C10E144C8,含约 90 万门(相当于 90 万个与非门的逻辑资源)、10320 个逻辑宏单元 LCs(含 10320 个 D 触发器)、43 万可编程嵌入式 RAM bit、两个锁相环(超宽超高锁相环输出频率:1300MHz~2kHz)。FPGA 配置 Flash 存储器 EPCS4。

5E+系统上并无实体的单片机，其主芯片是 EP3C10E144C8 FPGA，单片机实验或开发时，可以将 8051 单片机核载入其中，然后利用内部大量的逻辑资源构成 SOC 片上系统。此 FPGA 规模巨大，其内部可装入数个 8051 单片机核或一个 8088 IBM 计算机系统，或一个 32 位 Nios2 嵌入式处理器核及其整个应用系统（包括 RAM/ROM 等），从而构成一个功能完备的单芯片式嵌入式系统。

（2）CPLD EPM3032A-44PinTQFP、1602 字符液晶屏、3 数码管、8 发光管、混合电压源（1.2V、2.5V、3.3V、5V 混合电压源）、8 键、2 四位拨码开关、蜂鸣器、USB 电源线、RS23 通信线、4×4 键盘、两个全局时钟输入口（其中一个是第二锁相环时钟口）。

（3）标准接口系列 1：VGA 显示器接口、PS/2 键盘接口、PS/2 鼠标接口、RS-232 串行接口。

（4）标准接口系列 2：USB 电源接口、JTAG 编程接口、DS18B20 数字温度计接口。

（5）标准接口系列 3：字符型液晶接口，可接 LCM 1602（两行 16 字符）、2004（4 行 20 字符）、1604（4 行 16 字符）；含中文字库 64×128 等液晶显示屏，点阵液晶接口，可接 64×128 点阵型液晶显示屏。

（6）标准接口系列 4：可接 800×480 数字 TFT 彩色液晶屏等。

图 B-2　KX-7C5E+主系统板

2．KX-7C5E+系统软核配置

（1）8052 单片机 IP 核：配置的 51 核全兼容 8052 CPU 核，主频最高可达 250MHz，是传统 51 单片机的 20 倍，而 FPGA 资源仅占 1800 个 LCs，因此在 5E+上实现 SOC 片上系统设计。

（2）Nios II 核：Nios II 核是 32 位嵌入式处理器软核。基于此核以及 Quartus II 9.0 和 SOPC Builder 9.0，可于 KX-7C5E+系统上实现 SOPC 系统的开发。

（3）8088 CPU 核：可于 KX-7C10E+上实现传统 IBM 微机的 8088 CPU 与 I/O 扩展 8255A 核、定时器 8253 核、中断控制 8259 核、URAT 串行通信 8250 核以及 DMA 控制 8237 核等。

3．使用简述

（1）JTAG 口及 FPGA 编程。图 B-2 左上角的 10 芯座是 JTAG 口（尽管加有抗高压静电措施，但尽量不要用手触碰端口）。可以利用 ByterBlasterMV 或 USB-Blaster 编程器对 FPGA 进行检测或配置，以及对 EPCS4 Flash 进行编程。为了提高电路的抗干扰能力和更好地保护器件（以防可能的高压静电），没有安排 AS 口，所以对 EPCS4 Flash 编程必须使用间接编程方法（并不常用此类编程）。

（2）第一锁相环主时钟输入口。图 B-2 所示板上的 FPGA 左下角已标注：20MHz→P22，即有一固定 20MHz 时钟进入第 22 脚，此脚与 FPGA 内的第一个锁相环的输入时钟口相连，是常用的时钟源。

（3）第二锁相环时钟输入口。右侧有一单针输入口，上面标注：PLL2_CLK Pin91。这是 FPGA 第二个锁相环时钟输入口（通常也作普通输入口或全局时钟输入口）。如果要使用第二个锁相环，必须将时钟从此口引入。可用一短线将左上侧一单针输出信号（旁边标有 20MHz）引入。使用 PLL2_CLK Pin91 口时需注意，要将红色拨码开关对应 P91 的拨码拨向 H（向左拨）。

（4）VGA 显示口。VGA 显示控制中的实验在 EDA 实验中比较普遍，其在对显示器的行、场高速扫描硬件系统的设计以及在自主创新与趣味性方面的独特性，使得 EDA 技术有很好的施展空间，如彩条信号、静止或运动图像与文字的显示、游戏图像与控制的设计以及运算游戏的设计等。图 B-2 右上角是 VGA 口，上方标注了 FPGA 与其连接的引脚编号：R、G、B、HS、VS 分别对应 Pin101、100、99、98、87。注意这些脚与 FJ3 口的引脚有复用现象，且 101 脚是双功能脚。

（5）RS-232 串行通信口。在传统电路中，这些接口通常只能使用现成器件中的功能接口，但在实用的 EDA 技术中，这些接口完全可以用 FPGA 中的硬件资源来实现，这些通信模块是很好的状态机设计的实验项目。当然，如果利用 FPGA 中载入的 8051 核，也能利用此口通信。图 B-2 右侧是此 RS-232 口。此口左上已标注引脚锁定信息：TXD 接 P85，RXD 接 P86。

（6）PS/2 接口。系统板左侧有两个 PS/2 口，可以随意接插 PS/2 鼠标和键盘。利用此口可以实现许多有创意的设计和实验，其引脚锁定接口已标注于板上，上方的 PS/2 口的 PS2CLK 和 PS2DATA 分别对应 Pin39，42；下方的 PS/2 口分别对应 Pin34，38。

（7）字符型液晶扩展接口。如图 B-2 所示，字符型液晶插口在最下方，图中显示已插有 1602 液晶屏。根据需要，此口也能直接插入其他规格的字符液晶，如 4 行 20 字的液晶屏等。此插口的液晶与 FPGA 的连接情况已标注于此单排插口上方，如 RS 接 Pin70、E 接 Pin72、D7 接 Pin83 等。注意此液晶口的 8 位数据信号与上方的 10 芯 I/O 口 FJ5 的 8 个 I/O 口复用。字符液晶的显示驱动通常需使用此板 FPGA 中载入的 8051 核或 Nios II 核，当然也能利用 FPGA 硬件直接控制，此项设计有一定挑战性。

（8）点阵型液晶扩展口。如图 B-2 所示，点阵型液晶插口在最上方，可插 64×128 规格的点阵液晶。此插口的液晶与 FPGA 的连接情况已标注于系统板的背面，如 CS1 接 Pin143、DI 接 Pin126、D7 接 Pin141 等。注意此液晶口的部分口线与下方的 14 芯 I/O 口 FJ1 的 I/O 口复用。板的右上角的电位器可用于此液晶的显示对比度调谐。点阵液晶的驱动可以用此板 FPGA 中载入的 8051 核或 Nios II 核，也可直接使用纯逻辑控制显示，其设计也较有挑战性。

（9）彩色液晶接口应用。如图 B-2 所示，在板的上方的 FJ1（14 针 I/O 口）和 FJ2（10 针 I/O 口）可以接入 800×480 数字 TFT 彩色液晶屏，直接驱动显示。

（10）8 键和 4×4 键盘应用。8 个按键在板的下方，其与 FPGA 的连接已标注于每一个键的上方。当不按键时，向 FPGA 对应口输出高电平，而按键时输出低电平。如果欲使用键信号作脉冲信号，应该注意键的抖动，必要时要在 FPGA 中加入去抖动电路。另外要注意，8 个键与上方的 FJ6 口的所有 I/O 口有复用，还与上方的 4 位拨码开关有复用。因此当使用此拨码开关时，右边 4 个键不能用，而当全部使用 8 个键时，此拨码开关都要拨向 H（左侧），另外 16 键键盘（4×4 键盘）可与 FJ5、FJ6 口接。

（11）数字温度器件插口。如图 B-2 所示，板的右下侧有一 3 针插口。当要实现温度测控实验时，可将 DS18B20 插入此口，其中的 DQ 信号端与 Pin84 锁定。此项测控系统设计可用 FPGA 中载入的 8051 核或 Nios II 核，也可直接使用纯逻辑来实现对 DS18B20 的控制。

（12）蜂鸣器。如图 B-2 所示，蜂鸣器电路在左上角，其输入引脚是 Pin11/143。同时此口通过 74HC04 的一个反相器输出。所以在设计诸如 DDS 函数信号发生器的 TTL 信号输出时，可以通过此口输出。另外，Pin11 口与发光管 D8 复用，也与 FJ9 口的一 I/O 口复用。

（13）8 发光管。如图 B-2 所示，左上角是 8 个发光管。每个发光管与 FPGA 的连接情况已标注于对应的发光管上，如 D1：Pin144。注意 8 发光管与 FJ9 口的所有 I/O 端都复用。

（14）两拨码开关。如图 B-2 所示，右侧有两个 4 位拨码开关，可以作 8 位二进制输入数据的设置开关。但应注意下方的拨码开关与 4 个键有复用现象，因此平时不用此两拨码开关时，都必须将所有开关拨向左边（H），使各端口呈上拉状态。

（15）三数码管。如图 B-2 所示，左下侧有 3 个数码管。上方的两个数码管 LEDA 和 LEDB 是含十六进制七段译码的，译码器件是其上的 CPLD EPM3032A。它们与 FPGA 的连接情况已标注于 FPGA 下方，如 LEDA 的四位输入对应的 d0、d1、d2、d3 分别连接 FPGA 的 Pin32、46、44、43；LEDB 的四位输入对应的 d0、d1、d2、d3 分别连接 FPGA 的 42、39、38、34。最下方的数码管是没有译码的。显示控制时，七段译码器必须在 FPGA 中设计好。8 个段与 FPGA 的连接情况标在左下脚，如 a、b、c、d、e、f、g、小数点 p 分别对应 Pin58、55、54、53、52、51、50、49。

B.2　KX_DN5/7 系列单片机 SOC 系统

一般情况下，诸如 EDA、单片机、DSP、SOPC 等传统实验平台多数是整体结构型的，虽也可完成多种类型实验，但由于整体结构不可变动，实验项目和类型是预先设定和固定的，很难有自主发挥和技术领域拓展的余地，学生的创新思想与创新设计如果与实验系统的结构不吻合，便无法在此平台上获得验证；同样教师若有新的创新型实验项目，也无法即刻融入固定结构的实验系统供学生实验和发挥。因此此类平台不具备可持续拓展的潜力，也没有自我更新和随需要升级的能力。

考虑到本教材给出的设计类示例和实验数量大、种类广，且涉及的技术门类较多，如包括一般数字系统设计、EDA 技术、SOPC 技术、基于 FPGA 的 DSP 技术、各类 IP 的应用、基于单片机核的 SOC 片上系统设计、数字通信模块的设计、机电控制等，故选择KX_DN5/7 系列模块自由组合型创新设计综合实验开发系统作为本教材实验设计示例的硬件实现平台（如图 B-3 所示），能较好地适应实验类型多和技术领域跨度宽的实际要求。

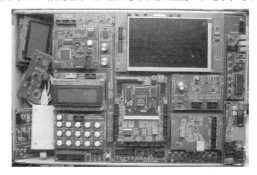

图 B-3　KX-DN5/7 系列模块自由组合型创新设计综合实验开发系统主系统平台

其主要特点是：（1）由于系统的各实验功能模块可自由组合、增减，故不仅可实现的实验项目多、类型广，更重要的是很容易实现形式多样的创新设计项目；（2）由于各类实验模块功能集中、结构经典、接口灵活，对于任何一项具体实验设计都能给学生独立系统设计的体验，甚至可以脱离系统平台自由组合；（3）面对不同的专业特点、不同的实践要求和不同的教学对象，教师甚至学生都可以动手为此平台开发增加新的实验和创新设计扩展模块；（4）由于系统上的各接口以及插件模块的接口都是统一标准的，因此此系统可以通过增加相应的模块而随时升级。

围绕单片机技术，KX-DN5/7 系统所能实现的设计和实验，包括电子设计竞赛方面的实验，大致包括：

（1）基于传统 51 单片机应用及各类扩展实验（单片机技术学习第一层次）。

（2）基于 51 单片机与 Cyclone III 等 FPGA 的扩展实验（单片机技术学习第二层次）。

（3）基于单片机 IP 核的 FPGA 片上系统设计实验（单片机技术学习第三层次）。

（4）基于 Nios II 的 32 位嵌入式系统 SOC 系统设计实验（单片机技术学习第四层次）。

（5）单片机 CPU 及系统硬件设计实验（单片机技术学习第五层次）。

（6）基于 8088 CPU 核的计算机接口实验，包括 8255A、8253、8259、8250、8237 核的设计。

（7）各类接口与扩展设计实验等。

KX-DN5/7 平台上所能接插的各种模块（5E+ 系统也可接插这些模块）和用法将在 B.3 节介绍。

B.3　单片机 SOC 设计实验标准扩展模块

本节介绍的扩展模块都能与 B.1 节和 B.2 节介绍的两款单片机平台接口。考虑到篇幅问题，以下所列模块中，除细述两款最常用的扩展模块 B4 和 B6 外，其余模块仅列出其功能和硬件构成，以备参考查用。各模块详细资料可查阅"\MCU_51Core_SOC\PDF\实验设计文件"中的文件，或直接上网查阅。

（1）模块 B1：AT89S51/STC89C51 单片机模块。其含 1602 液晶屏和 FPGA 接口（包

括时钟控制接口）。

（2）模块 B2：FPGA 主模块。与前面介绍的 5E+ 系统配置的 FPGA 相同，即 Cyclone III 型 FPGA，EP3C5E144C8，也可配置 EP3C10E144C8。

（3）模块 B3：液晶显示模块，即点阵式 128×64 液晶显示模块，可用 CPU 或 FPGA 直接控制。

（4）模块 B4：综合控制和显示模块。

（5）模块 B5：无线编码通信和数字温度模块。其包含基于 PT2272 和 PT2262 的数字编码无线通信收/发模块和基于 DS18B20 的数字温度模块。

（6）模块 B6：双通道 DAC/ADC 模块。它是基于 0832 和 0809 的模块。

（7）模块 B7：电机模块。步进电机和直流电机扩展模块。

（8）模块 B8：动态扫描数码显示模块。

（9）模块 B9：串/并转换静态数码显示模块。

（10）模块 B10：基于 ISD1740 的语音处理录放模块。

（11）模块 B11：基于 FT245BM 的 USB 通信实验开发模块。

（12）模块 B12：SD 卡、PS2 键盘/鼠标、VGA、RS232 接口模块。

（13）模块 B13：4×4 矩阵型 16 键键盘。

（14）模块 B14：USB-Blaster 编程下载器，用于对 FPGA 编程下载，SOPC 调试和 EPCS 编程。

（15）模块 B15：超声波测距扩展模块，含 CPLD EPM3032A 构成的 40kHz 信号发生器模块。

（16）模块 B16：4 行 20 字字符型液晶显示模块。

（17）模块 B17：全数字 DDS 函数信号发生器模块。此模块含 FPGA、单片机、超高速 DAC、高速运放等。既可用作全数字型 DDS 函数信号发生器，也可作为 EDA/DSP 系统及专业级 DDS 函数信号发生器设计开发平台。作为 DDS 函数发生器的功能主要包括：等精度频率计、全程扫频信号源（扫速、步进频宽、扫描方式等可数控）、移相信号发生、里萨如图信号发生、方波/三角波/锯齿波和任意波形发生器以及 AM、PM、FM、FSK、ASK、FPK 等各类调制信号发生器。

（18）模块 B18：串行通信模块。其含继电器模块、CAN 总线模块、RS485 串口模块。

（19）模块 B19：ByteBlasterMV 下载器模块。它可用作对 FPGA 和单片机编程下载。

（20）模块 B20：SRAM/EPROM 扩展模块。

（21）模块 B21：双串行存储器/逻辑笔设计模块。其含 93C46 和 24C01 串行存储器，以及本教材涉及的智能逻辑笔设计实验用的逻辑笔实验模块。

（22）模块 B22：两种不同结构类型键。

（23）模块 B23：看门狗定时器/时钟日历模块。看门狗定时器芯片是 X5040，含上电复位控制、看门狗定时器、降压管理和块保护功能串行 EEPROM 4 个模块；时钟日历芯片是 DS1302，含实时年月周日时分秒计时功能、串口数据通信、掉电保护模块等。此二模块都可由基于 FPGA 的状态机控制。

（24）模块 B24：USB-RS232 下载器模块。它主用要作对 STC89C 系列单片机的编程下载。

（25）模块 B25：红外发射与接收模块。红外线波长为 940nm，载波频率为 37.9kHz。

（26）模块 C1：基于 CPLD 的 FPGA 配置控制模块。它用于开发利用 FPGA 的重构配置功能。

（27）模块 C2：基于 DM9000A 的以太网接口模块。

（28）模块 C3：高分辨率 ADC 模块。其含 ADS1100 16 位高分辨率 ADC、低功耗和自动校正功能、I^2C 串行接口以及 ADC0832 二通道八位 ADC、SDE 标准串行通信接口。

（29）模块 C4：基于 ProGin SR87，最高 9600 波特率的 GPS 模块的串行接口 GPS 实验开发模块。

（30）模块 C5：双通道高速并行 DAC/ADC 模块。180MHz 转换时钟率双路超高速 10 位 DAC（DAC900）、50MHz 单通道超高速 8 位 ADC（5540）、300MHz 高速单运放两个。

（31）模块 C6：高速 SPI 串行双 ADC。TLV2541 12 位高速串行 ADC，200kSPS，SPI/DSP 接口和 ADS7816 12 位高速串行 ADC，200kSPS，同步串行接口。

（32）模块 C7：高速串行 ADC/DAC 模块。ADC TLV1572 10 位 QSPI/SPI/DSP 串行接口高速 ADC，1.25MSPS，自动功率控制；DAC TLV5637 双通道 10 位 QSPI/SPI/DSP 串行接口高速 DAC，片内可编程参考电压，可编程转换速率控制。此模块更适用于基于 FPGA 的 DSP 模块设计开发。

（33）模块 C8：FPGA 配置设计目标模块。C8 和 C1 两模块结合可用于学习开发基于 CPLD/EPROM 的 FPGA 配置系统开发或 FPGA 多任务重构应用系统。

（34）模块 C9：800×480 数字 TFT 彩色液晶屏。其含类 VGA 和常规两种控制模式和接口板。

（35）模块 D1：Cyclone II EP2C8 目标板，FPGA 主模块。

（36）模块 D2：Cyclone II EP2C35 EDA/SOPC 目标板，FPGA 主模块（EP2C35F484，约 200 万门规模、4 万 LCs、120 万 RAM bit、22 对 LVDS 差分通道、252 个 9X9bit 数字乘法器、4 个锁相环、EPM3032A、16M Flash EPCS16、32MB SDRAM、1MB SRAM、2MB Flash 等）。

（37）模块 D3：Cyclone III EP3C40Q240 目标板，FPGA 主模块（约 300 万门、4 锁相环，120 万 RAM bit，4 万 LCs，16M Flash EPCS16，超宽超高锁相环输出频率 1300MHz～2kHz、22 对 LVDS 差分通道、252 个 9X9bit 数字乘法器等）。

（38）模块 D7：基于 RF905 的射频遥控双向收发模块。

附录 C　STC89C 单片机编程下载方法

这里以图 C-1 所示的电路模块结构为例来说明编程方法。原本这两个模块是插在附录 B 中图 B-3 所示的 KX_DN7 实验系统平台上的，然而这里假设其作为独立模块从实验系统平台上拔下后，独立进行开发，故工作电源由 USB 编程电缆提供，而 FPGA 模块的电源由来自左侧单片机模块的接口排线提供。对单片机编程时，推荐选择单片机模块上的 12MHz 晶振为单片机提供工作时钟，即将下方的单片机时钟选择开关的跳线向左插。编程完成后，如果希望单片机工作于其他时钟频率，可以将跳线右插，接受来自 FPGA 中锁相环的时钟信号。图 C-1 左侧的模块是 STC 单片机模块，其上已经安排了 USB-RS232 转换电路，编程前先插上 USB 线；将编程选择开关向上拨，即允许对单片机编程（这时将占用单片机的 P3.0 和 P3.1 口，编程完成后下拔，松开 P3.0 和 P3.1 口）；再将电源选择开关的跳线右插，使系统接受来自 USB 线的 5V 电源。下面介绍编程步骤。

图 C-1　STC89C 单片机与 FPGA 模块接口电路结构

1. 安装 USB-RS232 接口驱动程序

首先将 USB 线的另一段插于 PC 机的 USB 端口。这时通常会出现"硬件更新向导"对话框，利用此对话框安装好驱动程序，可用鼠标右键单击"我的电脑"图标，在弹出的快捷菜单中选择"属性"选项，在弹出的"系统属性"对话框中选择"硬件"选项卡，并选择打开此页的"设备管理器"。在"设备管理器"栏中右键选择"端口（COM 和 LPT）"选项，然后选择下拉菜单中的"更新驱动程序"命令，这时就会出现"硬件更新向导"对话框，即可据此安装驱动程序。

2. 选择串口地址

如果驱动程序安装无误，则在"设备管理器"栏的"端口（COM 和 LPT）"选项中，必会出现 Prolific USB-to-Serial Comm Port 选项。右击此项，选择下拉菜单中的"属性"选项，打开"Prolific USB-to-Serial Comm Port 属性"对话框。在此对话框中选择"端口设置"选项卡，并于此页中单击"高级"按钮，即进入串口地址选择窗口，在此窗口中即可选择一空闲的串口，如 COM6 等。

3．STC 单片机编程软件设置

首先须安装好 STC_ISP 编程软件。安装完成后，打开 STC_ISP v4.80 下载软件的界面，如图 C-2 所示。软件设置步骤如下：

（1）选择单片机型号。在 MCU Type 栏目下选择所使用的单片机型号，如 STC89C51RC、STC12C5410 等。

（2）打开烧目录目标文件。先确认硬件连接正确，然后单击图 C-2 所示对话框中的"打开工程文件"按钮，并在对话框中找到所要下载的 *.hex 文件或 *.bin 文件。

（3）选择编程软件对应的串口和软件下载波特率。首先根据 USB-RS232 驱动电路对应的串口设置，选择端口地址。在图 C-2 所示窗口的 COM 下拉列表中选择串口名，如 COM6，然后在"最高波特率"和"最低波特率"下拉列表框中选择合适的波特率值，如 115200 和 57600 等。

（4）设置是否双倍速。若希望选择单片机以双倍工作（即一个机器周期只有 6 个时钟周期，比传统 51 单片机速度高一倍），选中图 C-2 所示窗口中 Double Speed 对应的"6T/双倍速"单选按钮即可。STC 单片机可以反复设置双倍速或单倍速（12T/单倍速）。注意新的设置需在断电重新启动后才能生效。

4．STC 单片机编程

单击图 C-2 所示窗口中的"Download/下载"按钮，预备下载目标程序代码进入单片机中。此时图 C-2 所示窗口左下角的窗口会出现提示信息，最后一行是"仍在连接中，请给 MCU 上电…"。此时可手动拔下图 C-1 所示电源选择开关短路帽，使单片机系统断电（此时 USB-RS232 电路并没有断电），一两秒后再插上短路帽，使开发板重新接通电源。这时可观察到编程软件开始向单片机下载目标程序，完成后此单片机即开始运行用户应用程序，而编程对话框左下窗口最后一行将显示"Have already escrypt./已加密"，编程完成。

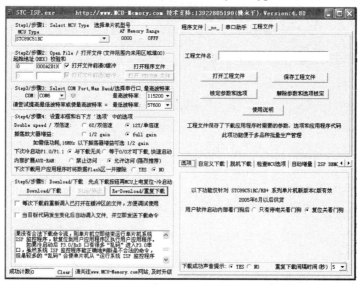

图 C-2　STC89C 单片机下载软件界面